JN422169

디자인을 위한 SystemVerilog

SystemVerilog for Design

A Guide to Using SystemVerilog for Hardware Design and Modeling

Second Edition

Stuart Sutherland
Simon Davidmann
Peter Flake 저

남상규 역

홍릉과학출판사

Translation from the English language edition:
"SystemVerilog for Design" by Stuart Sutherland, Simon Davidmann and Peter Flake
Copyright © 2008 Springer, The Netherlands as a part of
Springer Science & Business Media
All rights reserved.

Korean Translation Copyright ©2009 by HongReung Science Publishing Company
Korean edition is published by arrangement with Springer Science & Business Media
through Imprima Korea Agency

이 책의 한국어판 저작권은 Imprima Korea Agency를 통해 Springer Science & Business Media와의 독점계약으로 홍릉과학출판사에 있습니다.
저작권법에 의해 한국 내에서 보호를 받는 저작물이므로 무단전재와 무단복제를 금합니다.

역자 서문

OS와 Computer 구조에 관심이 있던 대학생 시절에는 아직 HDL이 제대로 활성화 되지 않은 때라 HDL이라는 것을 졸업한 선배가 회사에서 사용하는 컴퓨터를 구경하면서 처음 알게 되었다. 그 후로도 Embedded System이나 Digital Signal Processing을 담당하는 H/W를 만들면서도 특별히 HDL이 필요한 환경은 아니었다. 당시엔 DSP Processor나 Micro Processor를 사용하면 해결되었기 때문이고 내가 만들던 환경에서는 HDL을 사용할 필요가 없었기 때문이다.

회사에 취직한 후 H/W 설계 보다는 S/W 설계 및 구현 업무를 오래 하다 보니 막상 H/W 설계 업무가 할당되었을 때는 H/W 설계 방식에 관한 환경이 많이 바뀌었음을 알았다. 특히 내가 한참 H/W를 설계할 때는 가장 빠른 것이 수십 MHz 정도의 클럭을 사용했으나 이제는 100MHz 정도는 기본이 되어버린 것이다. 크게 바뀐 H/W 설계 환경에 적응을 열심히 하는 도중 FPGA와 VHDL을 사용해 S/W로 처리하지 못하는 고속 작업을 설계할 기회가 생겼다. 이 때가 HDL을 처음 접한 것이고 VHDL을 처음 접한 때이기도 하다.

H/W에 관한 개념은 남보다 출중하다고 생각했지만 역시나 바뀐 환경을 이해하고 설계해야 하는 기본을 까먹은 탓인지 첫 프로토타입에서 타이밍이 다 틀어져 동작은 하지만 엉망인 결과물을 만들어내고 말았다. 그보다는 오랜 S/W 설계 업무 동안 쌓여온 S/W 개념을 가지고 H/W를 설계한 것이 문제였다. 이를 깨닫고 HDL에 관해 제대로 개념을 잡고자 공부를 시작했는데 그 때는 이미 VHDL은 어느 정도 사용할 줄 아는 수준이라 다른 HDL 언어에 관심을 가졌고 Verilog를 많이 사용한다는 말에 Verilog를 공부했다.

Verilog가 VHDL 보다는 내게 더 잘 맞아 좀 더 공부했고 Verilog를 개선한 SystemVerilog가 나오면서 공부해야 할 것이 더 많아졌다. SystemVerilog의 초기에는 자료가 없고 이를 제대로 지원하는 툴 조차 없었기 때문에 뭘 해보고 싶어도 제대로 못 하면서 시간은 흘렀다.

이런 과정을 거치면서 HDL에 대해 공부를 하고 경험을 쌓으면서 깨달은 것은 HDL 언어에 대해 책을 통해 잘 공부해야 설계에 도움이 된다는 것이다. 그래서 SystemVerilog for Design이라는 책을 공부했고 다른 사람에게 도움을 주고자 번역에까지 이르게 된 것이다.

이 책은 Verilog를 잘 아는 사람이 SystemVerilog에 대해 공부하고자 할 때 유용한 책이다. Verilog를 잘 모르면 이 책을 이해할 수 없고, 특히 SystemVerilog는 C++에서 많은 개념을 가지고 왔기 때문에 C++와 OOP(Object Oriented Programming)에 대해 좀 알고 있으면 SystemVerilog를 보다 더 쉽게 이해 할 수 있을 것이다.

SystemVerilog를 공부하는 가장 좋은 방법은 본 책과 같은 교재를 사용해 공부한 후 실제 업무 등에 적용해 구현을 해보는 것이고 SystemVerilog를 사용한 설계 기술을 향상시키는 가장 좋은 방법은 다른 사람이 짜 놓은 코드를 분석해 보고 좋은 점이나 모르는 기술을 따라 해보는 것이다.

이 책이 SystemVerilog를 처음 접하는 분들에게 조금이나마 도움이 됐으면 좋겠고 나와 같은 시행착오를 조금이라도 줄여 줄 수 있었으면 하는 바램이다.

책을 번역하는 동안 도움을 많이 주고 격려해준 아내에게 가장 감사하고 그 동안 잘 놀아주지 못한 아들에게도 감사한다. 사랑해 여보, 아들!

차 례

Appendix B Verilog와 SystemVerilog의 키워드

Chapter 01

SystemVerilog의 소개

이 장에서는 SystemVerilog에 대한 개요를 설명하고 다음과 같은 내용을 다룬다.

- SystemVerilog의 기원
- SystemVerilog의 기반 기술
- SystemVerilog의 주요 기술

1.1 SystemVerilog의 기원

SystemVerilog는 IEEE 1364-2005 Verilog Standard(보통 "Verilog-2005"로 불린다)에 대한 확장을 모아 놓은 표준이다. 이 책에서 다루는 Verilog HDL의 확장인 SystemVerilog는 합성 가능한 디자인의 작성을 목표로 설명한다. SystemVerilog 확장은 SUPERLOG와 C언어의 많은 부분을 합쳐놓은 것이다. SystemVerilog는 또한 큰 디자인의 검증을 위한 많은 확장과 SUPERLOG, VERA C, C++, VHDL 언어의 많은 특징을 OVA와 PSL assertion과 함께 갖고 있다.

SystemVerilog에 의해 만들어진 특징들은 각각의 언어 특징을 합쳐 놓은 것을 넘어섰고 새로운 엔지니어링 언어인 Hardware Description and Verification Language(HDVL)를 만들어 냈다. 하나의 통합된 언어를 사용하는 것이 엔지니어에게 크고 복잡한 디자인을 보다 쉽게 모델링할 수 있게 해주고 기능적으로 올바른지를 검증할 수 있도록 해준다.

Accellera 표준 기구

Verilog에 대한 개선인 SystemVerilog의 사양은 IEEE가 직접 한 것이 아니고 Accellera Standards Organization의 후원 하에 표준 그룹에서 시작됐다. Accellera는 EDA(Electronic Design Automation) 언어의 사용과 개발을 지원하는 목표를 갖고 있는 비영리 단체이다. Accellera는 combined VHDL International과 Open Verilog International Organization을 합친 것이다. Accellera는 IEEE 1076 VHDL과 IEEE 1364 Verilog 표준 그룹을 지원하기도 한다. 그리고 Accellera는 몇몇 미래의 언어 연구위원회를 지원하기도 한다. Accellera는 회원 회사로부터 자금을 지원받는다. 이 회사들은 여러 개의 주요 EDA 소프트웨어 회사와 여러 개의 주요 설계 회사들로 이루어져 있다. Accellera에 대한 더 자세한 정보는 www.accellera.org에서 찾으면 된다.

Accellera는 이미 증명된 기술인 Verilog에 대한 확장을 만들어 냈다. 수많은 회사들이 Accellera에 자신들의 기술을 기부했다. 이것을 신중히 검토하여 SystemVerilog에 더했다. 기술 기부를 사용한 가장 큰 이점은 제대로 동작하고 아주 큰 디자인을 검증하는데 사용되어 이미 증명된 것을 채용했다는 것이다.

1.1.1 SystemVerilog 표준의 세대

SystemVerilog의 대부분은 Accellera 표준으로 2002년 6월에 SystemVerilog 3.0이라는 이름으로 발표되었다. 이 발표를 바탕으로 EDA 회사들은 SystemVerilog 확장을 시뮬레이터나 합성 컴파일러, 그리고 그 외의 다른 엔지니어링 툴에 넣기 시작했다. 이 SystemVerilog 표준의 첫 번째 발표는 Verilog의 합성 가능한 구문을 확장하는 것과 하드웨어의 모델링을 보다 더 상위 레벨에서 추상화할 수 있는 것에 초점이 맞춰져 있었다.

SystemVerilog의 버전 번호는 3.0부터 시작하는데 이것은 Verilog의 세 번째 주요 세대임을 나타내는 것이다. Verilog-1995가 첫 번째 세대이다. 첫 세대는 1980년대 초반에 Phil Moorby가 정의한 원래 Verilog 언어의 표준이다. Verilog-2001은 두 번째 세대이며, SystemVerilog가 세 번째 세대이다.

SystemVeriolog의 주요 업데이트는 2003년 5월에 발표되었는데, 이를 SystemVerilog 3.1이라 한다. 이 버전에서는 SystemVerilog의 검증 능력을 향상시키는 것들이 더해졌다.

Accellera는 계속해서 EDA 업체들과 협업해 SystemVerilog 3.1을 개량했고 몇 개의 모델링 구문과 검증 구문이 추가됐다. 2004년 5월에 Accellera SystemVerilog가 최종 승인됐고 이것을 SystemVerilog 3.1a라고 부른다.

SystemVerilog 3.1a가 승인된 직후인 2004년 6월에 Accellera는 SystemVerilog 표준을 Verilog 1364 표준을 담당하는 IEEE 표준협회(IEEE-SA)에 기증한다. Accellera는 Verilog에 대한 SystemVerilog 확장을 표준화하고 검토하기 위해 새로운 표준을 만드는 작업에서 IEEE와 같이 일했다. IEEE에서 SystemVerilog에 할당된 프로젝트 번호는 P1800(P는 IEEE 표준에서 "proposed"를 의미한다)이었다.

IEEE-SA는 SystemVerilog 3.1a 문서를 검토하고 IEEE 표준으로 만들기 위해 P1800 워킹그룹을 조직했다. P1800 워킹그룹은 다시 산하에 몇 개의 위원회를 만들어 몇 달 내에 검토 완료하는 공격적인 스케줄을 만들었다. P1800 워킹그룹은 2005년 3월에 완료했고 IEEE-SA 협조 멤버에게 투표용 초안을 발표했다. 투표와 마지막 IEEE 승인은 2005년 11월에 완료됐고 IEEE 1800-2005 표준으로 대중에 공개됐다[1].

1.1.2 SystemVerilog의 기반 기술

SystemVerilog를 이루는 근간이 되는 기술은 다음과 같다.

- Co-Design Automation의 SUPERLOG Extended Synthesizable Subset (SUPERLOG ESS)
- Synopsys의 OpenVERA™검증 언어
- IBM의 Sugar assertions 제공으로 시작된 PSL assertions
- Sysnopsys의 OpenVERA Assertions(OVA)

---

1) IEEE Std 1800-2005, SystemVerilog Language Reference Manual LRM ? IEEE Standard for SystemVerilog: Unified Hardware Design, Specification and Verification Language. 이것은 SystemVerilog의 공식 표준으로 문법과 의미의 설명을 담고 있고 SystemVerilog을 배우기 위한 예제는 담고 있지 않다. 주문을 위해서는 http://shop.ieee.org/store를 방문해 SystemVerilog를 찾으면 된다.

- Sysnopsys의 DirectCand Coverage API들
- MentorGraphics의 분할 컴파일과 $readmem 확장
- BlueSpec의 tagged union과 상위 레벨 언어 피쳐

2001년 6월에 Co-Design Automation(2002년에 Sysnopsys에 의해 합병)이 SUPERLOG Extended Synthesizable Subset을 Accellera에 제공했다. 이것이 SystemVerilog에서 하드웨어 모델링을 개선하는 주요 기반 기술이 되었다. Accellera는 Verilog++ 위원회(나중에 SystemVerilog 위원회로 이름 지어졌다)를 만들어 이 기증을 검토하고 Verilog HDL의 표준 개선을 만들었다.

2002년에는 Synopsys가 SUPERLOG ESS를 보완하기 위한 OpenVERA testbench, OpenVERA Assertions 그리고 DirectC를 기증했다. 이 기증으로 Verilog 언어의 검증 능력이 비약적으로 향상되었다.

또 Accellera SystemVerilog 위원회는 이런 기증들이 담고 있지 않은 Verilog 언어의 디자인과 검증에 관련된 추가사항을 정의했다.

Accellera의 SystemVerilog 위원회의 두 가지 큰 목적은 Verilog HDL에 대한 온전한 하위 호환성을 유지하는 것과 Verilog HDL의 일반적인 외형과 느낌을 유지하는 것이었다.

1.2 SystemVerilog의 주요 기술

다음의 리스트는 Verilog HDL에 더해진 디자인과 검증에 대한 SystemVerilog의 주요 개선을 나타낸다. 이 리스트는 SystemVerilog에 들어 있는 Verilog HDL에 대한 모든 개선을 담고 있지는 않다. 이 리스트는 단지 몇 개의 synthesizable 하드웨어 모델을 작성하는데 도움이 되는 주요 항목만을 나타낸다.

- 디자인 내에서의 통신과 프로토콜 검사를 형상화 하기 위한 인터페이스
- `int`와 같은 C와 비슷한 타입
- `typedef`를 사용한 사용자 정의 타입
- Enumerated 타입
- 구조체와 유니온

- 여러 개의 디자인 블록이 공유할 수 있는 정의를 위한 패키지
- 외부 컴파일-유닛 범위 정의
- ++, --, += 그리고 다른 오퍼레이터
- 명확한 프로시저 블록
- Priority와 Unique decision 구문
- 프로그래밍 구문 개선들
- 태스크, 함수 그리고 모듈에 대한 레퍼런스 전달

1.3 요약

SystemVerilog는 여러 하드웨어 디자인, 검증 언어를 Verilog HDL의 확장을 통해 통합했다. 이런 확장은 강력한 새로운 RTL, 시스템과 아키텍처 레벨에서의 하드웨어 모델링 능력을 제공한다.

Chapter 02

SystemVerilog 선언 영역

Verilog는 변수나 그 외의 다른 디자인 정보를 선언하는 곳이 제한되어 있다. SystemVerilog는 Verilog의 선언 영역을 몇 가지 방법으로 확장했다. 이런 확장이 복잡한 디자인 데이터 모델링을 쉽게 하고 찾기 힘든 코딩 에러를 줄여준다. 또한 SystemVerilog는 시뮬레이션 관련 정의를 개선하기도 했다.

이 장에서 얘기될 것은 다음과 같다.

- 패키지 정의와 패키지에서 정의 불러 들이기
- $unit 컴파일 선언 영역
- 이름 지어지지 않은 블록에서의 정의
- 개선된 시간 단위 정의

SystemVerilog가 제공하는 많은 데이터 타입을 자세히 들여다보기 전에 디자이너가 어디에서 중요 정보를 정의해야 하는지 아는 것이 중요하다. 새로운 정의 영역을 나타내기 위해 이 장에서는 다음 장까지 설명되지 않을 SystemVerilog의 몇몇 데이터 타입을 사용할 것이며, 다음과 같다.

logic – 1비트의 4 상태 변수(Verilog의 **reg** 타입과 같은 것)로 어떤 벡터 사이즈로든 정의 가능하다(3장에서 논의된다).

enum – C의 enum과 같은 타입이지만 문법이나 의미는 하드웨어 모델링용

typedef – 사용자 정의 데이터 타입. 내장된 타입으로부터 만들어지거나

다른 사용자 정의 타입으로부터 만들어진다. C의 typedef와 비슷하다(4.1절에서 논의된다).

struct – 개별적으로나 집합적으로 언급될 수 있는 변수 집합. C의 struct와 비슷(5.1절에서 논의된다)하다.

2.1 패키지

Verilog에서는 변수, 네트, 태스크, 함수의 정의는 모듈 내에서 **module... endmodule** 키워드 사이에서만 정의되어야 한다. 모듈 내에서 정의된 오브젝트는 로컬이다. Verilog 규칙을 사용하면 정의는 늘 모듈에 대한 지역 정의가 된다. 장황한 지역 정의는 사용자 정의 타입에서는 필요없다.

2.1.1 패키지 정의

여러 모듈에서 사용자 정의 타입을 공유하기 위해서 SystemVerilog는 Verilog 언어에 패키지를 추가했다. 패키지의 개념은 VHDL 언어에서 차용되었다. SystemVerilog는 **package**와 **endpackage** 키워드 사이에서 정의된다.

패키지 내의 합성이 가능한 구문은 다음과 같은 것이 사용된다.

- **parameter**와 **localparam** 상수 정의
- **const** 변수 정의
- **typedef** 사용자 정의 타입
- 완전 자동 **task**와 **function** 정의
- 다른 패키지로부터의 **import** 구문
- 연산자 오버로드 정의

패키지에는 전역 변수 정의, 정적 태스크 정의, 정적 함수 정의도 넣을 수 있지만 합성 가능하지 않고 이 책에서는 다루지 않는다.

예제 2-1이 패키지 정의를 보여준다.

예제 2-1 패키지 정의

```
package definitions;

  parameter VERSION = "1.1";

  typedef enum {ADD, SUB, MUL} opcodes_t;

  typedef struct {
    logic     [31:0]  a, b;
    opcodes_t      opcode;
  } instruction_t;

  function automatic [31:0] multiplier (input [31:0] a, b);
    return a * b;
  endfunction
endpackage
```

패키지는 상수 정의를 위해 **parameter**, **localpram**, **const**를 사용할 수 있다. **parameter**와 **localparam** 상수는 Verilog 구문이다. **const** 상수는 SystemVerilog 구문으로 3.1절에서 다루어진다. Verilog에서는 **parameter** 상수가 각 모듈 인스턴스에서 재정의될 수 있고 **localparam**은 직접적으로 재정의되지 못한다. 그러나 패키지 내에서는 **parameter** 상수가 모듈 인스턴스의 일부가 아니기 때문에 재정의될 수 없다. 패키지 내에서는 **parameter**와 **localparam**이 같은 뜻으로 사용된다.

2.1.2 패키지 내용물 사용

모듈과 인터페이스는 다음과 같은 4가지 방식으로 패키지 내의 정의와 선언을 사용할 수 있다.

- 범위 결정 연산자를 사용해 직접 언급
- 모듈이나 인터페이스에 특정 패키지 아이템을 끌어들임
- 모듈이나 인터페이스에 와일드카드를 사용해 패키지 아이템을 끌어들임
- $unit 선언 영역 안으로 패키지 내용을 끌어들임

처음 3가지 방법은 이 장에서 다뤄진다. $unit을 사용하는 방법은 2.2절에서

다뤄진다.

범위 결정 연산자를 사용해 직접 언급

SystemVerilog는 ::라는 범위 결정 연산자를 Verilog에 추가했다. 이 연산자는 패키지 이름으로 패키지를 직접 언급할 수 있도록 해주고 패키지 내의 선언이나 정의를 선택할 수 있게 해준다. 패키지 이름과 패키지 아이템 이름은 ::로 구분된다. 예를 들어 SystemVerilog 모듈 포트가 instruction_t 타입으로 정의되고 instruction_t는 definitions 패키지 내에 정의되어 있다면 다음과 같이 나타낼 수 있다.

예제 2-2 범위 결정 연산자를 사용한 명확한 언급

```
module ALU (
   input  definitions::instruction_t     IW,
   input  logic                          clock,
   output logic [31:0]                   result
);

   always_ff @(posedge clock) begin
      case (IW.opcode)
         definitions::ADD : result = IW.a + IW.b;
         definitions::SUB : result = IW.a - IW.b;
         definitions::MUL : result = definitions::multiplier(IW.a, IW.b);
      endcase
   end
endmodule
```

패키지 내용물에 대한 직접 언급은 소스 코드를 문서화 할 때 좋다. 예제 2-2는 패키지 이름을 사용해 명확하게 instruction_t, ADD, SUB, MUL, multiplier에 대한 정의를 찾을 수 있다는 것을 보여준다. 그러나 패키지 아이템이 모듈 내에서만 언급되므로 매번 패키지 이름을 사용한 직접 언급을 사용하면 코드가 너무 장황해진다. 이런 경우에는 디자인 블록 내로 패키지 정의를 끌어들여 사용해야 한다.

특정 패키지 아이템 끌어들이기

SystemVerilog는 모듈 내로 **import** 구문을 사용해 특정 패키지 아이템을 끌어들일 수 있다. 패키지 정의 또는 선언을 불러들이면 그 모듈이나 인터페이스 내에서 로컬로 정의된 것과 같이 아이템들은 모듈이나 인터페이스 내에서 가시적이 된다. 이렇게 하면 패키지 이름을 매번 사용하지 않아도 된다.

패키지 정의나 선언을 끌어들이는 것은 모듈 내에서 간단한 코드만으로 가능하다. 예제 2-2를 수정해 예제 2-3을 만들었다.

예제 2-3 특정 패키지 아이템을 모듈 내로 끌어 들이기

```
module ALU (
   input  definitions::instruction_t  IW,
   input  logic                       clock,
   output logic [31:0]                result
);

   import definitions::ADD;
   import definitions::SUB;
   import definitions::MUL;
   import definitions::multiplier;

   always_comb begin
     case (IW.opcode)
       ADD : result = IW.a + IW.b;
       SUB : result = IW.a - IW.b;
       MUL : result = multiplier(IW.a, IW.b);
     endcase
   end
endmodule
```

예제 2-3에서 다음과 같은 코드는 동작하지 않을 것이다.

```
import definitions::opcode_t;
```

이런 코드는 사용자 정의 타입을 모듈 내에서 보이게 하는 것인데 opcode_t 내에 사용된 레이블들이 가시화 되지는 않는다. 각각의 레이블을 명확하게 끌

어들여야 사용할 수 있게 된다. 패키지에서 끌어들여야 하는 아이템이 많은 경우엔 와일드카드를 사용하는 것이 일반적이다.

와일드카드를 사용해 패키지 아이템을 끌어 들이기

SystemVerilog는 와일드카드를 사용해 패키지 내용을 끌어들일 수 있다. 와일드카드 토큰은 *이다. 예를 들어

```
import definitions::*;
```

와일드카드를 사용할 때는 모듈이나 인터페이스 내에서 실제로 사용되는 아이템만이 끌어들여진다. 언급되지 않은 패키지 내의 정의와 선언은 끌어들여지지 않는다.

모듈이나 인터페이스 내의 로컬 정의와 선언은 와일드카드 끌어들이기 보다 앞선다. 또 특정 아이템의 이름을 명시해 끌어들이기를 해도 와일드카드 끌어들이기 보다 앞선다. 디자이너의 관점에서 보면 와일드카드 끌어들이기는 식별자를 찾는 규칙에 패키지를 더하는 역할을 하는 것이다. 소프트웨어 툴은 로컬 정의를 먼저 찾고(Verilog의 모듈 내에서의 찾기 규칙에 따라) 다음으로 와일드카드를 사용한 패키지를 찾는다. 마지막으로 소프트웨어 툴은 SystemVerilog의 $unit 정의 영역을 찾는다. 이것은 2.2절에서 다룬다.

예제 2-4는 와일드카드를 사용한 것을 보여준다. **case** 구문이 ADD, SUB, MUL, multiplier를 언급하면 **case** 구문은 definitions 패키지에서 이런 이름의 정의를 찾는다.

예제 2-4 와일드카드를 사용한 끌어 들이기

```
module ALU (
  input   definitions::instruction_t IW,
  input   logic                      clock,
  output  logic [31:0]               result
);
  import definitions::*;

  always_comb begin
```

```
    case (IW.opcode)
      ADD : result = IW.a + IW.b;
      SUB : result = IW.a - IW.b;
      MUL : result = multiplier(IW.a, IW.b);
    endcase
  end
endmodule
```

예제 2-3과 예제 2-4에서 IW 모듈 포트에 대해서는 명확하게 이름을 사용해야 한다. module 키워드와 모듈 포트 정의 사이에 **import** 구문을 사용할 수는 없다. 그러나 패키지 이름을 포트 리스트에 사용하는 것을 피하려면 `$unit` 정의 영역을 사용하면 된다. `$unit`은 2.2절을 참조하기 바란다.

2.1.3 합성 가이드라인

모듈이 패키지 내에 정의되어 있는 태스크나 함수를 사용하면 합성할 때는 태스크나 함수 기능을 복사해 모듈 내에서 정의된 것과 같이 취급한다. 합성 가능하려면 패키지 내에서 정의된 태스크와 함수는 **automatic**으로 선언되어야만 하고 정적 변수를 포함하고 있으면 안 된다. **automatic** 태스크나 함수용 저장소는 그 태스크나 함수가 불릴 때 마다 할당되기 때문이다. 그래서 태스크나 함수를 사용하는 각 모듈은 다른 모듈과 공유하지 않는 유일한 복사본을 사용하게 된다. 이렇게 해서 여러 모듈에서 구현되는 기능에 대해 합성 전의 시뮬레이션 동작이 합성 후의 동작과 같게 된다.

이와 비슷한 이유로 합성은 패키지 내에 선언된 변수는 지원하지 않는다. 시뮬레이션에서는 패키지 변수가 이 변수를 사용하는 모든 모듈에 의해 공유된다. 하나의 모듈이 그 변수에 값을 쓰면 다른 모듈은 새로운 값을 보게 된다. 이렇게 모듈 포트를 통해 값을 넘기지 않는 모듈간 통신 타입은 합성 불가능하다.

2.2 $unit 컴파일 단위 선언

SystemVerilog는 ***컴파일 단위***라는 개념을 Verilog에 추가했다. 컴파일 단위는 동시에 컴파일 되는 모든 소스코드를 의미한다. 컴파일 단위는 전체 디자인의 하위 블록을 개별적으로 컴파일 할 수 있도록 해준다. 하위 블록은 한 개의 모듈이나 여러 개의 모듈이 될 수 있다. 모듈은 인터페이스 블록(제10장에서 설명)과 테스트벤치 프로그램 블록을 담을 수도 있다.

Verilog의 선언 영역에 대한 SystemVerilog 확장은 패키지, 모듈, 인터페이스, 프로그램 블록 바깥에서도 선언될 수 있도록 한다. 이런 외부 선언은 ***컴파일 단위 범위 안에 있다***고 하고 한꺼번에 컴파일 되는 모든 모듈에서 가시적이다.

컴파일 단위 범위는 다음과 같은 것을 담을 수 있다.

- 시간 단위와 정확도 선언(2.4절 참조)
- 변수 선언
- 네트 선언
- 상수 선언
- **typedef, enum** 혹은 **class**를 사용하는 사용자 정의 타입
- 태스크와 함수 정의

다음의 예제는 상수, 변수, 사용자 정의 타입, 함수에 대한 외부 선언을 보여준다.

예제 2-5 컴파일 단위에 외부 선언 사용(합성 불가능)

```
parameter VERSION = "1.2a";   // 외부 상수

reg resetN = 1;               // 외부 변수

typedef struct packed {       // 외부 사용자 정의 타입
  reg [31:0] address;
  reg [31:0] data;
  reg [ 7:0] opcode;
} instruction_word_t;

function automatic int log2 (input int n);  // 외부 함수
```

```
  if (n <= 1) return (1);
  log2 = 0;
  while (n > 1) begin
    n = n / 2;
    log2++;
  end
  return (log2);
endfunction

/* 모듈 정의 */
// 외부 선언이 모듈 포트 타입으로 사용됨
module register (
  output instruction_word_t q,
  input  instruction_word_t d,
  input  wire clock
);

  always @(posedge clock, negedge resetN)
    if (!resetN)
      q <= 0;
    else
      q <= d;
endmodule
```

컴파일 단위 범위 내의 선언은 전역 선언과 같지 않다. 진짜 전역 선언은 디자인을 이루는 모든 모듈에서 같이 컴파일 되든 따로 컴파일 되든 간에 공유된다.

SystemVerilog의 컴파일 범위는 동시에 컴파일 되는 소스 파일에 대해서만 유효하다. 소스 파일을 컴파일 할 때마다 컴파일 되는 것에만 유일한 컴파일 단위 범위를 만들어 낸다. 예를 들어 CPU라는 모듈과 controller라는 모듈이 모두 reset이라는 외부 선언 변수를 사용한다면 다음과 같은 두 가지의 시나리오가 존재할 수 있다.

- 만약 두 모듈이 동시에 컴파일 된다면 하나의 컴파일 단위 범위만이 존재하고 외부 선언된 reset은 두 모듈에 공동이 된다.
- 각각 컴파일 된다면 두 개의 컴파일 단위 범위가 존재하므로 두 개의 서로 다른 reset 변수가 만들어진다.

후자의 경우 외부 선언된 reset을 포함하는 것이 제대로 컴파일 된 것처럼 보일 것이다. 따로 컴파일 되는 다른 파일은 자신만은 유일한 $unit 컴파일 영역을 갖고 이전 컴파일로부터 reset을 볼 수 없게 된다. reset이 어떻게 사용되는지를 나타내는 문맥에 따라 두 번째 컴파일에서는 선언되지 않은 변수로 취급되어 컴파일을 실패하거나 아니면 reset을 net로 취급해 컴파일이 잘 될 수도 있다. 이것은 아주 위험한 것으로 만약 두 번째 컴파일이 reset을 net로 취급해 잘 컴파일 됐다면 reset이라는 이름의 시그널이 각 컴파일에 대해 생성되게 된다. 즉 두 개의 다른 reset이 어떤 식으로든 연결되지 않게 된다.

2.2.1 코딩 가이드라인

1. $unit 영역 내에서는 선언을 하지 않는다. 모든 선언은 지명된 패키지 안에서 되도록 한다.
2. 필요하면 패키지를 $unit 내로 끌어들일 수 있다. 이렇게 해서 모듈이나 인터페이스가 사용자 정의 타입이나 패키지가 안에 정의된 타입으로 이루어진 여러 포트를 가질 수 있게 된다.

$unit 컴파일 단위 영역에서 직접 선언된 오브젝트는 파일이 따로 컴파일 될 때 디자인 에러를 발생시킨다. 또 선언이 여러 개의 파일에 분산되어 있으면 스파게티 코드를 만들어내 관리, 재사용, 디버깅이 힘들게 된다.

2.2.2 SystemVerilog 식별자 찾기 규칙

컴파일 단위 범위 내의 선언은 컴파일 단위의 일부인 모듈 구조 내의 어떤 것에서든 사용 가능하다.

SystemVerilog는 식별자의 사용에 대한 간단하고 직관적인 찾기 규칙을 정의하고 있다.

첫 번째, IEEE 1364 Verilog 표준에 정의된 것에 따라 로컬 변수를 찾는다.
두 번째, 현재 범위에 와일드카드로 포함된 패키지 내부 선언을 찾는다.
세 번째, 컴파일 단위 범위 내의 선언을 찾는다.
네 번째, IEEE 1364 Verilog 찾기 규칙에 따라 디자인 구조 내부에 선언된 것을 찾는다.

SystemVerilog 찾기 규칙은 하위 호환성을 보장한다.

2.2.3 소스 코드 순서

컴파일 단위 범위 내의 변수와 네트

외부 선언을 사용할 때 주의해야 할 중요한 것이 있다. Verilog는 특정 문맥에서 암시적인 타입 선언을 지원하므로 정의되지 않은 식별자는 네트 타입으로 (**wire** 타입으로 불린다) 취급된다. 이런 것을 방지하기 위해서는 Verilog는 사용하기 전에 타입 식별자를 명확하게 선언할 필요가 있다.

이런 암시적인 타입 선언 규칙은 컴파일 단위 범위 내의 변수나 네트 선언에 영향을 미친다. 소프트웨어 툴은 식별자가 사용되기 전에 외부 선언을 봐야만 한다. 그렇지 않으면 그 이름은 정의되지 않은 식별자로 취급되고 Verilog 규칙에 의해 암시적인 타입으로 취급된다.

다음의 예는 소스 코드 순서가 모듈에 대한 외부 선언의 사용에 어떻게 영향을 주는지 보여준다. 이 예제는 컴파일 에러를 발생하지 않는다. parity_gen 모듈에 대해 소프트웨어 툴은 parity에 대한 언급이 그 시그널에 대한 외부 선언 전에 나오므로 자동적으로 parity를 암시적인 타입으로 간주한다. 한편 parity_check 모듈은 소스 코드 순서에 의해 parity의 선언 다음에 나온다. 그래서 parity_check 모듈은 외부 선언 변수를 사용할 것이다.

```
module parity_gen (input wire [63:0] data);
   assign parity = ^data; // parity는 로컬 네트로 취급됨
endmodule

reg parity;    // 외부 선언은 언급 후에 선언되어 있으므로
               // parity_gen 모듈에 의해 사용되지 않는다.

module parity_check (input wire [63:0] data, output logic err);
   assign err = (^data != parity); // parity는 $unit 변수이다.
endmodule
```

2.2.4 $unit 내로 패키지를 끌어들이기 위한 코딩 가이드라인

SystemVerilog는 모듈 포트에 사용자 정의 타입을 쓸 수 있다. 이 책에서 추천하는 코딩 스타일은 예제 2-2의 패키지 사용법과 같이 한 개 혹은 여러 개의 패키지에 정의를 넣는 것이다. 일부를 아래에 발췌해 놓는다.

```
module ALU (
  input   definitions::instruction_t   IW,
  input   logic                        clock,
  output  logic [31:0]                 result
);
```

위에 나와 있듯이 명확한 언급은 사용자 정의 타입을 많이 사용하는 경우 장황하고 불필요해 보일 수도 있다. 다른 방법은 $unit 컴파일 단위 범위 내에 패키지를 끌어들이는 것으로 사용자 정의 타입이 SystemVerilog 찾기 순서에 보이도록 해주는 것이다. 예를 들어

```
// $unit 내로 특정 패키지 아이템을 가져 옴
import definitions::instruction_t;

module ALU (
  input   instruction_t   IW,
  input   logic           clock,
  output  logic [31:0]    result
);
```

또 와일드카드를 사용할 수도 있는데 와일드카드를 사용하는 경우에는 모든 패키지 아이템을 실제로 다 불러들이는 것이 아니라는 것을 명심하기 바란다.

```
// $unit 내로 와일드카드를 사용해 불러 들이기
import definitions::*;

module ALU (
  input   instruction_t   IW,
  input   logic           clock,
  output  logic [31:0]    result
);
```

따로 컴파일 되는 경우 $unit 내로 패키지 불러들이기

$unit 내에 정의나 선언을 할 때와 마찬가지로 $unit 영역 내로 패키지를 불러들이는 경우에 대해서도 같은 주의를 해야 한다. $unit을 사용할 때는 파일 순서 의존도가 문제될 수 있고 여러 $unit이 문제될 수 있다.

아이템이 패키지로부터 불러들여지면 **import** 구문은 패키지 아이템이 언급되기 전에 반드시 위치해야 한다. 만약 패키지 아이템을 가리키는 모듈이나 인터페이스 말고 다른 파일 내에 패키지를 불러들이는 구문이 있으면 그 파일은 컴파일 되는 파일들 중에 먼저 와야 한다. 그렇지 않으면 컴파일이 실패할 것이고 패키지 아이템을 제대로 사용하지 못해 임의로 네트로 간주되어 버릴 수도 있다.

합성 컴파일러는 Verilog와 SystemVerilog 소스 코드 모두를 읽을 수 있고 한 번에 하나씩 컴파일 하거나 한꺼번에 여럿을 컴파일 할 수도 있다. 여러 개가 한 번에 컴파일 될 때는 $unit이 하나만 존재한다. $unit내로 패키지를 불러들이는 경우 모든 모듈과 인터페이스에 가시적이지만 파일이 따로 컴파일 되면 여러 개의 구분된 $unit이 존재하게 된다. 하나의 $unit 내로의 패키지 불러들이는 것은 다른 $unit에서는 가시적이지 않다.

이런 두 가지 문제를 해결하는 것은 모든 파일에 **import** 구문을 넣는 것이고 이런 해결 방법은 각 파일이 개별적으로 컴파일 되는 경우에 잘 동작한다. 그러나 한 번에 컴파일 되는 경우에는 조심해야 한다. 같은 패키지 아이템을 같은 $unit 영역 내에서 여러 번 불러 들이는 것은 안 된다(여러 번 선언하는 것과 같은 것이다).

일반적인 C 프로그래밍 트릭이 $unit에 패키지를 불러들이는 경우에 사용된다. 이 트릭은 처음 $unit에서 컴파일 되는 경우에만 불러들여지고 같은 $unit 내의 다른 컴파일에서는 불러들여지지 않도록 하는 것이다. 이렇게 하기 위해서는 이미 컴파일 됐다는 것을 현재 영역에 알려줘야 하는데 **`define** 플래그를 처음 컴파일 되는 때에 세트하는 것으로 그렇게 할 수 있다.

다음 예제에서 definitions 패키지가 definitions.pkg라 불리는 서로 다른 파일에 담겨 있다. **endpackage** 키워드 후에 $unit에 와일드카드로 불러들여지고 컴파일 되면 $unit에 패키지의 내용이 자동적으로 가시적이 된다.

definitions.pkg 파일 내에 플래그가 처음 컴파일 될 때 세트되어 전체 파일 내용이 조건 컴파일 되므로 다음 번 컴파일 될 때는 다시 컴파일 되지 않고 무시되게 된다.

예제 2-6 조건 컴파일 패키지(파일이름: definition.pkg)

```
`ifndef DEFS_DONE      // 플래그가 세트되지 않았으면
  `define DEFS_DONE    // 플래그를 세트

  package definitions;

    parameter VERSION = "1.1";

    typedef enum {ADD, SUB, MUL} opcodes_t;

    typedef struct {
      logic [31:0] a, b;
      opcodes_t   opcode;
    } instruction_t;

    function automatic [31:0] multiplier (input [31:0] a, b);
      return a * b;
    endfunction
  endpackage

  import definitions::*; // $unit 내로 패키지를 읽어 들인다.

`endif
```

다음과 같은 줄이 이 패키지를 필요로 하는 모든 디자인 파일이나 테스트벤치의 시작에 들어가야 한다.

```
`include "definitions.pkg"
```

디자인이나 테스트벤치 파일이 컴파일 될 때 패키지가 파일에 포함될 것이다. 조건 컴파일은 컴파일 할 때 이미 컴파일 되지 않고 불러들여지지 않았는지 확실히 해줄 것이고, 이미 컴파일 되어 불러들여졌다면 컴파일러는 이번 파일에서는 이 패키지를 포함하지 않고 그냥 넘어갈 것이다.

> **노트** 이런 코딩 스타일에서는 **`include** 구문 때문에 패키지 파일은 소프트웨어 툴 컴파일러에게 간접적으로 전달된다.

Verilog **`include**를 사용하는 조건 컴파일 스타일은 다른 파일의 컴파일 일부로 definitions.pkg를 사용할 수 있게 해준다. 이것은 definitions.pkg 끝에 import 구문을 사용한 것 때문에 가능한 것이다. definitions.pkg 파일이 컴파일러에 직접 전달되면 다른 $unit 영역 내에서 컴파일 될 수도 있다.

예제 2-6에 사용된 파일 이름은 일반적은 .v나 .sv로 끝나지 않는데 .pkg 확장자는 이 파일이 디자인이나 테스트벤치 파일이 아니고 패키지 파일임을 확실히 나타내기 위해서이다. 물론 다른 확장자를 사용할 수도 있다.

예제 2-7과 예제 2-8는 현재 컴파일에 전체 파일을 포함하는 디자인 파일과 테스트벤치 파일을 나타낸다. 패키지 내의 아이템은 와일드카드 구문을 사용해 $unit 컴파일 단위 범위에 조건적으로 포함된다. 이렇게 하면 읽어들인 모듈의 포트 리스트에서 가시적이 되어 사용할 수 있다.

예제 2-7 조건 컴파일 패키지 파일을 사용하는 디자인 파일

```
`include "definitions.pkg" // 패키지 파일을 컴파일한다

module ALU
  (input instruction_t  IW,
  input logic           clock,
  output logic [31:0]   result
  );

  always_comb begin
    case (IW.opcode)
      ADD : result = IW.a + IW.b;
      SUB : result = IW.a - IW.b;
      MUL : result = multiplier(IW.a, IW.b);
    endcase
  end
endmodule
```

예제 2-8 조건 컴파일 패키지 파일을 사용하는 테스트벤치 파일

```
`include "definitions.pkg"

module test;
   instruction_t  test_word;
   logic   [31:0] alu_out;
   logic          clock = 0;

   ALU dut (.IW(test_word), .result(alu_out), .clock(clock));

   always #10 clock = ~clock;

   initial begin
      @(negedge clock)
      test_word.a = 5;
      test_word.b = 7;
      test_word.opcode = ADD;
      @(negedge clock)
      $display("alu_out = %d (expected 12)", alu_out);
      $finish;
   end
endmodule
```

한 개의 파일 컴파일에서는 패키지가 컴파일 되고 각각의 $unit 컴파일 단위로 불러들여져서 각 $unit이 같은 패키지를 볼 수 있도록 해준다. $unit이 유일하므로 패키지 컴파일이 한 번 이상 되어 충돌하는 경우는 없다.

여러 파일 컴파일에서는 조건 컴파일이 패키지가 한 번만 컴파일 되고 다른 모든 모듈에서 공유되도록 해준다. 디자인이든 테스트벤치든 어느 것이나 먼저 컴파일 되는 것에서 불러들이고 다른 나머지 모듈에서 가시적이 되도록 해준다.

패키지는 변수 선언을 담을 수도 있다. 패키지 변수는 변수를 불러들이는 모든 디자인 블록에서 공유된다. 패키지 변수는 한 개의 파일 컴파일과 여러 개의 파일 컴파일에서 서로 확연히 다르게 동작한다. 여러 파일 컴파일에서는 패키지가 하나의 $unit으로 컴파일 된다. 모든 디자인 블록이나 테스트벤치는 같은 패키지 변수를 보게 된다. 한 패키지 변수에 값을 써 넣으면 다른 모든 블록에서

이 값을 볼 수 있다는 소리이다. 한 개 파일 컴파일에서는 각각 $unit 영역이 서로 다르지만 같은 이름을 갖는 유일한 변수를 가진다. 한 디자인에 의해 만들어진 패키지 변수 값은 다른 디자인이나 테스트 블록에서 볼 수 없다.

정적 태스크와 정적 함수 또는 정적 저장소를 갖는 자동 태스크나 자동 함수는 같은 잠재적인 문제를 갖고 있다. 여러 파일 컴파일에서는 하나의 $unit이 존재하므로 태스크나 함수 내의 정적 저장소는 다른 모든 디자인이나 검증 블록에서 가시적이다. 한 개 파일 컴파일에서는 각각 $unit이 있고 태스크나 함수의 정적 저장소가 서로 공유되지 않는다.

합성은 패키지나 정적 태스크와 함수 내에서의 변수 선언을 허용하지 않기 때문에 이런 조건 컴파일 **import** 구문의 제약으로는 합성용으로 만들어진 모델에서 문제가 발생하지는 않는다(2.1.3 참조).

2.2.5 합성 가이드라인

컴파일 단위 범위 내에서 사용할 수 있는 합성 가능한 구문은 다음과 같다.

- **typedef** 사용자 정의 타입
- 자동 함수
- 자동 태스크
- **parameter**와 **localparam** 상수
- 패키지 불러들임

추천되는 스타일은 아니지만 컴파일 단위 범위 내에 정의한 사용자 정의 타입은 합성 가능하다. 더 나은 스타일은 지정된 패키지에 사용자 정의 타입을 정의하는 것이다. 패키지를 사용하는 것이 스파게티 코드에 대한 부담과 파일 순서 의존도에 대한 부담을 줄여 준다.

$unit 컴파일 단위 영역 내의 태스크와 함수 선언은 추천되는 코딩스타일이다. $unit 내에 정의된 태스크나 함수는 합성 가능하다. 모듈이 컴파일 단위 범위 내에 정의된 태스크나 함수를 사용하면 합성할 때 태스크나 함수 코드를 복사해 모듈 내에서 정의된 것 같이 취급한다. 컴파일 단위 범위 내에 정의된 태스크나 함수가 합성 가능하려면 반드시 automatic으로 정의되어야 하고(자동 태스크나 함수는 불릴 때마다 동적으로 할당되기 때문), 정적 변수를 가지면 안

된다. 그래서 컴파일 단위 범위 내의 자동 태스크와 함수를 사용하는 각 모듈은 다른 모듈과 공유하지 않는 유일한 태스크나 함수 저장소를 사용하게 된다. 이렇게 해야 합성 이전과 합성 이후의 동작이 같도록 보장할 수 있다.

컴파일 단위 범위 내에서 정의된 parameter 상수는 모듈 인스턴스의 일부가 아니기 때문에 재정의 될 수 없다. 합성은 컴파일 단위 범위 내에서 정의된 상수를 문자값 그대로 취급한다. $unit 영역에서 정의한 파라미터는 상수 선언을 가지고 있는 파일로부터 따로 컴파일 되는 모듈에 가시적이지 않기 때문에 좋은 모델링 스타일이 아니다.

2.3 불특정 구문 블록 내의 정의

Verilog는 특정 **begin..end**나 **fork..join** 블록 내에 로컬 변수 정의를 허용한다. 일반적인 로컬 변수 선언 사용은 루프를 컨트롤하는 임시 변수로 사용하는 것이다. 로컬 변수는 같은 이름 모듈 레벨에서의 잘못된 변수 액세스를 막는다. 다음의 예제 일부는 두 개의 모두 i라는 이름을 갖는 변수 선언을 나타내고 있다. loop로 이름 지어진 **for** 루프는 블록 내에서 선언된 로컬 변수 i를 사용하고 모듈 레벨에서 선언된 변수 i는 건드리지 않는다.

```
module chip (input clock);
    integer i; // 모듈 레벨 선언


  always@(posedge clock)
  begin: loop      // 이름 지어진 블록
    integer i;     // 로컬 변수
    for (i=0; i<=127; i=i+1) begin
      ...
    end
  end
endmodule
```

이름 지어진 블록에서 선언된 변수는 블록의 이름을 포함하는 구조적 패스 이름과 함께 언급될 수 있다. 보통은 테스트벤치나 다른 검증 루틴에서만 구조적 패스를 사용하는 변수를 사용할 수 있다. 구조적 언급은 합성 가능하지 않다. 이름 지어진 블록 내의 변수에 대한 구조 패스는 로컬로 선언된 변수를 언급하기 위해 VCD(Value Change Dump) 파일이나 웨이브폼 디스플레이 아니면 다른 디버깅 툴에 의해 사용된다. 아래 테스트벤치 일부는 이전 예제에 있는 변수 이름 i의 값을 출력하기 위해 구조 패스를 사용한다.

```
module test;
  reg clock;
  chip chip (.clock(clock));

  always #5 clock = ~clock;

  initial begin
    clock = 0;
    repeat (5) @(negedge clock);
    $display("chip.i = %0d", chip.i);
    $display("chip.loop.i = %0d", chip.loop.i);
    $finish;
  end
endmodule
```

2.3.1 이름 지어지지 않은 블록 내의 로컬 변수

Verilog에 대한 SystemVerilog 확장은 이름 지어지지 않은 블록 내에서 로컬 변수 선언을 지원한다. 문법은 이름 지어진 블록에서의 선언과 같다.

```
module chip (input clock);
  integer i;

  always @(posedge clock)
  begin
    integer i;
    for (i=0; i<127; i=i+1) begin
      ...
    end
  end
endmodule
```

이름 지어지지 않은 블록 내의 변수에 대한 구조적 언급

블록에 대한 이름이 없기 때문에 이름 지어지지 않은 블록 내의 로컬 변수는 구조적으로 언급할 수 없다. 테스트벤치 또는 VCD 파일은 로컬 변수에 대한 구조 패스가 없기 때문에 그 변수를 언급할 수 없다.

이름 지어지지 않은 블록에서 변수를 선언하는 것은 외부나 모듈 간의 언급으로부터 로컬 변수를 보호하는 의미로도 사용할 수 있다. 구조 패스 없이 로컬 변수는 로컬 범위 바깥의 어디에서도 언급할 수 없기 때문이다.

이런 이름 지어지지 않은 블록에 대한 로컬 변수 선언 확장은 SystemVerilog에만 있는 것은 아니다. Verilog 언어도 비슷한 상황을 가지고 있다. 사용자 정의 프리미티브(UDP)가 내부에서 선언된 변수를 가질 수 있다. 7.7에서 이름 지어진 블록에 대해 언급하고 7.8에서 구문 이름에 대해 언급한다.

2.4 시뮬레이션 시간 단위와 정밀도

Verilog 언어는 시간 값의 일부로 시간 단위를 지정하지 않는다. 시간 값은 서로에 간단한 연관이 있을 뿐이다. 3이라는 지연은 1이라는 지연보다 크고 10이라는 지연보다는 작다. 시간 단위가 없으면 다음과 같은 구문은 모호하게 된다.

```
forever #5 clock = ~clock;
```

clock의 주기는 무엇인가? 10피코초인가? 10 나노 초인가? 스스로 답할 수 있을 만한 정보가 구문에 없다. 다른 Verilog 소스 코드를 살펴 #5가 나타내는 단위를 찾아봐야 한다.

2.4.1 Verilog의 타임스케일 지시어

시간 값에 시간 단위를 지정하는 것 대신에 Verilog에서는 소프트웨어 툴의 명령으로 시간 단위를 지정할 수 있다. **`timescale** 컴파일러 명령을 쓰면 된다. 이 지시어는 시간 단위와 시간 정밀도의 두 가지 성분을 갖는다. 정밀도 성분은 소프트웨어 툴에게 얼마나 정밀할 것인지를 알려준다.

다음의 예에서와 같이 사용한다.

```
`timescale 1ns / 10ps
```

소프트웨어 툴은 1나노 초의 시간 단위와 10피코초의 정밀도를 사용하게 된다.

`timescale 명령은 정의되지 않거나 하나 또는 여러 Verilog 소스 파일에서 정의될 수 있다. 다른 값을 갖는 명령은 디자인의 다른 영역을 위해 사용될 수 있다. 이런 경우에는 소프트웨어 툴이 반드시 모든 주어진 시간 단위에 대한 공통 분모를 찾아내고 이를 사용해 모든 디자인 영역의 지연을 스케일링해 차이를 해소해 주어야 한다.

`timescale** 명령을 사용할 때의 문제점으로는 이 명령이 특정 모듈이나 파일에 한정되지 않는다는 것이다. 이 명령은 소프트웨어 툴에 사용되는 명령으로 새로운 **`timescale 명령이 나타나기 전까지는 이전 값을 유지한다. 이것은 Verilog 소스 파일의 순서에 대한 의존성을 만들어낸다. **`timescale**이 없는 소스 파일은 이전에 어떤 파일이 읽혀졌는지에 의존하게 된다.

만약 소스 코드가 파일 A, B, C의 순으로 읽혀진다면 B에 대한 **`timescale** 명령은 1나노 초 단위와 1나노 초 정밀도가 사용된다. 그래서 5라는 지연은 5나노 초를 의미하게 된다.

그림 2-1

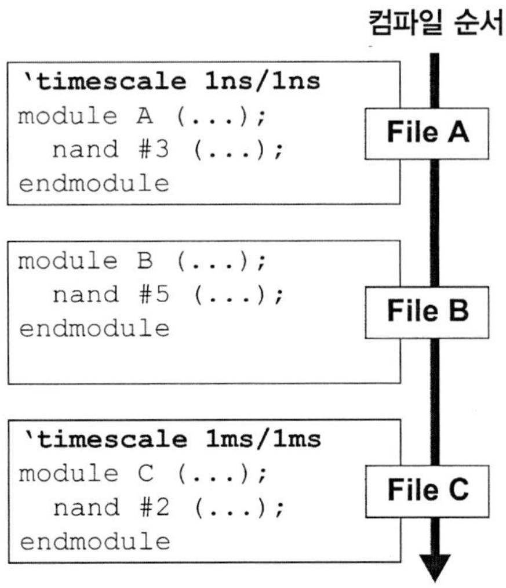

소스 파일이 다른 순서로 읽혀진다면(A, B, C의 순으로) B의 `timescale은 1 밀리초 단위와 1밀리초 정밀도를 사용하게 된다.

두 경우에 대해 시뮬레이션 결과는 굉장히 큰 차이를 보이게 된다.

그림 2-2

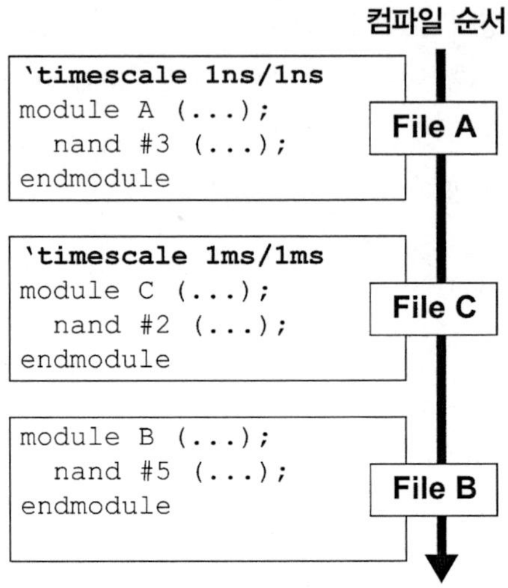

2.4.2 시간 단위와 시간 값

Verilog에 대한 SystemVerilog 확장은 시간 단위를 시간 값의 일부로 사용 가능하게 한다.

```
forever #5ns clock = ~clock;
```

시간 단위를 시간 값에 지정하는 것은 지연 값에 대한 모든 모호함을 없애 버린다. 위의 예에서는 10나노 초 오실레이터를 나타낸다.

시간 단위는 다음과 같은 것이 사용된다.

표 2-1 SystemVerilog 시간 단위

단위	단위
s	초
ms	밀리 초
us	마이크로 초
ns	나노 초
ps	파코 초
fs	펨토 초
step	소프트웨어 툴에서 사용되는 가장 작은 시간 단위

시간 값에 시간 단위를 사용하는 경우 값과 단위 사이에 공백이 있으면 안 된다.

```
#3.2ps      // ok
#4.1 ps     // error
```

2.4.3 범위 레벨 시간 단위와 정밀도

SystemVerilog에서는 소프트웨어 툴에 전달되는 명령이 아닌 모듈이나 인터페이스, 프로그램 블록의 일부로 시간 단위와 정밀도를 정의해 사용할 수 있다(인터페이스는 제10장 참조).

SystemVerilog에서는 **timeunit**, **timeprecision** 키워드로 시간 단위와 정밀도가 더 개선되었다. 이 키워드들은 모듈 내에서 모듈 정의의 일부로 시간 단위와 정밀도를 지정하기 위해 사용된다.

```
module chip (...);
   timeunit 1ns;
   timeprecision 10ps;
   ...
endmodule
```

timeunit과 **timeprecision** 키워드는 모듈, 인터페이스, 프로그램 블록에 소프트웨어 툴에 전달하는 명령 대신 직접 단위와 정밀도를 지정한다. 이 키워드들은 Verilog의 **`timescale** 명령에 존재하는 모호함과 파일 순서 의존도를 없애준다.

timeunit과 **timeprecision** 키워드로 지정된 단위는 Verilog의 **`timescale** 명령으로 지정된 것과 같다. 이 단위들은 step이 허용되지 않는다는 것을 제외한 나머지 것들이 표 2-1에 나타나 있다. **`timescale** 명령과 같이 단위는 1, 10 또는 100의 배수로 지정이 가능하다.

모듈, 인터페이스 또는 프로그램에 지정된 **timeunit**과 **timeprecision**은 모듈 내의 포트 리스트 바로 다음 그리고 다른 선언이나 구문 전의 첫 번째 구문이 되어야 한다. Verilog는 포트 리스트 내에서 선언을 허용하지만 **timeunit**과 **timeprecision** 구문의 위치에 영향을 주지는 않는다. 그럼에도 불구하고 이 구문들은 모듈 선언 직후에 와야 한다.

```
module adder (
  input   wire [63:0]    a, b,
  output  reg  [63:0]    sum,
  output  reg            carry
);
  timeunit 1ns;
  timeprecision 10ps;
  ...
endmodule
```

2.4.4 컴파일 단위 시간 단위와 정밀도

timeunit과 **timeprecision**은 컴파일 단위 범위에서도 지정해 사용할 수 있다. 선언은 다른 선언들 전에 와야 하고 컴파일 단위 범위 내의 **timeunit** 또는 **timeprecision** 선언은 로컬 **timeunit** 또는 **timeprecision**이 없어 Verilog **`timescale** 구문으로 컴파일 되지 않는 모든 모듈, 인터페이스, 프로그램에 적용된다.

어쨌든 하나의 **timeunit** 값과 하나의 **timeprecision**값이 컴파일 단위 범위 내에 지정 가능하고 값이 같은 경우 하나 이상의 **timeunit**과 **timeprecision**이 존재할 수 있다.

시간 단위와 정밀도 찾기 순서

Verilog에서는 시간 단위와 정밀도를 여러 곳에서 지정 가능했다. SystemVerilog에서는 시간 단위와 정밀도를 정하기 위한 특정 찾기 규칙을 정의했다.

- 시간 값의 일부로 단위와 정밀도가 지정됐다면 그 값을 사용한다.
- 로컬 시간 단위와 정밀도가 모듈, 인터페이스 프로그램 블록 내에서 지정됐다면 이것을 사용한다.
- 모듈이나 인터페이스가 다른 모듈이나 인터페이스 안으로 들어가게 되면 부모 모듈이나 인터페이스의 시간 단위와 정밀도를 사용한다.
- **`timescale**로 지정됐다면 모듈이 컴파일 될 때 이 값을 사용한다.
- 컴파일 단위 범위에 지정된 것을 사용한다.
- 시뮬레이터의 기본 단위와 정밀도를 사용한다.

다음 예제는 **timeunit**, **timeprecision** 선언이 모듈과 컴파일 단위 범위 레벨 모두에 있는 복합적인 지연 시간에 대해 보여준다. 주석이 어떤 선언이 먼저인지 나타내주고 있다.

예제 2-9 시간 단위와 정밀도의 혼합 선언(합성 불가능)

```
timeunit 1ns;     // 외부 시간 단위와 정밀도
timeprecision 1ns;

module my_chip(...);
  timeprecision 1ps; // 로컬정밀도 (외부보다 우선순위 높음)

  always @(posedge data_request) begin
    #2.5 send_packet;      // 외부 단위와 로컬 정밀도 사용
    #3.75ns check_crc;     // 지정된 단위 사용
  end

  task send_packet();
    ...
  endtask

  task check_crc();
    ...
  endtask
```

```
endmodule

`timescale 1ps/1ps  // 외부보다 우선순위 높음
module FSM(...);
  timeunit 1ns;  // 위의`timescale 보다 우선순위 높음

  always @(Stat) begin
    #1.2 case (State)      // 로컬 단위와 정밀도 사용
    WAITE: #20ps ...;      // 지정된 단위 사용
    ...
  end
endmodule
```

2.5 요약

이 장에서는 SystemVerilog 패키지와 $unit 선언 영역을 설명했다. 패키지는 사용자 정의 타입, 태스크, 함수, 상수와 같은 잘 정의된 선언 영역을 제공한다. 패키지 내의 정의는 모든 디자인 블록에서 불러들여 사용할 수 있다. 특정 패키지 아이템이 불러들여질 수 있고 패키지 정의가 와일드카드를 사용해 디자인 블록의 찾기 패스에 더해질 수도 있다.

$unit 선언 영역은 의사(擬似) 전역 선언 영역을 제공한다. 디자인 블록, 테스트벤치, 패키지에 담겨지지 않은 모든 정의는 $unit 컴파일 단위 영역에 들어간다. $unit을 사용할 때는 파일 순서 의존도와 따로 컴파일 되는지, 같이 컴파일 되는지를 주의해야 한다. 이 장에서는 $unit 컴파일 단위 영역을 제대로 사용하기 위한 코딩 가이드라인을 제시했다.

SystemVerilog에서는 로컬 변수를 이름 지어지지 않은 **begin...end** 블록 내에서 정의할 수 있다. 이것은 로컬 변수 선언을 간단하게 만들어주고 블록 외부로부터 로컬 변수를 감춰준다. 이름 지어지지 않은 블록 내의 로컬 변수는 블록의 일부가 아닌 코드로부터 읽혀지거나 수정되는 것으로부터 보호된다.

SystemVerilog는 시뮬레이션 시간 단위와 정밀도를 개선했다. 이 개선은 Verilog의 **`timescale** 명령이 가지고 있는 파일 순서 의존도를 없앴다.

Chapter 03

SystemVerilog 문자값과 내장 데이터 타입

SystemVerilog는 Verilog의 내장 변수 타입을 개선했고 문자값이 어떻게 지정되는지를 개선했다. 이 장에서는 이런 개선에 대해 설명하고 권고된 사용법에 대해 설명한다. 몇 개의 예제가 이런 개선을 보여줄 것이고 계속 되는 장에서 SystemVerilog의 개선된 변수 타입과 문자값의 사용에 대해 보여줄 것이다. 다음 장은 다른 변수 타입과 사용자 정의 타입의 개선에 대해 다룬다.

3.1 개선된 문자값 할당

Verilog 언어에서는 벡터에 모두 0, X, Z를 넣는 것이 쉽다.

```
parameter SIZE = 64;
reg [SIZE-1:0] data;

data = 0;      // 모든 비트를 0으로 채움
data = 'bz;    // 모든 비트를 Z로 채움
data = 'bx;    // 모든 비트를 X로 채움
```

위 예제의 모든 할당은 확장/축소가 가능하다. SIZE 파라미터가 128과 같은 값으로 재정의되면 할당은 자동적으로 data에 새로운 크기를 적용해 확장한다. 그러나 Verilog는 모든 비트에 1을 넣는 쉬운 방법을 제공하지 않는다. 모든 비트를 1로 채우기 위해서는 정해진 크기를 사용해야 한다. 예를 들어

```
data = 64'hFFFFFFFFFFFFFFFF;
```

이 예제는 확장/축소가 불가능하다. SIZE가 128과 같이 큰 값으로 변해도 그 크기에 맞게 수동으로 수정해주지 않으면 안 된다. 모든 비트에 1을 할당하는 것이 확장/축소가 가능하게 하기 위해서는 Verilog 디자이너는 코딩 트릭을 배워야 한다. 다음 예제가 1의 보수 연산자와 2의 보수 연산자를 사용해 벡터에 1을 채워 넣는 것을 보여준다.

```
data = ~0; // 1의 보수 연산자
data = -1; // 2의 보수 연산자
```

SystemVerilog는 두 가지 방식으로 문자값의 할당을 개선한다. 첫 번째, 2진, 8진, 16진 등의 진법을 정하지 않고도 간단히 값을 채우는 문법이 더해졌다. 두 번째, 채우는 값이 로직 1이 될 수 있다. 각 비트를 채우기 위해서는 '를 값 앞에 사용하면 된다. '는 "tick" 이라고 한다.

- '0 왼편부터 모든 비트를 0으로 채운다.
- '1 왼편부터 모든 비트를 1로 채운다.
- 'z 또는 'Z왼편부터 모든 비트를 z로 채운다.
- 'x 또는 'X왼편부터 모든 비트를 x로 채운다.

생략부호(')는 액센트 부호(`)와는 다르다. `는 *"back tick"*이라 불린다.

SystemVerilog를 사용할 때 임의 폭을 갖는 벡터는 하드 코딩없이 다음과 같은 방식으로 모든 비트에 1을 채울 수 있다.

```
data = '1; // 모든 비트를 1로 채운다.
```

이 개선은 아주 큰 벡터를 다루는 모델을 쉽게 작성할 수 있게 해준다. 또 모델의 로직을 변경하지 않고도 벡터의 크기가 변함에 따라 자동적으로 확장이 가능하도록 해준다. 이런 자동 스케일링은 파라미터로 벡터 크기를 사용하는 변수의 초기화를 아주 쉽게 해준다.

3.2 `define 개선

SystemVerilog는 Verilog의 `` `define `` 텍스트 교체 매크로에 몇몇 특수 문자를 추가할 수 있도록 개선했다.

3.2.1 문자열 내의 매크로 인수 치환

Verilog에서는 **`` `define ``** 매크로 내에 따옴표(")를 쓸 수 있지만 따옴표 내의 텍스트는 문자 스트링이 된다. 이 말은 Verilog에서는 문자열이 인수를 포함하고 있는 경우 텍스트 치환 매크로를 사용하는 문자열을 만들어 낼 수 없다는 것이다.

Verilog에서 다음 예제는 의도한대로 동작하지 않을 것이다.

```
`define print(v) \
  $display("variable v = %h", v)

`print(data);
```

이 예제에서는 `` `print() `` 매크로가 이렇게 확장될 것이다.

```
$display("variable v = %h", data);
```

이 텍스트 치환 예제의 의도는 매크로 인수 v가 실제 인수값인 data로 치환되는 것이다. 그러나 처음 쓰여진 v가 따옴표 안에 있기 때문에 Verilog는 v를 data로 치환하지 않는다.

SystemVerilog에서는 액센트 기호(`)를 따옴표 앞에 사용한 문자열을 사용해 매크로 텍스트 내의 인수 치환을 할 수 있도록 했다. 아래 예제는 완전한 $display 구문을 나타내는 텍스트 치환 매크로를 보여준다. 출력되는 문자열은 %h 포맷 인수를 갖는다. 치환된 텍스트는 메시지, 텍스트, 이름, 로직 값 등을 출력할 문자열을 담고 있게 된다. %h는 포맷 인수로 제대로 해석될 것이다.

```
`define print(v) \
  $display(`" variable v = %h`", v)

`print(data);
```

이 예제에서 매크로 `print()는 다음과 같이 확장된다.

```
$display("variable data = %h", data);
```

Verilog에서는 문자열 내에 있어야 할 따옴표는 반드시 \"를 사용해야 했다. 다음의 Verilog 예제는 출력될 문자열 내의 따옴표 포함을 보여준다.

```
$display("variable \"data\" = %h", data);
```

문자열이 변수 치환을 담고 있는 텍스트 치환 매크로의 일부인 경우 \"를 사용하는 것으로는 충분하지 않다. 대신 `\`"를 사용해야만 한다. 예를 들어

```
`define print(v) \
  $display(`"variable `\`"v`\`" = %h`", v)

`print(data);
```

이 예제의 `print() 매크로는 다음과 같이 확장된다.

```
$display("variable \"data\" = %h", data);
```

3.2.2 매크로로부터 식별자 이름 생성

생성되는 식별자 이름 사이에 빈 공간이 들어가기 때문에 Verilog의 `define을 사용해 두세 개의 매크로를 연결 사용하는 것으로 식별자를 만드는 것은 불가능하다.

SystemVerilog는 공백없이 식별자 이름의 범위를 정하는 방법을 제공한다. 두 개의 액센트 기호(``)를 사용하는 것으로 두 개 이상의 이름이 서로 연결되어 하나의 이름을 만들어낸다.

``의 용법 중 하나는 비슷한 이름이 여러 번 필요하거나 배열을 사용할 수 없을 때 소스 코드를 간단히 만들게 해주는 것이다. 다음의 예제는 2 상태 **bit** 변수와 **wand** 네트가 비슷한 이름으로 정의되고 연속해서 네트에 할당되어야 하는 경우를 보여준다. 이 변수는 로컬 프로시저 할당을 허용하고 네트는 여러 드라이버로부터의 와이어드 로직 할당을 허용한다. **bit** 타입은 다음에 더 자세히 다룬다. 간단히 **bit** 타입은 Verilog의 **reg** 타입과 같지만 **bit** 타입은 오직 2 상

태 값만 갖는다(**reg**는 4 상태 값을 사용한다).

텍스트 치환 없는 소스 코드에서 선언은 다음과 같다.

```
bit d00_bit; wand d00_net = d00_bit;
bit d01_bit; wand d01_net = d01_bit;
...   // 60회 이상 반복
bit d62_bit; wand d62_net = d62_bit;
bit d63_bit; wand d63_net = d63_bit;
```

SystemVerilog의 `define 개선을 사용하면 다음과 같이 간략화 된다.

```
`define TWO_STATE_NET(name) bit name``_bit; \
  wand name``_net = name``_bit;

`TWO_STATE_NET(d00)
`TWO_STATE_NET(d01)
...
`TWO_STATE_NET(d62)
`TWO_STATE_NET(d63)
```

3.3 SystemVerilog 변수

3.3.1 오브젝트 타입과 데이터 타입

Verilog 데이터 타입

Verilog 언어는 하드웨어 중심의 변수 타입과 네트 타입을 갖고 있다. 이런 타입은 칩이나 시스템 내에서 실제 연결을 하도록 하는 동작을 나타내는 특수한 시뮬레이션이나 합성 문맥을 가지고 있다.

- Verilog **reg**, **integer**와 **time** 변수는 각 bit에 대해 4개의 로직 값을 갖는다 (0, 1, Z, X).
- Verilog **wire**, **wor**, **wand**, 그리고 다른 네트 타입은 각 bit에 대해 120개의 값을 갖는다(4개의 로직 값 +여러 강도의 레벨 값). 그리고 특별 와이어드 로직 분해 함수를 갖는다.

SystemVerilog 데이터 타입

Verilog는 전송되거나 저장되는 시그널 타입과 값을 명확하게 구분하지는 않는다. Verilog에서는 모든 네트가 4 상태 값을 사용해 명확한 구분이 필요하지 않았다. 변수와 네트 타입과 값에 더 유연성을 제공하기 위해 SystemVerilog 표준은 디자인 내의 시그널이 ***타입***과 ***데이터 타입*** 모두를 갖도록 정의했다.

타입은 시그널이 네트인지 변수인지 나타낸다. SystemVerilog는 **reg, integer**와 같은 모든 Verilog 변수 타입을 사용하고 여기에 더해 **byte, int**와 같은 몇몇의 변수 타입을 더 사용한다. SystemVerilog는 Verilog 네트 타입에 아무런 확장도 하지 않았다.

데이터 타입은 네트나 변수의 값 시스템을 나타낸다(2 상태 데이터 타입은 0, 1 그리고 4 상태 데이터 타입은 0, 1, Z, X). SystemVerilog 키워드 **bit**는 2 상태 데이터 타입을 정의한다. **logic**은 4 상태 데이터 타입을 정의한다. SystemVerilog-2005 표준에서는 네트가 4 상태 데이터 타입만일 수 있는 것에 반해 변수 타입은 2 상태나 4 상태가 될 수 있다.

3.3.2 SystemVerilog 4 상태변수

4 상태 로직 타입

Verilog 언어는 **initial**과 **always** 프로시저 블록 내에서 하드웨어 동작을 모델링하기 위한 일반 용도의 변수 타입으로 **reg**를 사용한다. 키워드 **reg**는 Verilog 언어 초심자에게 혼동을 주는 잘못 지어진 이름이다. "reg"라는 것은 하드웨어 "register"를 의미하는 것 같고 플립-플롭으로 만들어지는 것 같다. 실제로 **reg** 변수를 사용하는 것과 하드웨어에서 만들어지는 것 사이의 관계는 없다. **reg** 변수의 사용 문맥이 하드웨어가 컴비네이션 로직인지 시퀀셜 로직인지 결정하는데 사용된다.

SystemVerilog는 일반적인 목적에 더 직관적이고 하드웨어 중심의 데이터 타입인 **logic** 키워드를 사용한다. **logic** 타입은 다음과 같이 사용된다.

```
logic resetN;                // 1-bit 넓이의 4 상태변수
logic [63:0] data;           // 64-bit 넓이의 변수
```

```
logic [0:7] array [0:255];          // 8-bit 변수들의 배열
```

키워드 **logic**은 실제 변수 타입이 아니다. 이것은 데이터 타입이고 시그널이 4 상태의 값을 갖는 것을 나타낸다. 그러나 **logic** 키워드가 혼자 사용되면 변수라는 의미를 내포하는 것이다. 4 상태 변수는 **var logic**이라는 한 쌍의 키워드를 사용해 명확하게 정의될 수 있다. 예를 들어

```
var logic [63:0] addr; // 64-bit 넓이변수
```

Verilog 네트 타입은 4 상태 로직 데이터 타입을 기본으로 한다. 네트는 **logic** 키워드를 사용해 4 상태 데이터 타입으로 명확하게 선언될 수 있다. 예를 들어

```
wire logic [63:0] data; // 64-bit 넓이의 네트
```

네트나 변수의 데이터 타입에 대한 명확한 선언은 3.4절에서 다루어질 것이다.

문맥상 **logic** 데이터 타입 변수는 Verilog의 **reg**와 같다. 두 키워드는 동의어로 서로 바꿔 사용할 수 있다(3.3.4절에서 다룰 **reg** 키워드는 네트 타입 키워드와 같이 사용할 수 없는 경우는 제외). Verilog의 **reg** 변수 타입과 같이 **logic** 데이터 타입 변수는 4 상태 로직 값을 갖고 임의의 넓이 벡터로 만들 수 있다.

키워드 **logic**은 4 상태 로직이 필요한 경우 하드웨어를 더 직관적으로 표현하는 키워드다. 이 책에서 나오는 예제들에서 **logic** 타입은 Verilog **reg** 타입을 대신하고 있다(순수한 Verilog 코드를 나타내는 경우는 제외).

3.3.3 SystemVerilog 2 상태변수

SystemVerilog는 RTL보다 더 추상 레벨인 시스템 레벨이나 트랜잭션 레벨에서의 모델링에 적합한 몇 개의 새로운 2 상태 타입을 추가했다.

- **bit** — 1-bit 2 상태 정수
- **byte** — 8-bit 2 상태 정수, C의 char과 비슷
- **shortint** — 16-bit 2 상태 정수, C의 short와 비슷
- **int** — 32-bit 2 상태 정수, C의 int와 비슷
- **longint** — 64-bit 2 상태 정수, C의 longlong과 비슷

2 상태 bit 타입 사용

reg나 **logic** 데이터 타입 변수는 프로시저 블록에서 하드웨어의 동작을 모델링하는데 사용된다. 이 타입은 4 상태 로직 값 0, 1, Z, X를 사용한다. 4 상태 타입은 합성 가능한 RTL 하드웨어 모델에 선호되는 타입이다. Z 값은 연결되지 않았거나 트라이스테이트 디자인 로직을 의미한다. X 값은 절연된 디자인 에러를 찾는데 도움을 준다. 모델링에서 상위 레벨에서는 Z와 X의 로직 값은 별로 필요하지 않다.

SystemVerilog에서는 **bit** 타입 변수 사용이 가능한데 문법적으로 **bit** 변수는 **reg**나 **logic** 변수가 사용되는 어디에나 사용할 수 있다. 그러나 **bit** 데이터 타입은 문맥상으로 0과 1 값만 갖는 2 상태이다. **bit** 데이터 타입은 상위 추상 레벨에서 하드웨어를 모델링하는데 유용하다.

bit 데이터 타입 변수는 **reg**와 **logic** 데이터 타입과 같은 방식으로 선언된다. 선언은 1-bit 넓이부터 소프트웨어 툴이 지원하는 최대 넓이(IEEE 1364 Verilog 표준은 216 bit 넓이까지 지원한다)까지의 벡터도 될 수 있다.

```
bit resetN;                 // 1-bit 2 상태변수
bit [63:0] data;            // 64-bit 2 상태변수
bit [0:7] array [0:255];    // 8-bit 2 상태변수의 배열
```

키워드 **bit**는 실제로는 변수 타입은 아니고 2 상태 값을 갖는 데이터 타입니다. 그러나 **bit** 키워드가 단독으로 사용되면 변수를 의미하는 것이다. 명확한 선언은 **var bit**와 같은 것이다.

```
var bit [63:0] addr;  // 64-bit 넓이변수
```

변수의 데이터 타입에 대한 명확한 선언은 3.3.4에서 더 깊이 다뤄진다.

C와 비슷한 타입 사용

C와 비슷한 **int**와 **byte** 같은 2 상태 타입의 용도는 버스 기능 모델을 더 추상화해 모델링하는 것이다. 이런 추상화 레벨에서는 모델이 트라이스테이트나 로직 X 값을 갖는 버스와 같은 식으로 자세하게 표현될 필요는 없다. C와 비슷한 타입의 다른 주요 사용은 SystemVerilog의 DPI(Direct Programming Interface)

를 사용해 Verilog 모델이 C나 C++ 모델과 인터페이스 하는 것이다. 두 언어의 공통 표현을 갖는 타입을 사용해 언어 사이에 데이터를 전달하는 것을 간단하고 효과적으로 만들 수 있다.

int 타입의 또 다른 일반적인 사용법은 **for** 루프 컨트롤 변수이다. 합성 가능한 RTL 모델에서 루프 컨트롤 변수는 합성된 게이트 레벨에서 나타나지 않는 임시 변수이다. 이렇듯이 루프 컨트롤 변수는 4 상태 값이 필요하지 않다. **int** 타입은 **for** 루프의 추상 모델이나 합성 가능한 RTL 모델에서 모두 동작한다.

2 상태 시뮬레이션 변수

reg, **logic**, **integer**와 같은 4 상태 변수는 시뮬레이션 시작할 때는 모든 비트가 로직 X의 값을 갖는다. 이런 변수들은 변수에 초기값이 할당되기 전까지는 알 수 없는 값을 갖는 초기화 되지 않은 상태로 간주된다. 4 상태 변수는 인라인 초기화를 사용해 다른 값을 갖고 시뮬레이션이 시작되도록 정의될 수 있다. 인라인 초기화는 3.8절에서 다뤄진다.

모든 2 상태 데이터 타입은 로직 0의 값으로 시뮬레이션이 시작된다. 2 상태 타입은 X 값을 갖지 않기 때문에 초기화 되지 않은 상태를 나타내지 못한다. 이것이 4 상태 타입이 합성 가능한 RTL 모델을 나타내는데 선호되는 이유이다.

2 상태 변수에 4 상태 값을 할당할 수 있다. 예를 들어 모델에 대한 4 상태 입력의 값이 모듈 내의 2 상태 **bit** 타입에 할당될 수 있다. X나 Z 값을 갖는 어느 비트든 2 상태 변수에서는 해당 비트가 로직 0의 값으로 번역된다.

다른 추상화 타입

SystemVerilog는 저장소가 필요없는 **void** 타입을 추가했다. **void** 타입은 태그드 유니온(5.2절 참조)에 사용되고 값을 리턴하지 않는 함수(6.3.3절 참조)에 사용된다.

SystemVerilog는 또한 Verilog의 **real** 타입을 보완하는 **shortreal** 변수 타입을 추가했다. **shortreal**은 32-bit 단정밀도 부동 소수점 값을 저장한다. C의 float와 같다. Verilog의 **real**은 배정밀도 부동 소수점 값을 저장한다. 이것은 C

의 double과 같다. **real**과 **shortreal** 타입은 합성 불가능하지만 테스트벤치에서 추상화된 하드웨어 모델에 유용하다.

SystemVerilog의 검증 개선은 상위 레벨 테스트벤치에 사용되는 클래스와 다른 동적 타입들을 추가했다. 이런 타입은 이 책에서 다뤄지지 않는다.

3.3.4 명확한 그리고 암시적인 변수와 네트 데이터 타입

SystemVerilog 용어에서 변수와 네트는 2 상태나 4 상태 데이터 타입을 가질 수 있는 타입이다(2005 SystemVerilog 표준에서는 네트는 4 상태 데이터 타입만을 가질 수 있었다). 4 상태 데이터 타입은 **logic** 키워드로 표현된다. 2 상태 데이터 타입은 **bit** 키워드로 표현된다. 이런 4 상태 또는 2 상태 데이터 타입이 변수인지 네트인지 명시하지 않고 사용되면 변수를 암시하는 것으로 간주된다.

```
logic [7:0] busA;  // 4 상태 타입 변수로 간주됨
bit [31:0] busB;   // 2 상태 타입 변수로 간주됨
```

Verilog 키워드 **integer**와 **time**은 미리 정해진 벡터 크기의 4 상태 데이터 타입 변수이다. SystemVerilog 키워드 **int, byte, shortint, longint**는 미리 정해진 벡터 크기의 2 상태 데이터 타입 변수이다.

SystemVerilog는 추가적으로 어떤 데이터 타입 앞에서도 지정 가능한 **var** 키워드를 제공한다. 예를 들어

```
var logic [7:0] a; // 4 상태 8-bit 변수
var bit [31:0] b;  // 2 상태 32-bit 변수
var int i;         // 2 상태 32-bit 변수
```

var 키워드("variable"의 약자)는 변수 오브젝트를 문서화 하는데 유용하다. **var** 키워드는 시뮬레이터나 합성에서 변수가 어떻게 동작하는지에 영향을 끼치지 않는다. 이것의 사용법은 코드를 더욱 문서화 하도록 해주는 것이다. 명확한 문서화는 사용자 정의 타입으로 변수가 생성될 때 코드를 좀 더 읽기 쉽고 유지하기 쉽도록 해준다.

```
typedef enum bit {FALSE, TRUE} boot_t;
var bool_t c; // 사용자 정의 타입변수
```

변수는 데이터 타입을 명시하지 않고 **var**만을 사용해 선언할 수도 있다. 이런 경우 변수는 **logic**으로 간주된다.

```
var [7:0] d;  // 4 상태 8-bit 변수
```

모든 Verilog 네트 타입(**wire, uwire, wand, wor, tri, triand, trior, tri0, tri1, trireg, supply0, supply1**)은 4 상태 로직 데이터 타입으로 간주된다. 2 상태 네트 타입은 없다.

```
wire [31:0] busB;  // 4 상태 로직 데이터 타입을 의미하는 네트를 선언함
```

추가로 네트는 네트 타입과 **logic** 데이터 타입 모두를 사용해 선언할 수 있다.

```
wire logic [31:0] busC;
```

키워드의 조합에서 오는 혼돈을 막기 위해서 SystemVerilog는 **reg** 키워드와 다른 네트 타입 키워드를 직접 조합해 쓰지 못하도록 했다.

```
wire reg [31:0] busD; // 올바르지 않은 키워드 조합
```

3.3.5 합성 가이드라인

4 상태 **logic** 타입과 2 상태 **bit, byte, shortint, int, longint** 타입은 합성 가능하다. 합성 컴파일러는 2 상태와 4 상태를 같은 방식으로 다룬다. 2 상태 타입이 우선적으로 시뮬레이션에 영향을 준다.

2 상태 타입은 0의 값으로 시뮬레이션이 시작된다. 합성 이전에서 2 상태 타입이 그렇듯이 합성 이후에 전원이 켜진 후 0으로 초기화 된다는 것은 보장되지 않는다.

8.2절에서 모델링 주의사항에 대해 다룬다.

3.4 RTL에서 2 상태 타입 사용

2 상태 타입은 4 상태 타입과 다른 식으로 시뮬레이션 된다. 2 상태 타입의 시뮬

레이션 초기값은 0은 4 상태와 다르고 모호하거나 결함이 있는 로직(시뮬레이션에서 일반적으로 X로 나타내진다)의 전달이 다르다. 이 절에서는 RTL 하드웨어 모델에서 2 상태 타입이 사용될 때 알아야 할 것에 대해 다룬다.

3.4.1 2 상태 타입 특성

SystemVerilog는 Verilog 언어에 몇몇 2 상태 타입을 추가했다. **bit**(1-bit 넓이), **byte**(8-bits 넓이), **shortint**(16-bits 넓이), **int**(32-bits 넓이), **longint**(64-bits 넓이). 이런 2 상태 타입은 추상 레벨에서 트라이 스테이트 값이 별로 필요 없고 회로 조건이 로직 X로 나타내어지는 알 수 없거나 추측할 수 없는 값이 발생할 수 없는 경우 디자인을 모델링할 수 있도록 해준다.

SystemVerilog에서는 2 상태와 4 상태 타입을 모듈에 자유롭게 혼합해 사용할 수 있다. Verilog는 느슨한 타입(loosely-typed) 언어이고 이 특성은 SystemVerilog의 2 상태 타입에서도 똑같다. 그래서 2 상태 타입에 4 상태 값을 할당할 수 있는 것이다. 이렇게 할 때 4 상태 값은 다음 테이블에서와 같이 2 상태 값으로 표시된다.

표 3-1 4 상태 값을 2 상태 값으로 변환

4 상태 값	변환 값
0	0
1	1
Z	0
X	0

3.4.2 2 상태 타입 대 2 상태 시뮬레이션

시뮬레이터 같은 몇몇 소프트웨어 툴은 디자인 모델이 로직 Z, X가 필요없는 경우 2 상태 모드를 제공한다. 이런 2 상태 모드는 시뮬레이터가 시뮬레이션 데이터 구조와 알고리듬을 최적화해 시뮬레이션을 빠르게 만들어준다. SystemVerilog의 2 상태 타입도 소프트웨어 툴이 같은 종류의 최적화를 하도록 해준다. 그러나 SystemVerilog의 2 상태 타입은 2 상태 시뮬레이션 모드에서 중요한 이점이 있다.

2 상태 모드를 제공하는 소프트웨어 툴은 일반적으로 2 상태 모드 알고리듬을 사용하도록 하는 옵션을 제공한다. 보통 이 옵션이 불리는 명령에 열거된 모든 파일에 전역적으로 적용된다. 그렇기 때문에 2 상태 로직과 4 상태 로직을 같이 쓰는 것은 힘들다. 몇몇 소프트웨어 툴은 모듈을 2 상태 모드로 컴파일하고 나머지는 4 상태로 컴파일 하는 유연한 컨트롤을 제공한다. 이런 툴들은 모듈 내의 변수가 2 상태 또는 4 상태를 사용하도록 하는 툴에 특화된 프로그램이나 다른 독점 메커니즘을 사용하기도 한다. 모든 독점 메커니즘은 툴에 특화된 것이고 소프트웨어가 다른 툴에 대해 구분되는 것이다. SystemVerilog의 2 상태 타입은 디자이너에게 모델의 어느 일부가 2 상태 로직이 되어야 하는지와 어느 일부가 4 상태 로직이 되어야 하는지의 표준 방법을 제공한다.

2 상태 시뮬레이션 모드에서 로직 Z와 로직 X 값을 2 상태 값으로 어떻게 매핑하는지에 대한 알고리듬은 소프트웨어 툴에 따라 정해지고 표준화 되어 있지 않다.예를 들어 몇몇 상용 시뮬레이터는 로직 X를 0에 매핑하고 다른 것들은 logic X를 1에 매핑하기도 한다. 다른 소프트웨어 툴에 의해 사용되는 다른 알고리듬은 같은 모델에 대한 시뮬레이션 결과 같지 않음을 의미한다. SystemVerilog의 2 상태 타입은 표준 매핑 알고리듬을 가지고 있고 모든 소프트웨어 툴에서 일관된 결과를 제공한다.

2 상태 모드와 2 상태 타입 사이의 다른 차이는 변수의 2 상태 값 초기화를 포함한다. IEEE 1364 Verilog 표준은 4 상태 변수가 초기화 되지 않음을 나타내는 로직 X로 시뮬레이션이 시작되도록 정했다. 4 상태 변수가 0도 1로 처음 초기화될 때 디자인에서 다른 동작을 유발할 수도 있는 시뮬레이션 이벤트를 발생시킨다. 디자인의 다른 부분으로 이벤트가 전달될지 아닌지는 비결정적인 이벤트 순서에 달려있다. 대부분의 독점적인 2 상태 모델 알고리듬은 4 상태 변수의 초기값을 로직 X 대신 로직 0으로 만든다. 그러나 초기화가 일어날 때에 대한 표준은 없다. 어떤 2 상태 모드의 시뮬레이터는 시뮬레이션 이벤트를 발생시키지 않고 변수값을 초기화한다. 다른 시뮬레이터는 시간 0에서 초기값을 X에서 0으로 바꾸는 이벤트를 발생시킨다. 이것은 네거티브 엣지에 동작하도록 만든 것들에 이벤트가 전달되게 한다. 독점적인 2 상태 모드 알고리듬 사이의 차이점들은 소프트웨어에 따라 시뮬레이션 결과가 다르게 만들 수도 있다. Sys-

temVerilog의 2 상태 변수는 시뮬레이션 이벤트를 발생시키지 않고 로직 0의 값으로 시뮬레이션이 시작되도록 정의되었다. 이 표준 규칙은 모든 소프트웨어 툴에서 동일한 동작을 보장한다.

Verilog **casez**와 **casex** 결정 구문은 2 상태 시뮬레이션 모드에 따라 영향을 받을 수도 있다. **casez**는 로직 Z를 하이임피던스(high-impedance) 대신에 돈 캐어(don' t care) 값으로 취급한다. 독점적 2 상태 모드 알고리듬이 사용될 때 **casez**와 **casex**가 어떻게 영향 받는지에 대해 정의된 표준은 없다. 더 나아가 이런 시뮬레이션 모드는 특정 툴 내에서의 4 상태 동작만을 바꾸기 때문에 2 상태 모드를 가지고 있지 않는 다른 툴은 같은 모델의 동작을 다르게 번역할 수도 있다. SystemVerilog의 2 상태 타입은 모든 소프트웨어에서 결정론적인 동작을 제공하는 의미를 갖는 구문을 갖고 있다.

3.4.3 case 구문과 2 상태 타입 사용 하기

모델링의 추상화 RTL 레벨에서 로직 X는 예측할 수 없는 조건을 나타내는 플래그로 보통 사용된다. 예를 들어, Verilog **case** 구문의 일반적인 모델링 스타일은 기본 조건에서는 다음과 같이 로직 X를 출력하도록 한다.

```
case (State)
  RESET:    Next = WAITE;
  WAITE:    Next = LOAD;
  LOAD:     Next = DONE;
  DONE:     Next = WAITE;
  default:  Next = 4'bx;   // 모르는 상태
endcase
```

로직 X를 기본으로 할당하는 것은 두 가지 목적이 있다. 합성할 때 기본 로직 X 할당이 다른 case 선택이 나타내지 않는 조건은 "don' care" 임을 나타내는 특별한 플래그를 의미한다. 합성할 때는 기본 조건으로 빠지는 경우를 빼고 디코딩해 최적화를 이룬다. 이런 방법이 명확하게 명시된 것보다 좋은 최적화를 이루어 낼 수 있다. 그러나 정해지지 않은 결과의 대가로 정의되지 않은 case 표현 값이 발생한다.

시뮬레이션에서 로직 X 값의 기본 할당은 예측되지 않는 case 표현 값을 발생시

키는 명백한 런타임 에러를 수반한다. 이것은 RTL 모델에서 디자인 에러를 잡는데 도움을 준다. 그러나 합성 이후에는 포스트 합성 모델이 로직 X 값을 출력하지 않기 때문에 이런 이점을 잃어버린다.

로직 X를 2 상태 변수에 할당하는 것은 올바르다. 그러나 로직 X를 변수에 할당하는 것은 변수가 X 대신에 0 값을 갖는 결과를 낳는다. State나 Next 변수가 2 상태 타입이라면 X 할당으로 RTL 레벨에서 디자인 에러를 잡는 이점은 사라진다. 이것은 최적화된 디코딩이 정의되지 않은 case 표현 값에 대해 0을 만들어 내지 않을 수도 있기 때문에 포스트 합성 동작은 같지 않음을 의미한다.

3.5 타입 규칙의 완화

Verilog에서 **reg**와 같은 변수 타입이 사용 가능하거나 **wire** 같은 네트 타입이 사용 가능하더라도 의미상 제약사항이 존재한다. 언제 **reg**를 사용하는지와 언제 **wire**를 사용하는지는 모델 내에서 시그널이 어떻게 사용되는가에 대한 문맥에 전적으로 기초한다. 경험에 기초한 일반적인 룰은 모델링이 **initial**과 **always** 프로시저 블록을 사용하면 변수가 사용되어야만 하고 모델링이 연속적인 할당, 모듈 인스턴스 혹은 원형 인스턴스를 사용할 때는 네트가 사용되어야 한다.

이런 타입 사용에 대한 제약은 Verilog 언어를 처음 배우는 사람에게 혼란을 주곤 한다. 또한 모델의 문맥 변경에 따라 타입 선언이 같이 변해야만 하기 때문에 제약사항은 모델의 추상 시스템 레벨에서 RTL 레벨로의 전개를 어렵게 만든다.

SystemVerilog는 변수가 사용될 수 있는 곳에 대한 규칙을 완화해 모델에 사용할 알맞은 타입에 대한 결정을 굉장히 간단히 했다. SystemVerilog에서 변수는 다음과 같은 방법의 값을 받을 수 있지만, 아래 방법 중 하나 이상은 아니다.

- 모든 **initial** 또는 **always** 프로시저 블록으로부터 값을 할당 받음(Verilog와 같은 규칙)
- 하나의 **always_comb**, **always_ff** 또는 **always_latch** 프로시저 블록으로부터 값을 할당 받음(이런 SystemVerilog 프로시저 블록은 6장에서

다뤄진다).

- 하나의 계속된 할당 구문으로부터 값을 할당 받음
- 하나의 모듈 또는 원형 출력/입력 포트로부터 값을 할당 받음

이런 변수 사용에 대한 완화된 규칙은 모델 내의 대부분의 시그널이 변수로 선언될 수 있도록 해준다. 우선 시그널이 사용될 문맥을 먼저 결정하는 것이 필요하다. 시그널의 타입은 모델이 시스템 레벨에서 RTL 레벨로 전개됨에 따라 변경될 필요가 있다.

다음의 간단한 예제는 완화된 규칙 하의 변수 사용을 나타낸다.

예제 3-1 변수 사용의 완화

```
module compare (
     output logic             lt, eq, gt,
     input  logic [63:0]      a, b
);
   always @(a, b)
       if (a < b)
         lt = 1'b1;               //프로시저 할당
     else
         lt = 1'b0;

   assign gt = (a > b);       // 연속할당

   comparator u1 (eq, a, b);  // 모듈 인스턴스

endmodule

module comparator (
   output logic  eq,
   input  [63:0] a, b
);
   always @(a, b)
       eq = (a == b);
endmodule
```

디자인 에러를 막을 수 있는 변수의 제약사항

노트 SystemVerilog는 Verilog에서 허용하지 않는 위치에 변수를 놓을 수 있고, 변수 사용에 아직 약간의 제약이 있다.

SystemVerilog는 여러 출력 포트나 같은 변수에 대한 여러 연속 할당 쓰기, 연속 할당에 대한 프로시저 할당 결합, 같은 변수에 대한 출력 드라이버에 대해 에러를 발생시킨다.

이런 제약사항의 이유는 둘 이상의 드라이버가 같은 출력을 드라이브할 때 최종 값을 분석하기 위한 분석 기능이 변수에 없기 때문이다. **wire**, **wand**, **wor**와 같은 Verilog 네트 타입만이 멀티드라이버 로직을 분석하는 기능을 갖고 있다(Verilog-2005 표준은 **uwire** 네트 타입도 갖고 있다. 이 타입은 하나의 드라이버에 대해 사용할 수 있는 제약사항을 갖고 있다).

예제 3-2 변수의 잘못된 사용

```
module add_and_increment  (output     logic [63:0] sum,
                           output     logic        carry,
                           input logic [63:0] a, b);
  always @(a, b)
    sum = a + b;            // sum에 대한 프로시저 할당

  assign sum = sum + 1;     // ERROR! sum에는 이미 값이 할당되고 있다

  look_ahead i1 (carry, a, b);   // carry를 드라이브하는 모듈 인스턴스

  overflow_check i2 (carry, a, b); // ERROR! carry에 대한 두 번째 드라이버
endmodule

module look_ahead (output wire        carry,
                   input logic [63:0] a, b);
  ...
endmodule

module overflow_check (output wire          carry,
                       input logic [63:0]   a, b);
  ...
endmodule
```

SystemVerilog의 변수는 여러 소스로부터 값을 받지 못한다는 제약사항은 디자인 에러를 방지한다. 디자인 내의 어느 시그널이든 사용될 수 있는 변수는 하나의 소스만을 가져야 한다. 하나의 소스는 프로시저 블록 할당, 하나의 연속 할당 혹은 모듈 또는 원형의 입출력 포트일 수 있다. 두 번째 소스가 우연히 같은 시그널에 연결되어도 같은 에러로 잡아낸다.

SystemVerilog는 여러 소스로부터 사용될 수 있는 여러 **always** 프로시저 블록에 의해 변수에 쓰여지는 것을 허용한다.이 조건은 Verilog 언어와 하위 호환성을 가져야 한다. 6장에서는 새로운 프로시저 블록인 **always_comb**, **always_latch**, **always_ff**를 소개한다. 이런 새로운 프로시저 블록은 변수가 하나의 프로시저 블록으로부터만 할당될 수 있다는 제약을 가지고 있다.

네트만이 여러 소스를 가질 수 있다. 그래서 **wire**와 같은 **Verilog** 네트 타입으로 선언된 데이터 버스나 어드레스 버스와 같은 시그널이 여러 디바이스로부터 드라이브될 수 있다. 양방향 모듈 포트는 반드시 네트 타입을 선언되어야 한다.

연속 할당이나 모듈 출력에서 자동 변수에 쓰는 것은 불법적이다. 정적 변수만이 연속 할당되거나 출력 포트에 연결될 수 있다. 정적 변수는 시뮬레이션 동안 연속해서 쓰기 위해 존재해야만 하기 때문에 필요하다. 자동 변수는 시뮬레이션이 실행되는 전체 시간 동안 존재할 필요는 없다.

3.6 부호 변경자

첫 IEEE Verilog 표준인 Verilog-1995는 하나의 부호 타입을 가졌다. **integer**가 그것이다. 이 타입은 32비트 크기로 한정됐고 이 때문에 문자적 숫자에 제한이 있다. Verilog-1995 표준은 부호 동작에 32비트 넓이 벡터만을 사용했다. 다른 벡터 크기에 대해서는 수동으로 테스트하고 부토 비트를 관리해야 했다. 그래서 여러 줄의 소스 코드가 필요했고 에러가 발생해도 찾기 힘들었다.

IEEE Verilog-2001 표준은 어떤 타입이든 어떤 벡터 크기든 부호 계산 동작을 허용하는 몇 가지 중요한 개선을 추가했다. 이 개선은 어떤 타입이든 **signed**로 선언될 수 있도록 했다. 이 구문은 Verilog의 기본 부호 없는 타입을 재정의

했다. 예를 들어

```
reg [63:0] u;           // 부호 없는 64-bit 변수
reg signed [64:0] s;    // 부호 있는 64-bit  변수
```

SystemVerilog 부호있는 타입을 추가했다. **byte**, **shortint**, **int**, **longint**가 그것이고 **unsigned** 키워드를 사용해 이 타입들에 대한 부호없는 동작을 제공한다.

```
int s_int;              // 부호 있는 32-bit 변수
int unsigned u_int;     // 부호 없는  32-bit 변수
```

C 언어는 타입 키워드 전후에 **signed**, **unsigned** 키워드를 사용할 수 있다.

```
unsigned int u1;     /* 올바른 C 선언 */
int unsigned u1;     /* 올바른 C 선언 */
```

Verilog에서는 **signed** 키워드가 타입 키워드 뒤에 와야 한다.

```
reg signed [31:0] s;  // Verilog 선언
```

SystemVerilog 또한 **signed**, **unsigned** 키워드가 타입 키워드 뒤에만 오도록 했다. Verilog와의 일관성을 위한 것이고 C와는 다른 것이다.

```
int unsigned u;         // SystemVerilog 선언
```

3.7 정적 변수와 자동 변수

Verilog-1995 표준에는 모든 변수가 하드웨어를 모델링하는 것이라는 예측하에 정적이었다. Verilog-2001 표준에서는 태스크나 함수 내의 변수를 소프트웨어 툴에 의해 동적으로 필요할 때 저장소를 할당하고 필요없으면 없애는 자동으로 정의할 수 있는 기능을 추가했다. 자동 변수(동적 변수로도 불리는)의 근본 목적은 테스트벤치 또는 추상 시스템 레벨, 처리 레벨 또는 버스 기능 모델 내의 검증 루틴을 표현하기 위한 용도이다. 자동 변수의 한 사용법은 재진입 가능한 태스크를 위한 것이다. 그래서 계속 실행 중인 태스크의 지난 호출 동안 다시 불

릴 수 있다.

자동 변수는 재귀적인 함수 호출을 가능하도록 한다. 태스크나 함수가 자동 변수 있는 채로 불릴 때마다 새로운 변수 저장소가 생성된다. 호출을 빠져나갈 때 저장소는 없어진다. 다음 예제는 배열의 요소를 모두 더하는 것을 보여준다. 서로 더해질 낮은 주소와 높은 주소의 배열 요소가 인수로 전달된다. 함수는 자신을 다시 불러 배열 요소를 더한다. 이 예제에서는 lo, hi, mid가 자동이다. 그래서 각각의 재귀 호출은 새로운 변수를 할당한다.

```
function automatic int b_add (int lo, hi);
  int mid = (log + hi + 1 ) >> 1;
  if (lo + 1 != hi)
    return (b_add(lo, (mid-1)) + b_add(mid, hi));
  else
    return (array[lo] + array[hi]);
endfunction
```

Verilog에서 자동 변수는 태스크나 함수 전체를 자동으로 선언함으로써 가능했다. 자동 태스크나 함수의 모든 변수는 동적이다.

SystemVerilog는 정적과 자동 변수 선언 기능을 확장했다. SystemVerilog는 **static** 키워드를 추가해 **static**이나 **automatic**으로 명확하게 선언되도록 했다. 이 선언은 변수 선언의 일부이고 태스크나 함수, **begin...end** 블록, **fork...join** 블록에 사용할 수 있다. 모듈 레벨에서 선언된 변수는 **static**이나 **automatic**으로 명확하게 선언될 수 없다. 모듈 레벨에서는 모든 변수는 정적이다.

다음 코드 일부는 동적 함수 내의 명확한 자동 선언을 나타낸다.

```
function int count_ones (input [31:0] data);
  automatic logic [31:0] count = 0;
  automatic logic [31:0] temp = data;

  for (int i=0; i<=32; i++) begin
    if (temp[0]) count++;
    temp >>= 1;
  end
  return count;
endfunction
```

다음 예제는 자동 태스크 내의 명확한 정적 변수를 나타낸다. 자동 태스크는 태스크에 대한 이전 호출이 아직 실행 중인 동안 태스크를 호출하는 테스트 코드를 검증하는데 사용된다. 이 예제는 에러에 대한 값을 검사하고 에러 회수를 증가시킨다. 만약 error_count 변수가 태스크 나머지에 대해 자동이라면 이 변수는 다시 생성될 것이고 현재 호출에 대한 에러 회수만을 기억할 것이다. 그러나 정적 변수이기 때문에 error_count는 첫 번째 호출에서부터 다음 호출에 걸쳐 계속해 값을 유지할 것이고 전체 에러 회수를 나타내게 된다.

```
typedef struct packed {...} packet_t;
task automatic check_results (
  input packet_t sent, received,
  output int total_errors);
  static int error_count;
  ...
  if (sent != received) error_count++;
  total_errors = error_count;
endtask
```

SystemVerilog에서 저장소에 대한 기본은 Verilog와 하위 호환성을 갖는다. 모듈, **begin...end** 블록, **fork...join** 블록, 비자동 태스크와 함수에서 모든 저장소는 자동으로 선언되지 않는 한 정적이 기본이다. 이 기본 동작은 Verilog와 같다. 만약 태스크나 함수가 자동으로 선언되면 변수에 대한 저장소 기본은 정적으로 선언되지 않는 한 자동이 된다.

3.7.1 정적 변수와 자동 변수의 초기화

Verilog 변수 인라인 변수 초기화

Verilog는 모듈 레벨에서 선언된 변수에 대해서는 인라인 변수 초기화만을 지원한다. 태스크, 함수, **begin...end, fork...join** 블록에서 선언된 변수는 변수 선언의 일부로 초기값을 갖지 못한다.

SystemVerilog 인라인 변수 초기화

SystemVerilog는 Verilog의 인라인 초기값 선언을 확장했다.

비자동 태스크 또는 함수에서 선언된 변수는 기본으로 정적이다. 인라인 초기값은 한 번, 시뮬레이션 전에 할당된다. 태스크나 함수를 불러도 변수는 재 초기화 되지 않는다.

다음의 예제는 제대로 동작하지 않을 것이다. count_ones 함수는 정적이고 이 함수 내의 모든 변수의 저장소가 **automatic**을 쓰지 않는 한 정적이다. 변수 count는 처음 함수가 불릴 때 초기값 0을 갖는다. 그러나 다음 불릴 때는 초기화 되지 않는다. 대신 정적 변수는 이전 호출로부터 값을 유지해 잘못된 결과를 낳는다. 정적 변수 temp는 처음 불릴 때 data의 값 대신 0의 초기값을 갖는다. 이것은 인라인 초기화가 시간 0과 함수가 불리기 전보다 먼저 실행되기 때문이다.

```
function int count_ones (input [31:0] data);
  logic [31:0] count = 0;     // 한번 초기화 됨
  logic [31:0] temp = data;  // 한번 초기화 됨

  for (int i=0; i<=32; i++) begin
    if (temp[0]) count++;
    temp >>= 1;
  end
  return (count);
endfunction
```

비자동 태스크나 함수에서 **automatic**으로 명확하게 선언된 변수는 태스크나 함수가 불릴 때마다 매번 생성된다. 그리고 태스크나 함수를 빠져나가기 전까지만 존재한다. 인라인 초기값은 태스크나 함수가 불릴 때마다 초기화 된다. 다음 예제의 count_ones 함수는 count와 temp 변수가 자동이고 매번 불릴 때마다 초기화 되기 때문에 제대로 동작할 것이다.

```
function int count_ones (input [31:0] data);
  automatic logic [31:0] count = 0;     // 한번 초기화 됨
  automatic logic [31:0] temp = data;  // 한번 초기화 됨

  for (int i=0; i<=32; i++) begin
    if (temp[0]) count++;
    temp >>= 1;
  end
  return (count);
endfunction
```

자동 태스크나 함수에서 선언된 변수는 기본으로 자동이다. 이런 변수에 대한 저장소는 태스크나 함수에 들어서는 매번마다 동적으로 생성되고 빠져나갈 때 파괴된다. 인라인 초기값은 태스크나 함수에 들어설 때마다 할당되고 새로운 저장소가 만들어진다.

3.7.2 자동 변수를 위한 합성 가이드라인

자동 변수에 대한 동적 저장소는 검증 테스트벤치와 하드웨어 모델을 나타내기 위한 용도 모두에 사용된다. 하드웨어 모델로 합성되기 위해서는 자동 변수는 태스크나 함수, 프로시저 블록 바깥으로 전달되지 않는 임시 저장소를 나타내는 용도로만 사용되어야 한다.

정적 변수의 초기화는 합성 가능하지 않고 테스트벤치 코드와 추상 버스 기능 모델에서만 사용되어야 한다.

자동 변수의 인라인 초기화는 합성 가능하다. count_ones 함수 예제는 합성 기준을 만족한다. 자동 변수인 count와 temp는 함수 내에서만 사용됐고 변수 값은 현재 호출에서만 사용됐다.

const로 선언된 변수에 대한 인라인 초기화 또한 합성 가능하다. 3.10절을 참조하기 바란다.

3.7.3 정적 변수와 자동 변수 사용에 관한 가이드라인

다음 가이드라인은 언제 정적 변수를 사용할지 언제 자동 변수를 사용할지에 대한 결정을 도와준다.

- **always**나 **initial** 블록에서는 인라인 초기화가 없는 경우는 정적 변수를 인라인 초기화가 있는 경우는 자동 변수를 사용한다. 인라인 초기화와 자동변수를 사용하는 것은 블록이 재실행될 때마다 매번 초기화되므로 가장 직관적으로 동작한다.
- 태스크나 함수가 재진입된다면 자동을 사용해야 한다. 현재 호출에서 다음 호출까지 값을 유지해야 하는 특별한 이유가 없는 한 변수는 자동이어야 한다. 예제에서처럼 변수 자동 태스크나 함수의 회수를 저장하는 변수는 정적

이어야 한다.

- 태스크나 함수가 하드웨어 한 부분을 나타내고 재진입이 아니면 정적으로 선언되어야 하고 그 태스크나 함수 내의 모든 변수는 정적이 되어야 한다.

3.8 결정론적인 변수 초기화

3.8.1 초기화 결정론

Verilog-1995 변수 초기화

1995년에 표준화 된 원래 Verilog 언어에서 변수는 선언 당시에 초기화 될 수 없었다. 대신에 분리된 initial 프로시저 블록이 변수의 초기값을 지정했다. 예를 들어

```
integer i;     // i라는 이름의 변수
integer j;     // j라는 이름의 변수

initial
  i = 5;       // i를 5로 초기화
initial
  j = i;       // j를 i의 값을 초기화
```

Verilog 표준에는 소프트웨어 툴이 여러 **initial** 프로시저 블록을 실행하는 순서가 전해져 있지 않았다. 그래서 앞의 예에서 j가 i가 5로 초기화 되기 전에 i의 값으로 할당되는지 i의 초기화 뒤에 할당되는지 정할 수 없었다. 앞의 예의 의도가 i가 5로 먼저 초기화 되고 그 후에 그 값으로 j가 할당되는 것이라면 두 **inital** 블록을 **begin...end**를 사용하는 하나의 **initial** 블록으로 합치는 것 밖엔 방법이 없다. **begin...end** 블록 내의 구문들은 순서대로 실행된다. 그래서 사용자가 구문의 실행 순서를 조정할 수 있는 것이다.

```
integer i;     // i라는 이름의 변수
integer j;     // j라는 이름의 변수

initial begin
```

```
    i = 5;      // i를 5로 초기화
    j = i;      // j를 i의 값을 초기화
  end
```

Verilog-2001 변수 초기화

Verilog-2001 표준은 C와 같은 방식으로 편리한 변수 초기화 방법을 더했다. Verilog를 사용해 이전의 예제는 다음과 같이 간단하게 된다.

```
integer i = 5;      // i의 선언 및 초기화
integer j = i;      // j의 선언 및 초기화
```

Verilog는 **initial** 프로시저 블록에서 할당된 초기값과 똑같은 인라인 변수 초기화 구문을 정의한다. 이 말은 인라인 초기화가 시뮬레이션 시간 0에서 실행되는 다른 **initial** 프로시저 블록과 **always** 프로시저 블록 내의 이벤트 실행에 따라 정해지지 않은 순서로 발생한다는 것이다. 이런 정해지지 않은 순서 동작은 Verilog 코드를 읽을 때와는 다른 시뮬레이션 결과를 야기시킨다.

```
integer i = 5;      // i의 선언 및 초기화
integer j;          // j의 선언

initial
  j = i;      // j를 i의 값으로 초기화
```

이 예에서 i가 먼저 초기화 되고 j가 i의 값인 5로 초기화되는 것을 의미한다. 그러나 Verilog의 정해지지 않은 이벤트 순서는 이런 초기화를 보장하지 못한다. Verilog 표준에 따라 i가 초기화 되기 전에 i의 값이 j에 할당됨을 의미하고 5 대신에 X 값을 갖게 된다.

SystemVerilog 초기화 순서

SystemVerilog 표준은 인라인 초기화에 대한 구문을 개선했다. SystemVerilog는 모든 인라인 초기값이 시뮬레이션 시간 0의 시작에 발생하는 이벤트 실행보다 먼저 실행되도록 정의했다. 이것은 **initial**이나 **always** 프로시저 블록이 인라인 초기화를 갖고 있는 변수를 읽을 때 그 초기값이 읽히는 것은 보장한다. 이 결정되어 있는 동작은 Verilog 표준에서 발생시킬 수 있는 모호함을

없앴다.

Verilog와 SystemVerilog 인라인 변수 초기화 구문 사이에는 중요한 차이점이 있다. Verilog 구문 규칙 하에서는 인라인 변수 초기화가 시뮬레이션 시간 0에서 실행된다. 이 말은 초기값이 변수에 할당되면 현재 값과는 다르다는 시뮬레이션 이벤트가 발생한다는 것이다. 그러나 정해지지 않은 순서 실행 때문에 변수의 현재 값은 알 수 없다. 그래서 Verilog 구문에서 인라인 변수 초기화는 인라인 초기화 시뮬레이션 이벤트를 발생시킬 수도 있고 그렇지 않을 수도 있다.

SystemVerilog 구문은 인라인 초기화 동작을 바꿨다. SystemVerilog에서 인라인 변수 초기화는 시뮬레이션 시간 0 이전에 발생한다. 그래서 초기화는 시뮬레이션 내에서 시뮬레이션 이벤트를 발생시키지 않는다.

개선된 SystemVerilog 구문을 사용해 만들어진 시뮬레이션 결과는 모두 다 허용되나 Verilog 초기화 구문으로 만들어진 경과는 정해지지 않았다.

```
logic resetN = 0;   // 선언과 초기화

always @(posedge clock, negedge resetN)
  if (!resetN) count <= 0; // 액티브로우 리셋
  else count <= count + 1;
```

Verilog의 정해지지 않은 구문을 사용하면 두 개의 다른 시뮬레이션 결과가 만들어질 수 있다.

- 시뮬레이터는 **always** 프로시저 블록을 resetN 변수 초기화 보다 먼저 기동시킨다. **always** 프로시저 블록이 기동되고 다음 clock의 상승 에지 이벤트를 기다리거나 resetN의 하강 에지 이벤트를 기다린다. 시뮬레이션 시간 0에서 resetN은 0으로 초기화되고 X에서 0으로의 전환을 만들어 **always** 프로시저 블록이 이 이벤트를 감지해 시뮬레이션 시간 0에서 카운터를 초기화 한다.
- Verilog 구문하에 시뮬레이터는 **always** 프로시저 블록의 기동 전에 resetN의 초기화를 실행한다. 시뮬레이션 시간 0에서 **always** 프로시저 블록이 기동되면 clock의 다음 상승 에지나 resetN의 하강 에지를 기다린다. resetN의 초기화가 이미 발생했기 때문에 카운터는 시간 0에서 유발되지 않고 대신 clock의 다음 상승 에지나 resetN의 하강 에지를 기다리게 된다.

Verilog 표준에 정의된 인라인 초기화 규칙은 위에 언급된 두 가지 경우 모두를 허용한다. SystemVerilog는 이런 정해지지 않은 것을 없애준다. SystemVerilog는 인라인 초기화가 먼저 발생하는 것을 보증해 위의 예 중에 두 번째 시나리오로 동작하게 해준다. 이런 동작은 Verilog와 완전한 하위호환성을 갖는다.

3.8.2 시퀀셜 로직 비동기 입력 초기화

Verilog의 정해지지 않은 변수 초기화는 시퀀셜 로직의 비동기 리셋 혹은 프리셋에 대한 시뮬레이션 동작의 정해지지 않은 결과를 초래한다. 이런 비결정 특성은 시뮬레이션 시작 시에 적용되는 리셋과 프리셋에 영향을 미친다.

예제 3-3 2 상태 타입에 시뮬레이션 시간 0에서 리셋 적용하기

```
module counter (input wire     clock, resetN,
                output logic [15:0] count);

  always @(posedge clock, negedge resetN)
    if (!resetN) count <= 0; // 액티브로우 리셋
    else count <= count + 1;
endmodule

module test;
  wire [15:0] count;
  bit         clock;
  bit         resetN = 1; // 비활성화 값으로 리셋 초기화

  counter dut (clock, resetN, count);

  initial begin
    resetN = 0;     //시간 0에서 액티브로우 리셋 실행
    #2 resetN = 1; // clock의 상승 에지 전에 리셋 동작 멈춤
    $display("\n count=%0d (expected 0)\n", count);
    #1 $finish;
  end
endmodule
```

위의 예에서 counter는 비동기 리셋 입력을 가지고 있다. reset이 액티브 로우인데 counter가 시뮬레이션 시간 0에서 리셋 되어야만 한다는 것을 의미한

다. 시뮬레이션 시간 0에서 counter를 리셋하기 위해서 resetN 입력은 로직 0으로 변경되어야 한다. resetN이 2 상태인 **bit**와 같은 것으로 선언되었다면 위의 테스트벤치 예처럼 초기값은 0이 될 것이다. 테스트벤치 내의 처음 테스트가 resetN을 0으로 만든다. 그러나 resetN이 2 상태 데이터 타입이기 때문에 기본 초기값은 0이다. 첫 테스트는 시뮬레이션 이벤트를 발생하지 않을 것이고 그래서 counter 모델 감응 리스트는 resetN의 변화를 감지하지 못하고 counter를 초기화 하는 프로시저 블록을 실행하지 못한다.

resetN의 변화가 일어나도록 하려면 인라인 초기화로 선언된 resetN이 로직 1이어야 한다.

```
bit resetN = 1;  // 리셋의 초기화
```

Verilog 구문 규칙에 따라 인라인 초기화는 시간 0에서 실행되는 다른 할당과 함께 정해지지 않은 순서로 시뮬레이션 시간 0 동안 실행된다. 전의 예에서처럼 다음과 같은 두 가지 이벤트 순서가 가능하다.

- resetN을 1로 만드는 인라인 초기화가 먼저 실행된다. 이러 프로시저 할당이 resetN을 0으로 만든다. 시간 스텝 0의 끝에서 0으로의 전환이 발생하고 resetN이 0이 된다.
- 프로시저 할당이 첫 번째로 실행되어 resetN을 0을 만든다(2 상태 타입은 이미 0). 뒤이어 인라인 초기화가 실행되어 resetN이 1이 된다. 0으로의 변화는 일어나지 않고 시간 스텝 0에서 resetN은 1이 된다.

SystemVerilog는 정해지지 않음을 없앴고 인라인 초기화가 시뮬레이션 시간 0 이전에 실행되도록 한다. 위의 예에서 resetN은 항상 1로 먼저 초기화 되고 프로시저 할당이 이어 실행되어 resetN이 0이 된다. 1에서 0으로의 변화는 모든 소프트웨어 툴에서 매번 발생할 것이고 resetN은 시간 스텝 0에서 0이 될 것이다.

SystemVerilog의 정해진 인라인 변수 초기화 동작은 시뮬레이션 시간 0에서 이벤트의 발생을 보증한다. 만약 변수가 인라인 초기화를 사용해 비동작 상태로 초기화 되면 이후에 SystemVerilog 구문은 인라인 초기화가 처음 실행되고 이어 프로시저 초기화 할당이 일어나므로 **initial**이나 **always**를 사용해 동작 상태로 세트된다.

이전 예제에서 `resetN`의 선언과 초기화는 테스트벤치의 일부와 같고 **`always`** 프로시저 블록이 `counter`가 RTL 모델의 일부인 것을 나타낸다. 같은 모듈이든 다른 모듈이든 SystemVerilog의 인라인 초기화에 대한 정해진 동작은 시뮬레이션 이벤트가 시간 0에서 발생함을 보증한다. Verilog의 정해지지 않은 인라인 초기화 순서는 원하는 이벤트가 시뮬레이션 시간 0에서 발생하는 것을 보증하지 못한다.

3.9 타입 캐스팅

Verilog는 한 타입의 값이 다른 타입의 변수나 네트에 할당될 수 있도록 허용하는 느슨한 타입의 언어이다. 할당이 일어날 때 값은 Verilog 표준의 일부로 정의된 규칙에 따라 새로운 타입으로 변환된다.

SystemVerilog는 다른 타입의 값으로 캐스팅하는 기능을 더했다. 타입 캐스팅은 할당 동안 값을 변환하는 것과는 다르다. 타입 캐스팅에서 값은 할당없이 표현 안에서 새로운 타입으로 변환된다.

Verion-1995 표준은 다른 타입으로의 변환을 제공하지 않았다. Verilog-2001에서 부호가 있는 값을 부호가 없는 값으로 혹은 반대로 캐스팅하는 제한적인 기능을 더했다. 이 변환은 `$signed`나 `$unsigned`라는 시스템 함수를 사용해 이루어진다.

3.9.1 정적(컴파일 타임) 캐스팅

SystemVerilog는 Verilog 언어에 캐스트 연산자를 추가했다. 이 연산자는 한 타입에서 다른 타입으로 C 언어와 비슷하게 값을 캐스트하도록 해준다. SystemVerilog의 캐스트 연산자는 C를 넘어 벡터도 다른 크기로, 그리고 부호 있는 값을 부호 없는 값으로 또는 반대로 변환할 수도 있다.

현존하는 Verilog 언어와 호환성을 유지하기 위해 SystemVerilog의 캐스트 연산자는 C 언어의 것과는 다르다.

<type>'(<expression>) – 사용자 정의 타입을 포함해 값을 다른 타입으로 캐스팅한다. 예를 들어

```
7 + int'(2.0 * 3.0); // (2.0 * 3.0)의 결과를 int로 변환 후 7을 더한다.
```

<size>'(<expression>) – 값을 모든 벡터 크기로 변환한다. 예를 들어

```
logic [15:0] a, b, y;

y = a + b**16'(2);  // 문자값 2를 16 비트 넓이로 캐스팅
```

<sign>'(<expression>) – 값을 부호 있는 것과 없는 것으로 변환. 예를 들어

```
shortint a, b;
int y;

y = y - signed'({a,b});      // 연결 결과를 부호 있는 값으로 캐스팅
```

정적 캐스팅과 에러 점검

정적 캐스트 연산자는 컴파일 타임 캐스트이다. 캐스트될 표현은 언제나 실행 동안 변환될 값의 타입이 올바른 범위 내에 있는지 점검하지 않고 변환될 것이다. 다음의 예에서 정적 캐스트가 변수의 값을 1 증가시키는데 사용된다. 정적 캐스트 연산자는 state + 1의 결과가 next_state 타입에 맞는지 점검하지 않아 컴파일 타임 또는 런타임 에러를 발생시키지 않는다. 그래서 next_state 변수에 올바르지 않은 값이 할당되지 않도록 주의할 필요가 있다.

```
typedef enum {S1, S2, S3} states_t;
states_t state, next_state;

always_combbegin
  if (state != S3)
    next_state = states_t'(state + 1);
  else
    next_state = S1;
end
```

3.9.2 동적 캐스팅

정적 캐스트 연산자는 컴파일 타임 캐스트이다. 캐스트는 언제나 결과가 합당한지에 대한 점검이 없이 이루어진다. 강력한 점검이 필요한 경우 SystemVerilog는 $cast 시스템 함수를 제공해 동적, 런타임 점검을 하도록 한다.

$cast 시스템 함수는 두 개의 인자를 갖는다. 목적지 변수와 소스 변수이다.

```
$cast( dest_var, source_expp );
```

예를 들어

```
int radius, area;

always @(posedge clock)
   $cast(area, 3.14 * radius ** 2);
   // 연산 동작의 결과가 area의 타입으로 캐스트 된다.
```

$cast는 소스 표현을 목적지 값에 할당한다. 할당이 올바르지 않으면 런타임 에러가 보고되고 목적지 변수는 변경되지 않은 채로 남아있게 된다. 다음과 같은 몇몇 예가 올바르지 않은 캐스트를 만들어 낸다.

- **real**을 **int**로 캐스팅. **real** 값은 **int**로 나타내기에 너무 크다.
- **enum** 타입으로 캐스팅. 변환하려는 값이 **enum** 내에 존재하지 않는 경우

```
typedef enum {S1, S2, S3} states_t;
states_t state, next_state;

always_latch begin
   $cast(next_state, state + 1);
end
```

$cast는 위의 예제에서 태스크로 불릴 수 있다. 태스크를 부를 때 캐스트가 실패하면 런타임 에러가 보고된다. 위의 예제에서 에러 발생시 next_state 변수는 변경되지 않는다.

$cast는 시스템 함수로 불릴 수 있다. 함수는 캐스트가 성공인지를 나타내는 상태 플래그를 반환한다. 캐스트가 성공이면 $cast는 1을 반환한다. 실패면 0을 반환하고 목적지 변수는 변경되지 않는다. 함수로 불리는 경우 런타임에러

는 발생하지 않는다.

```
typedef enum {S1, S2, S3} states_t;
states_t state, next_state;

int status;

begin
  status = $cast(next_state, state + 1);
  if (status == 0) // 캐스트가 성공하지 못했다면
    next_state = S1;
end
```

$cast 함수는 ++이나 +=과 같이 소스 표현을 직접 변경하는 연산자와는 같이 사용할 수 없다.

```
(next_state, ++state);        // 에러
```

$cast의 주된 사용은 표현 값을 강력하게 타입화된 변수인 **enum** 타입 변수로 변환하는 것이다. **enum** 타입에 대한 추가 예제는 4.2절에 있다.

3.9.3 합성 가이드라인

정적, 컴파일 타임 캐스트 연산자는 합성 가능하다. 동적 $cast 시스템 함수는 합성 컴파일러에서 지원되지 않을 것이다. 이 책이 쓰여질 당시 IEEE 1364.1 Verilog RTL 합성 표준 그룹은 SystemVerilog를 위한 합성 가이드라인을 정의하지 못했다. 그러나 일반적인 규칙에 따라 시스템 태스크와 시스템 함수는 합성 가능하지 않다. 합성을 위한 안전한 코딩 스타일은 정적 캐스트 연산자를 사용하는 것이다.

3.10 상수

Verilog는 3가지 종류의 상수를 제공한다. **parameter**, **specparam**, **localparam**이며, 간략하게 설명하면 다음과 같다.

- **parameter**는 정교화(elaboration) 동안 **defparam**을 사용하거나 인라인 파라미터 재정의를 사용해 재정의될 수 있는 값을 갖는 상수이다.
- **specparam**은 정교화 시 SDF 파일에 의해 재정의 가능한 상수이다.
- **localparam**은 직접 재정의되지 못하고 다른 상수에 기초하는 정교화 시의 상수이다.

이런 Verilog 상수는 모두 정교화 시 마지막 값을 받는다. 정교화는 근본적으로 모듈 인스턴스에 의해 표현되는 디자인 구조를 소프트웨어 툴이 형성하는 과정이다. 일부 소프트웨어 툴은 컴파일과 정교화 과정을 나눈다. 디자인 구조가 정교화 동안 완전히 해석되지 않기 때문에 **parameter**, **specparam**, **localparam**에 디자인 구조의 다른 곳에서 온 값을 할당하는 것은 올바르지 않다.

Verilog는 또한 모듈, 정적 태스크, 정적 함수에서만 **parameter**, **specparam**, **localparam** 상수를 선언할 수 있도록 한정하고 있다. 자동 태스크나 함수 또는 **begin...end**, **fork...join** 블록에서 이런 상수를 선언하는 것은 올바르지 않다.

SystemVerilog는 **const** 키워드를 사용해 어느 변수든 상수로 선언할 수 있는 기능을 추가했다. **const**는 정교화가 끝날 때까지는 값이 할당되지 않는 상수를 형성한다. **const** 상수는 정교화 후에 값을 받기 때문에 **const** 상수는 다음과 같은 것을 할 수 있다.

- 자동 태스크나 함수와 같은 동적 문맥에서 선언될 수 있다.
- 상수 표현 대신 네트나 변수의 값을 할당 받을 수 있다.
- 디자인 구조 내의 다른 곳에서 정의된 오브젝트의 값을 할당 받을 수 있다.

const 상수의 선언은 반드시 타입을 포함해야 한다. Verilog나 SystemVerilog 변수 타입 어느 것이라도 **const**와 같이 사용할 수 있다.

```
const logic [23:0] C1 = 7;  // 24-bit 상수
const int C2 = 15;          // 32-bit 상수
const real C3 = 3.14;       // real 상수
const C4 = 5;               // ERROR, 타입이 없음
```

const 상수는 근본적으로 초기화만 될 수 있는 변수이다. 상수의 **const** 형태는 정교화 대신에 런타임 때 값을 받기 때문에 **const** 상수는 자동 태스크나 함

수, 모듈 또는 정적 태스크 정적 함수에서 선언 가능하다. **begin...end**나 **fork...join** 블록에서 변수 선언도 **const** 상수로 선언될 수 있다.

```
task automatic C;
  const int N = 5;     // N은 상수
  ...
endtask
```

3.11 요약

이 장에서는 강력한 컴파일 단위 선언 범위를 소개했다. 컴파일 단위 범위 선언의 올바른 사용은 더 간결한 방식으로 기능을 모델하기 쉽게 해준다. 컴파일 단위 범위 선언의 기본 사용은 **typedef**를 사용하는 새로운 타입의 정의이다.

SystemVerilog는 로직 값을 지정하는 기능을 개선해 어떤 벡터 크기라도 할당이 쉽게 했다. `define 텍스트 치환에 대한 개선은 Verilog 모델과 테스트벤치에 새로운 매크로 기능을 제공한다.

SystemVerilog는 또한 Verilog에다 새로운 2 상태 변수 타입을 추가했다. **bit**, **byte**, **shortint**, **int**, **longint**가 그것이다. 이런 변수 타입은 상위 레벨 추상 계층에서 디자인을 모델링할 수 있게 해준다. 2 상태 변수의 구문 규칙은 잘 정의돼서 모든 소프트웨어 툴이 2 상태 로직을 사용해 같은 방식으로 해석 실행을 한다. 새로운 **shortreal** 타입과 **logic** 타입이 추가됐다. 변수의 초기화도 개선되어 Verilog 표준에 있던 모호함을 없앴고 소프트웨어 툴이 SystemVerilog 모델을 같은 방식으로 해석하도록 보증한다. SystemVerilog는 또한 정적이나 자동(동적)으로 디자인 구조의 여러 레벨에서 정적이나 자동(동적)으로 변수를 선언하는 기능을 개선했다. 이 개선은 **begin...end** 블록이나 자동 태스크 자동 함수 내에서 상수를 선언하는 기능을 포함한다.

다음 장에서는 SystemVerilog 사용자 정의 타입과 **enum** 타입에 대해 설명한다.

Chapter 04

SystemVerilog 사용자 정의 타입과 열거형 타입

SystemVerilog는 Verilog에 사용자가 새로운 네트 타입과 변수 타입을 정의할 수 있도록 중요한 개선을 더했다. 사용자 정의 타입은 추상 레벨에서 복잡한 디자인을 모델링할 수 있도록 해준다. SystemVerilog의 사용자 정의 타입을 사용해 더 많은 디자인 기능이 몇 줄 안 되는 코드로 만들어질 수 있고 더 문서화가 잘 되어 읽기 편해진다.

이 장에서 다룰 개선은 다음과 같다.

- **typedef**를 사용해 사용자 정의 타입 생성
- **enum**을 사용해 열거형 타입 생성
- 열거형 값 사용

4.1 사용자 정의 타입

Verilog 언어는 사용자에게 언어 네트와 변수 타입을 확장하는 메커니즘을 제공하지 않는다. 현존하는 Verilog 타입이 RTL과 게이트 레벨 모델링에 유용한 반면 C와 같은 높은 추상화 레벨에서 사용되는 변수 타입을 제공하지 않는다. SystemVerilog는 시스템과 아키텍처 레벨에서 모델링을 위한 새로운 몇몇 타입을 추가했다. 또 SystemVerilog는 사용자가 새로운 네트와 변수 타입을 정의할 수 있는 기능을 추가했다.

SystemVerilog 사용자 정의 타입은 **typedef** 키워드를 사용해 생성된다. 사용자 정의 타입은 존재하는 타입으로부터 새로운 타입을 생성하게 해준다. 새로운 타입이 정의되면 새로운 타입의 변수는 선언될 수 있다. 예를 들어,

```
typedef int unsigned uint;
...
uint a, b;      // uint 타입의 두 변수
```

4.1.1 로컬 typedef 정의

사용자 정의 타입은 패키지 내, 외부 컴파일 단위 범위, 로컬에서 생성할 수 있다. 사용자 정의 타입이 디자인의 일부에서만 사용되는 경우 **typedef** 정의는 디자인의 일부를 나타내는 모듈이나 인터페이스에 만들어 질 수 있다. 10장에 인터페이스는 설명되어 있다. 다음의 코드 일부 발췌가 alu 모듈 내에서 변수 선언에 사용되는 nibble이라 불리는 사용자 정의 타입을 보여준다. 디자인 전체를 이루는 다른 모듈이나 인터페이스는 로컬 정의에 의해 영향 받지 않고 모듈 alu의 로컬 **typedef**와 상관없이 다른 용도로 같은 nibble 식별자를 사용할 수 있다.

```
module alu (...);
   typedef logic [3:0] nibble;

   nibble opA, opB;    // nibble 타입의 변수
   nibble [7:0] data;// 8개의 nibble 타입으로 만들어진 32-bit 벡터
   ...
endmodule
```

4.1.2 공유된 typedef 정의

사용자 정의 타입이 많은 다른 모델에 사용될 때 **typedef** 정의는 패키지로 선언될 수 있다. 이런 정의는 직접 언급될 수 있고 각 모듈, 인터페이스, 프로그램 블록에 불러들여진다. 패키지의 사용법은 2.1절을 참고하기 바란다.

typedef 정의는 컴파일 단위 범위에서 외부로 정의될 수 있다. 외부 선언은 2.2절에 설명되어 있듯이 **typedef** 구문을 모듈, 인터페이스 프로그램 블록 바

끝에 두는 것으로 된다.

예제 4-1는 **typedef**를 사용해 dtype_t라는 사용자 정의 타입을 생성하는 것을 보여준다. **typedef** 정의는 **`ifdef** 조건 컴파일 구문 내에 있고 dtype_t가 2 상태 **bit** 타입 또는 4 상태 logic 타입을 정의한다. 조건 컴파일을 사용해 dtype_t 사용자 정의 타입을 사용하는 모든 디자인 블록이 2 상태나 4 상태 로직으로 빠르게 변경될 수 있다.

예제 4-1 패키지로부터 타입 정의 직접 언급

```
package chip_type
  `ifdef TWO_STATE
    typedef bit dtype_t;
  `else
    typedef logic dtype_t;
  `endif
endpackage

module counter
  (output chip_types::dtype_t [15:0] count,
   input  chip_types::dtype_t clock, reseN);

  always @(posedge clock, negedge resetN)
    if (!resetN) count <= 0;
    else         count <= count + 1;
endmodule
```

패키지 정의를 $unit 컴파일 단위 영역 내로 읽어 들이는 것도 가능하다. 이것은 포트가 사용자 정의 타입일 때 각 포트의 선언에 패키지 이름을 직접 써서 장황해질 때 유용하다. 예제 4-2는 패키지 정의를 $unit 영역으로 읽어 들이는 것을 보여준다.

예제 4-2 패키지 타입 정의를 $unit 내로 읽어 들이기

```
package chip_type
  `ifdef TWO_STATE
    typedef bit dtype_t;
```

```
  `else
    typedef logic dtype_t;
  `endif
endpackage

import chip_types::dtype_t;  // $unit으로 읽어 들임

module counter
  (output dtype_t [15:0] count,
  input dtype_t  clock, reseN);

  always @(posedge clock, negedge resetN)
    if (!resetN) count <= 0;
    else         count <= count + 1;
endmodule
```

패키지가 많은 typedef를 가지고 있다면 $unit 내로 특정 아이템 만을 불러들이는 것이 아니라 와일드카드를 사용하는 것이 좋다.

```
import chip_types::*;        // 와일드카드 읽어 들이기
```

4.1.2 사용자 정의 타입의 이름 붙이기 규정

Verilog 언어에서는 사용자 정의 타입의 이름이 올바르면 어떤 것이어도 상관없다. 대규모 디자인에서 그리고 외부 컴파일 단위 범위 선언을 사용할 때는 새로운 사용자 정의 타입이 들어있는 소스 코드와 사용자 정의 타입을 사용하는 소스 코드가 여러 줄로 나누어 있거나 파일로 나누어 있을 것이다. **typedef**의 정의와 사용이 나누어 있어 코드를 읽고 유지하기 힘들게 만든다. 소스 코드에 이름이 사용될 때 이름이 실제 사용자 정의 타입인지 명확하지 않을 수도 있다.

소스 코드를 읽고, 유지하기 쉽게 하기 위해 일반적인 이름 붙이기 규정에 따라 모든 사용자 정의 타입의 끝에 "_t"를 붙인다. 이 이름 붙이기 규칙은 예제 4-1에 나타나 있다.

4.2 열거형 타입

열거형 타입은 올바른 값을 갖는 특정 리스트 형태의 추상 변수를 선언할 수 있게 해준다. 각 값은 사용자 정의 이름 또는 *레이블*로 구분된다. 아래 예에서 변수 RGB는 red, green, blue라는 값을 가질 수 있다.

```
enum {red, green, blue} RGB;
```

Verilog 스타일의 값 이름 붙이기

Verilog 언어에는 열거형 타입이 없다. 데이터 값에 대한 의사 레이블을 만들기 위해서는 **parameter** 상수로 각 값을 나타내도록 해야 한다. 또 Verilog의 **`define** 텍스트 치환 매크로를 사용해 각 이름에 대해 특정 값을 정의할 수도 있다.

다음 예제는 Verilog **parameter** 상수와 **`define** 매크로를 사용해 스테이트 머신을 모델링하는 것을 보여준다.

예제 4-3 Verilog define과 parameter 상수를 사용한 스테이트 머신 모델링

```
`define FETCH 3'h0
`define WRITE 3'h1
`define ADD   3'h2
`define SUB   3'h3
`define MULT  3'h4
`define DIV   3'h5
`define SHIFT 3'h6
`define NOP   3'h7

module controller (output reg         read, write,
                   input  wire [2:0]  instruction,
                   input  wire        clock, resetN);

  parameter WAITE = 0,
            LOAD  = 1,
            STORE = 2;
```

```
   reg [1:0] State, NextState;

   always @(posedge clock, negedge resetN)
      if (!resetN) State <= WAITE;
      else         State <= NextState;

   always @(State) begin
      case (State)
         WAITE: NextState = LOAD;
         LOAD:  NextState = STORE;
         STORE: NextState = WAITE;
      endcase
   end

   always @(State, instruction) begin
      read = 0; write = 0;
      if (State == LOAD && instruction == `FETCH)
         read = 1;
      else if (State == STORE && instruction == `WRITE)
         write = 1;
   end
endmodule
```

State나 NextState와 같이 상수값을 사용하는 변수는 표준 Verilog 변수 타입을 선언되어야 한다. 이 말은 소프트웨어 툴이 이런 시그널의 올바른 값을 상수값 자체에 한정시킬 수 없다는 것이다. 위의 예제에서 State나 NextState가 3의 값을 가지는 것을 제한하는 것은 없다. 또는 비트 중에 값이 X나 Z가 되는 것을 제한하는 것이 없다. 그래서 모델 스스로 값에 대한 제한 검사를 더해야만 한다. 적어도 합성의 "full case" pragma를 사용해 합성 툴이 변수가 **case** 구문에 열거된 값들만 사용하도록 할 필요가 있다. 그러나 시뮬레이션에는 영향을 미치지 않으므로 시뮬레이션 동작과 합성에 의해 만들어진 구조적 디자인 사이에는 맞지 않는 점이 있게 된다.

SystemVerilog 스타일 레이블 값

SystemVerilog는 Verilog에 C에서와 같은 **enum**을 사용하는 열거형 타입 선언을 추가했다. 기본적인 형태는 C에서의 열거형 선언과 비슷하다. 열거형 타입은 변수가 갖는 값에 의미있는 레이블을 사용해 모델이나 테스트 프로그램을 보다 읽기 좋게 해준다. 이렇게 해 코드가 더 문서화가 잘되어 디버깅하기 쉬워지게 된다. 열거형 타입은 열거형 레이블로 언급되거나 표시될 수 있다.

예제 4-4는 예제 4-3과 같은 간단한 스테이트 시퀀서이지만 SystemVerilog의 열거형을 사용하도록 수정한 것이다.

예제 4-4 열거형 타입을 사용한 스테이트 머신

```
package chip_types;
  typedef enum {FETCH, WRITE, ADD, SUB,
               MULT, DIV, SHIFT, NOP} instr_t;
endpackage

import chip_types::*;

module controller (output reg       read, write,
                   input  intr_t    instruction,
                   input  wire      clock, resetN);

  enum {WAITE, LOAD, STORE} State, NextState;

  always @(posedge clock, negedge resetN)
    if (!resetN) State <= WAITE;
    else     State <= NextState;

  always @(State) begin
    case (State)
      WAITE: NextState = LOAD;
      LOAD:  NextState = STORE;
      STORE: NextState = WAITE;
    endcase
  end

  always @(State, instruction) begin
    read = 0; write = 0;
    if (State == LOAD && instruction == `FETCH)
      read = 1;
    else if (State == STORE && instruction == `WRITE)
```

```
        write = 1;
    end
endmodule
```

이 예제에서는 State와 NextState가 WAITE, LOAD, STORE만을 가질 수 있다. 모든 소프트웨어 툴은 같은 식으로 열거형 변수에 대한 값 제한을 해석한다.

SystemVerilog는 6장에서 설명될 앞으로 나올 예제에서 사용되는 **always_ff** 와 **always_comb** 프로시저 블록을 특화했다.

패키지에서 열거형 타입을 불러들이기

패키지에서 불러들여 열거형 타입 정의를 사용할 때는 타입의 이름만이 불러들여진다. 값 레이블은 불러들여지지 않는다. 다음 코드 발췌는 동작하지 않는다.

```
package chip_types;
  typedef enum {WAITE, LOAD, READY} states_t;
endpackage

module chip (…);
  import chip_types::states_t; // typedef 이름만 불러들임

  states_t state, next_state;

  always_ff @(posedge clk, negedge resetN)
    if (!resetN)
      state <= WAITE;     // ERROR: WAITE는 불러들여지지 않았다.
    else
      state <= next_state;
    …
endmodule
```

열거형 타이 레이블이 사용될 수 있으려면 각각의 레이블이 명시적으로 불러들여져야 하거나 패키지가 와일드카드로 불러들여져야 한다. 와일드카드 불러들이기는 열거형 이름과 값 레이블 모두를 범위 내로 불러들인다. 예를 들어

```
import chip_types::*;        // 와일드카드 불러들이기
```

4.2.1 열거형 타입 레이블 시퀀스

특정 유일한 레이블 셋에 더해 SystemVerilog는 열거형 타입 리스트의 레이블 범위를 지정하는 두 가지 간략한 표현을 제공한다.

표 4-1 열거형 리스트 레이블 시퀀스 지정하기

state	**state**라는 하나의 레이블 생성
state[N]	**state0, state1, …, stateN-1**과 같은 레이블 시퀀스 생성
state[N:M]	**stateN**으로 시작하고 **stateM**으로 끝나는 레이블 시퀀스 생성. **N**이 **M**보다 작으면 시퀀스는 **N**에서 **M**까지 증가한다. **N**이 **M**보다 크면 **N**에서 **M**까지 감소한다.

다음 예는 RESET, S0~S4, W6~W9를 만들어낸다.

```
enum {RESET, S[5], W[6:0]} state;
```

4.2.2 열거형 타입 레이블 범위

열거형 타입 리스트 내의 레이블은 범위 내에서 유일해야 한다. 열거형 타입 선언이 존재하는 범위는 컴파일 단위, 모듈, 인터페이스, 프로그램, **begin…end** 블록, **fork…join** 블록, 태스크, 함수들이다.

다음 코드 일부는 열거형 레이블 GO가 같은 범위에서 두 번 사용됐기 때문에 에러를 발생시킨다.

```
module FSM (…);
  enum {GO, STOP} fsm1_state;
  …
  enum {WAITE, GO, DONE} fsm2_state;      // ERROR
  …
```

앞 예의 에러는 **begin…end** 블록으로 각각의 선언을 넣으면 수정된다.

```
module FSM (…);
  …
```

```
always @(posedge clock)
   begin: fsm1
      enum {STOP, GO} fsm1_state;
      ...
   end
always @(posedge clock)
   begin: fsm2
      enum {WAITE, GO, DONE} fsm2_state;
   end
...
```

4.2.3 열거형 타입 값

기본적으로 레이블로 나타나는 실제 값은 int 타입의 정수이다. 첫 리스트의 레이블이 값 0을 나타내고 두 번째는 1, 세 번째는 2와 같이 된다.

SystemVerilog는 각 레이블의 값을 명시할 수 있도록 허용한다. 필요한 경우 하드웨어 특성을 좀 더 자세히 나타내기 위해 추상 열거형 타입을 정제할 수 있다.

다음 예제에서 state 변수는 ONE, FIVE, TEN의 값을 가진다. 각 레이블은 그 이름에 해당하는 정수 값을 갖는다.

```
enum {ONE = 1, FIVE = 5, TEN = 10} state;
```

열거형 리스트 내의 각 레이블에 대해 값을 지정할 필요는 없다. 지정되지 않으면 이전의 값에서 1을 더해 값이 할당된다. 다음 예제에서 레이블 A는 1의 값이 주어졌고 B는 자동으로 값이 주어져 2가 되고 C는 3이 된다. Y는 25, Z는 26이 된다.

```
enum {A=1, B, C, X=24, Y, Z} list1;
```

각 레이블은 유일한 값을 가져야 한다. 두 레이블이 같은 값을 가지면 에러가 발생된다. 다음의 예제는 C와 D가 같은 값을 가지기 때문에 에러가 발생된다.

```
enum {A=1, B, C, D=3} list2;        // ERROR
```

4.2.4 열거형 타입의 기본 타입

열거형 타입은 레이블 값을 갖는 변수나 네트이다. 그러므로 Verilog나 SystemVerilog의 기본 타입을 가진다. 열거형 타입의 *기본 타입*은 32-bit 2 상태 타입인 **int**이다.

좀 더 자세한 레벨에서 하드웨어를 나타내기 위해서 SystemVerilog는 열거형 타입의 기본 타입을 명시할 수 있도록 허용한다. 예를 들어

```
// 1-bit 넓이 2 상태 기본 타입의 열거형 타입
enum bit {TRUE, FALSE} Boolean;

// 2-bit 넓이 4 상태 기본 타입의 열거형 타입
enum logic [1:0] {WAITE, LOAD, READY} state;
```

타입이 명시된 열거형 타입의 레이블에 값이 지정되면 그 값의 크기는 기본 타입의 크기와 일치해야 한다.

```
enum logic [2:0] { WAITE = 3'b001,
                   LOAD  = 3'b010,
                   READY = 3'b100} state;
```

다른 크기 값을 지정하면 에러가 발생한다. 다음의 예제는 **int** 기본 타입에 3-bit 넓이 값을 할당하는 것을 보여준다.

```
enum {  WAITE = 3'b001,      // ERROR
        LOAD  = 3'b010,
        READY = 3'b100} state;
```

열거형 타입이 표현할 수 있는 것보다 많은 레이블을 사용하는 것도 에러를 발생시킨다.

```
enum logic {A=1'b0, B, C} list5; // 1-bit 크기 보다 많은 레이블을
사용했다.
```

4 상태 기본 타입을 사용하면 X나 Z 값을 지정하는 것은 괜찮다.

```
enum logic {ON=1'b1, OFF=1'bz} out;
```

X나 Z값이 레이블에 사용되면 다음 레이블의 값은 명확하게 지정되어야만 한다.

자동 증가를 사용하려면 에러가 발생한다.

```
enum logic [1:0] {WAITE, ERR=2'bxx, LOAD, READY} state;
         // ERROR: LOAD의 값을 결정할 수 없다.
```

4.2.5 타입 열거형, 익명 열거형

열거형 타입은 사용자 정의 타입으로 선언될 수 있다. 이것으로 여러 변수나 네트를 같은 열거형 값 세트로 선언할 수 있게 된다. **typedef**를 사용해 선언된 열거형 타입은 보통 *유형 열거형 타입(typed enumerated type)*이라 불린다. **typedef**가 사용되지 않으면 열거형 타입은 *익명 열거형 타입(anonymous enumerated type)*이라 불린다.

```
typedef enum {WAITE, LOAD, READY} state_t;
state_t state, next_state;
```

4.2.6 열거형 타입 연산의 강력한 타입

대부분의 Verilog나 SystemVerilog 변수 타입은 느슨한 타입이다. 이 말은 어떤 타입의 어떤 값이든 변수에 할당될 수 있다는 것이다. 값은 Verilog나 SystemVerilog 표준에 정해진 변환 규칙에 따라 변수의 타입으로 자동 변환된다.

열거형 타입은 예외이다. 열거형 타입은 약간 강한 타입이며, 아래와 같이만 할당될 수 있다.

- 자신의 열거형 타입 리스트 레이블
- 같은 타입의 다른 열거형 타입(같은 typedef 정의로 취급)
- 열거형 타입의 typedef 타입으로 캐스팅된 값

열거형 타입 값에 대해 동작이 일어나면 열거형 값은 자동적으로 기본 타입으로 변환되고 열거형 타입 리스트에서 레이블이 나타내는 값이 쓰인다. 기본 타입이 지정되지 않았다면 기본 타입과 레이블은 **int** 타입을 사용한다.

```
typedef enum {WAITE, LOAD, READY} state_t;
state_t state, next_state;
int foo;
```

WAITE는 0 값의 **int**를 나타낸다. 다음의 할당은 올바르다.

```
state = next_state; // 올바른 동작
```

state와 next_state가 같은 타입이기 때문에 정상 동작한다.

아래 예제도 올바르다. state의 기본 타입이 **int**이고 1을 더하는 것이기 때문에 올바른 것이다.

```
foo = state + 1; // 올바른 동작
```

그러나 다음 예는 다른 타입 값을 할당하는 것이기 때문에 올바르지 않다.

```
state = foo + 1; // ERROR
```

foo + 1은 **int** 타입이고 state는 state_t 타입이기 때문이다.

다음 예도 틀리고 에러를 발생시킬 것이다.

```
state = state + 1;      // 올바르지 않은 동작
state++;                // 올바르지 않은 동작
next_state += state;  // 올바르지 않은 동작
```

state의 타입은 기본 타입인 **int**로 표현되어 1이 더해지면 역시 **int**이기 때문에 state_t 타입인 state에 직접 할당은 안 된다.

4.2.7 열거형 타입으로의 캐스팅

연산의 결과는 유형 열거형 타입으로 캐스팅될 수 있다. SystemVerilog 캐스트 연산자나 동적 **$cast** 시스템 함수(3.9절에 언급된)가 사용될 수 있다.

```
typedef enum {WAITE, LOAD, READT} states_t;
states_t state, next_state;

next_state = states_t'(state++); // 올바름
$cast(next_state, state + 1);     // 올바름
```

3.9절에서 이미 논의된 것과 같이 캐스트 연산자를 사용하는 것과 동적 **$cast** 시스템 함수를 사용하는 것에는 중요한 차이가 있다. 캐스트 연산자는 늘 캐스트 연산과 할당을 실행하지만 할당되는 값이 올바른지에 대해서는 검사하지 않

는다. 앞의 예에서 state가 READY라면 next_state는 범위를 벗어나게 된다.

범위를 벗어난 값은 정해지지 않은 동작을 유발할 수 있다. 소프트웨어 툴 마다 범위를 벗어난 값을 다르게 처리한다. 범위를 벗어난 값이 할당되면 RTL 모델의 시뮬레이션이 합성에 의해 만들어진 게이트 레벨 기능과 달라도 실제 값은 결국 열거형 타입에 저장될 수도 있다.

이런 모호한 동작을 피하기 위해서 범위를 벗어난 값이 절대로 할당되지 않도록 할 필요가 있다. 정적 캐스트 연산자는 런타임 에러 점검을 하지 않기 때문에 범위를 벗어난 값의 할당을 언제나 알아내지 못한다.

동적 **$cast** 시스템 함수는 표현 결과가 올바른 값인지 변수를 변경하기 전에 검증한다. 이전 예에서 $cast(next_state, state+1)은 next_state를 변화시키지 않고 런타임 에러를 보고할 것이다.

동적 캐스트는 런타임 에러를 검사하기 때문에 안전하다. 그러나 런타임 검사가 동작에 어느 정도의 부하를 더하므로 소프트웨어 툴의 성능에 영향을 미친다. 또 **$cast** 시스템 함수는 합성 불가능하다. 컴파일타임 캐스트 연산자는 런타임 검사를 하지 않는 대신 캐스트 연산이 최적화 되어 더 나은 런타임 성능을 내준다.

사용자는 모델에 따라 어떤 캐스트 방법을 사용할지 결정하면 된다. 범위를 벗어난 값이 발생하지 않는다면 빠른 컴파일타임 캐스트 연산자를 사용하고 범위를 벗어날 가능성이 있다면 더 안전한 **$cast**를 사용한다. SystemVerilog **assert** 구문은 범위를 벗어난 값을 잡는데 사용할 수 있다. 그러나 assert는 범위를 벗어난 값이 할당되는 것을 막지는 못한다.

4.2.8 열거형 타입을 위한 특별 시스템 태스크와 메소드

SystemVerilog는 열거형 타입 리스트 내의 값을 반복하기 위해 *메소드(method)*라 불리는 몇 가지 내장 함수를 제공한다. 이 메소드는 자동으로 약간 강한 타입으로 취급되어 다음 값으로 증가, 리스트의 처음으로 이동, 리스트의 끝으로 이동을 쉽게 해준다. 이 메소드를 사용할 때는 열거형 리스트 내의 레이블과 값에 대해 알고 있어야 한다.

이 특별 메소드는 C++의 클래스 메소드와 비슷하게 불린다. 메소드의 이름은 열거형 타입 이름의 끝에 .을 사용해 추가된다.

<enum_variable_name>.**first** – 열거형 리스트의 첫 번째 값을 반환한다.

<enum_variable_name>.**last** – 열거형 리스트의 마지막 값을 반환한다.

<enum_variable_name>.**next**(<N>) – 열거형 리스트의 다음 멤버 값을 반환한다. 추가로 정수 값이 **next**의 인자로 주어질 수도 있다. 이 경우 현재 위치로부터 Nth 다음 값이 반환된다. 리스트의 끝에 다다르면 리스트의 처음으로 돌아온다. 만약 현재 값이 리스트의 멤버가 아니면 첫 번째 멤버의 값이 반환된다.

<enum_variable_name>.**prev**(<N>) – 이전 멤버의 값을 반환한다. **next**와 같이 정수 인자를 사용할 수도 있고 처음 위치에 도달하면 마지막 위치에서 계속 시작한다. 현재 값이 리스트의 멤버가 아니면 마지막 값이 반환된다.

<enum_variable_name>.**num** – 리스트 내의 레이블 개수를 반환한다.

<enum_variable_name>.**name** – 값에 대한 레이블 문자열 표현을 반환한다. 값이 리스트의 멤버가 아니면 빈 문자열을 반환한다.

예제 4-5는 열거형 메소드 리스트를 사용하는 예를 보여준다.

- in_sync 출력의 초기값은 0이다. 카운터가 8에 도달하면 세트 되고 카운터가 0이 되면 클리어된다.
- compare와 synced 입력 플래그가 모두 거짓이면 카운터는 현재 값을 유지한다.
- compare 플래그와 synced 플래그가 모두 참이면 카운터는 1씩 증가한다 (15 이상이 될 수 없다).
- compare 플래그가 참이고 synced 플래그가 거짓이면 카운터는 2씩 감소한다(0 이하는 될 수 없다).

예제 4-5 특별 메소드 사용

```
module confidence_counter(input  logic synced, compare,
                                       resetN, clock,
                          output logic in_sync);

  enum  {cnt[0:15]} State, NextState;

  always_ff @(posedge clock, negedge resetN)
    if (!resetN) State <= cnt0;
    else         State <= NextState;

  always_comb  begin
    NextState = State;  // NextState 기본값
    case (State)
      cnt0:    if (compare &&  synced) NextState = State.next;
      cnt1: begin
               if (compare &&  synced) NextState = State.next;
               if (compare && !synced) NextState = State.first;
              end
      cnt15:   if (compare && !synced) NextState = State.prev(2);
      default: begin
               if (compare &&  synced) NextState = State.next;
               if (compare && !synced) NextState = State.prev(2);
              end
    endcase
    end

  always_ff @(posedge clock, negedge resetN)
    if (!resetN) in_sync <= 0;
    else begin
      if (State == cnt8) in_sync <= 1;
      if (State == cnt0) in_sync <= 0;
    end

endmodule
```

이 예제에서는 SystemVerilog의 특화된 프로시저 블록 **always_ff**, **always_comb**를 사용했다. 이 프로시저 블록은 6장에서 논의된다.

4.2.9 열거형 타입의 출력

열거형 타입값은 레이블의 내용값이나 레이블 이름으로 출력이 가능하다. 열거형을 직접 출력하면 열거형 타입의 내부 값이 출력된다. 이름을 출력하려면 **name** 메소드를 사용해야 한다. 이 문자열은 $display 함수에 전달되어 출력된다.

예제 4-6 열거형 타입값과 이름 출력

```
module FSM (input  logic resetN, clock,
            output logic [3:0] control);

  enum logic [1:0] {WAITE=3'b001,
                    LOAD=3'b010,
                    READY=3'b100} State, Next;

  always @(posedge clock, negedge resetN)
    if (!resetN) State <= READY;
    else         State <= Next;

  always_comb begin
    $display("\nCurrent state is %s (%b)", State.name, State);
    case (State)
      WAITE: Next = LOAD;
      LOAD:  Next = READY;
      READY: Next = WAITE;
    endcase
    $display("Next state will be %s (%b)", Next.name, Next);
  end
endmodule
```

4.3 요약

C와 비슷한 **typedef** 정의는 사용자가 이미 정의된 타입이나 다른 사용자 정의 타입으로부터 새로운 타입을 정의할 수 있도록 해준다. 사용자 정의 타입은 모듈 포트에 사용할 수 있고 태스크와 함수의 입출력에 사용할 수 있다.

열거형 타입은 제한된 범위 내의 값을 갖는 변수를 선언할 수 있게 해준다. 또 하드웨어 중심의 로직 값 대신 추상적인 레이블을 값으로 쓸 수 있게 해준다. 열거형 타입은 Verilog 보다 더 추상 레벨을 모델링할 수 있게 해서 몇 줄 안 되는 코드로 더 큰 디자인을 모델링할 수 있게 해준다. 하드웨어 구현 내용이 열거형 타입 선언에 추가될 수 있고 필요하면 한 개의 인코딩 값과 같은 것을 열거형 타입에 할당해 스테이트 머신 상태를 나타낼 수도 있다.

SystemVerilog는 **`class`** type을 추가했다. 이 타입은 객체 지향 스타일의 모델링을 가능하게 한다. 클래스 오브젝트와 객체 지향 프로그래밍은 검증용이고 현재는 합성 가능하지 않다.

Chapter 05

SystemVerilog 배열, 구조체, 유니온

SystemVerilog는 Verilog에 데이터 표현을 크게 개선했다. Verilog 배열은 어떻게 데이터가 표현되는지와 동작하는지가 확장했고 구조체와 유니온 타입은 Verilog에 추가되어 변수의 집합을 표현한다.

이 장에서 다룰 내용은 다음과 같다.

- 구조체
- 유니온
- 구조체와 유니온 다루기
- 압축되지 않은 배열
- 압축된 배열
- 배열 다루기
- 배열 **foreach** 루프
- 배열을 위한 특별 시스템 함수
- $bits 시스템 함수

5.1 구조체

디자인 데이터는 보통 버스 프로토콜용 컨트롤 시그널이나 상태 컨트롤 시그널

등과 같은 논리적 시그널 그룹으로 이루어져 있다. Verilog 언어는 공통 시그널을 하나의 그룹으로 묶는 메커니즘을 제공하지 않는다. 대신 디자이너가 일련의 공통 글자로 시작하거나 끝나는 이름 짓기 규칙과 같은 ad-hoc 그룹핑 메소드를 사용해야만 한다.

SystemVerilog는 C와 비슷한 구조체를 Verilog에 추가했다. 구조체는 관련된 정보 조각들을 하나의 그룹으로 묶기 쉽게 해준다. 구조체는 **struct** 키워드를 사용해 선언된다. 구조체 멤버는 사용자 정의 타입과 상수 타입을 포함하는 어떤 변수 타입도 가능하다. 구조체 예는 다음과 같다.

```
struct {
  int          a, b;
  opcode_t     opcode;
  logic [23:0] address;
  bit          error;
} Instruction_Word;
```

구조체 선언 문법은 C 언어와 매우 유사하다. 한 가지 다른 점은 C에서는 **struct** 키워드 뒤에 추가 "tag"를 넣을 수 있다는 것이다. SystemVerilog는 태그를 허용하지 않는다.

구조체는 변수나 상수의 집합이다. 전체 집합은 구조체 이름을 사용해 언급된다. 각 멤버도 이름을 가지고 있고 C와 같이 .을 사용해 언급한다.

```
<structure_name>.<variable_name>
```

예를 들어 위의 예제에서 address 멤버에 값을 할당하려면

```
Instruction_Word.address = 24'hF0001E;
```

구조체는 배열과 다르다. 배열은 같은 타입, 같은 크기의 구성 요소 모음이지만 구조체는 다른 타입, 다른 크기의 변수나 상수의 모음이다. 다른 차이는 배열의 요소가 인덱스를 사용해 가리켜지지만 구조체 멤버는 멤버의 이름으로 언급된다는 것이다.

5.1.1 구조체 선언

변수 또는 네트는 구조체로 정의될 수 있음

구조체는 전체 혹은 개별적으로 액세스할 수 있는 변수의 모음이다. 전체로서의 구조체는 **var** 키워드를 사용해 변수로 선언될 수 있다. 또 **wire**나 **tri**와 같은 Verilog 네트 타입 키워드를 사용해 네트로 정의할 수 있다. 네트 타입으로 정의할 때 구조체의 모든 멤버는 4 상태 타입이어야만 한다.

```
var struct {
   logic [31:0] a, b;
   logic [ 7:0] opcode;
   logic [23:0] address;
} Instruction_Word_var;

wire struct {
   logic [31:0] a, b;
   logic [ 7:0] opcode;
   logic [23:0] address;
} Instruction_Word_net;
```

구조체를 **var**이나 네트 타입으로 선언하는 것은 선택적이다. 지정되지 않으면 전체로서의 구조체는 변수로 취급된다.

```
struct {
   logic [31:0] a, b;
   logic [ 7:0] opcode;
   logic [23:0] address;
} Instruction_Word_var;
```

구조체가 네트 타입으로 선언될 수 있지만 네트 타입은 구조체 내에서 사용될 수 없다. 네트는 10장에서 설명될 SystemVerilog 인터페이스를 사용해 하나의 이름 하에 함께 묶일 수 있다.

타입으로 정의된 구조체, 익명 구조체

구조체로부터 만들어진 사용자 정의 타입은 4.1에 언급되어 있다. 사용자 정의 타입으로 구조체를 선언하는 것은 저장소를 할당하지 않는다. 사용자 정의 타입으로 정의된 구조체의 멤버에 값이 할당되기 전에 변수가 먼저 선언되어야 한다.

```
typedef struct {    // 구조에 정의
  logic [31:0] a, b;
  logic [ 7:0] opcode;
  logic [23:0] address;
} instruction_word_t;

instruction_word_t IW;      // 구조체 할당
```

typedef 없이 구조체가 선언되면 익명 구조체라 한다.

```
struct {
  logic [31:0] a, b;
  logic [ 7:0] opcode;
  logic [23:0] address;
} instruction;
```

로컬 구조체 정의, 공유된 구조체 정의

모듈, 인터페이스 내에서 타입으로 정의된 구조체는 디자인 블록 내에서 사용할 수 있다. 타입으로 정의된 구조체가 하나 이상의 디자인 블록에서 사용되거나 모듈, 인터페이스의 포트로 사용되면 구조체 정의는 패키지 내에 있어야만 하고 디자인 블록 또는 $unit 컴파일 단위 영역으로 불러들여져야 한다. 타입으로 정의된 구조체는 $unit 컴파일 단위 영역 내에서 바로 정의될 수도 있다. 패키지 내의 정의나 $unit 내의 정의는 2.1절과 2.2절에서 다뤄졌다.

5.1.2 구조체에 값 할당

구조체 초기화

구조체의 멤버는 구조체가 시작되는 시점에 '{ 과 }로 둘러 쌓인 값의 세트로 초기화 될 수 있다. 괄호 사이의 값들은 각 멤버와 정확히 맞아야 한다.

```
typedef struct {
  logic [31:0] a, b;
```

```
    logic [ 7:0]  opcode;
    logic [23:0]  address;
  } instruction_word_t;

  instruction_word_t IW = '{100, 3, 8'hFF, 0}
```

비슷한 문법이 구조체 상수나 구조체 파라미터를 정의하는데 사용된다.

SystemVerilog는 '{}를 사용해 값 리스트를 감싸고 C는 {}를 사용한다. SystemVerilog의 초기 버전은 {}를 사용했다. 그러나 최종 버전의 IEEE SystemVerilog는 '{}를 사용해 Verilog의 {} 연결 연산자와 구분한다.

구조체 멤버 할당

구조체 멤버의 이름을 사용해 구조체 멤버에 값을 할당할 수 있다.

```
typedef struct {
  logic           a, b;
  logic           opcode;
  logic    [23:0] address;
} instr _t;

instr _t IW;

always @(posedge clock, negedge resetN)
  if (!resetN) begin
    IW.a = 100;    // 구조체 멤버를 가리킨다
    IW.b = 5;
    IW.opcode = 8'hFF;
    IW.address = 0;
  end
  else begin
    ...
  end
```

구조체에 구조체 표현 할당

완전한 구조체는 구조체 표현이 할당될 수 있다. 구조체 표현은 컴머로 구분된 '{} 사이에 나열된 값으로 이루어져 있다. 괄호는 구조체의 각 멤버 값을 가지

고 있어야 한다.

```
always @(posedge clock, negedge resetN)
   if (!resetN) IW = '{100, 5, 8'hFF, 0};
   else begin
      ...
   end
```

구조체 표현 내의 값은 구조체 내에 정의되어 있는 순서로 나열될 수 있다. 혹은 구조체 멤버 이름을 사용해 구조체 표현을 지정할 수 있는데 멤버 이름과 값은 콜론(:)으로 구분된다.

```
IW = '{address:0, opcode:8'hFF, a:100, b:5}
```

같은 구조체 표현에 대해 이름과 순서를 섞어 사용하는 것은 안 된다.

```
IW = '{address:0, 8'hFF, 100, 5}   // ERROR
```

구조체 표현의 기본값

기본값을 지정해 구조체의 여러 멤버의 값을 지정할 수 있다. **default** 키워드를 사용한 기본값은 구조체의 모든 멤버에 지정된다.

```
IW ='{default:0}; // IW의 모든 멤버에 0을 세트한다.
```

기본값은 타입 키워드를 사용해 구조체 내의 특정 타입 멤버들만 지정할 수도 있다. **default** 키워드 또는 타입 키워드는 콜론(:)으로 값과 구분한다.

```
typedef struct {
   real          r0, r1;
   int           i0, i1;
   logic [ 7:0]  opcode;
   logic [23:0]  address;
} instruction_word_t;

instruction_word_t IW;

always @(posedge clock, negedge resetN)
   if (!resetN)
      IW = '{ real:1.0, default:0 };
```

```
    // 모든 real 멤버에 1.0 값을
    // 다른 나머지 멤버에 0 값을 할당한다.
  else begin
    ...
  end
```

구조체 멤버에 할당된 기본값은 멤버의 타입과 호환되어야만 한다. 호환되는 값은 멤버의 타입으로 변환된다.

구조체 멤버에 값이 어떻게 할당되는 지에는 서열이 있다. **default** 키워드가 가장 낮은 서열이고 타입 지정 기본에 뒤진다. 타입 지정 기본값은 명확한 이름 지정 값보다 낮다. 다음의 구조체 표현은 **r0**에 1.0, **r1**에 3.1415, 그리고 다른 나머지 멤버에 0을 할당한다.

```
typedef struct {
  real            r0, r1;
  int             i0, i1;
  logic [ 7:0]    opcode;
  logic [23:0]    address;
} instruction_word_t;

instruction_word_t IW;

IW = '{ real:1.0, default:0, r1:3.1415 };
```

5.1.3 압축된 구조체, 압축되지 않은 구조체

기본적으로 구조체는 압축되지 않는다. 이 말은 구조체의 멤버가 하나의 이름으로 묶여 있지만 독립된 변수나 상수로 취급된다는 말이다. SystemVerilog는 소프트웨어 툴이 압축되지 않은 구조체의 멤버를 어떻게 저장하는지 정하지 않았다. 저장소의 배치는 소프트웨어 툴에 따라 변한다.

구조체는 **packed** 키워드를 사용해 압축된 구조체로 선언될 수 있다. 압축된 구조체는 지정된 순서에 따라 구조체의 모든 멤버를 연속된 비트로 저장한다. 첫 번째 멤버는 벡터의 가장 왼쪽 필드가 되고 마지막 멤버는 가장 오른쪽 필드가 된다. 가장 오른쪽 비트가 least-significant bit이고 bit 0가 된다(그림 5-1 참조).

```
struct packed {
```

그림 5-1 벡터에 저장된 압축된 구조체

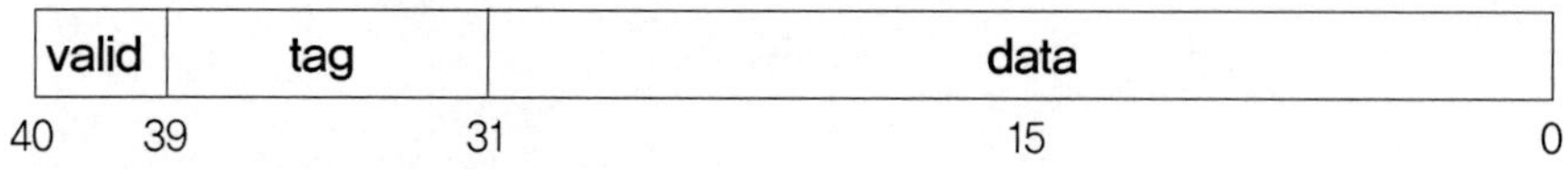


```
    logic          valid;
    logic [ 7:0]   tag;
    logic [31:0]   data;
  } data_word;
```

압축된 구조체의 멤버는 멤버의 이름 또는 벡터 표현 중 일부 선택을 사용해 사용 가능하다. 다음 두 할당은 tag 멤버에 값을 할당한다.

```
data_word.tag = 8'hf0;
data_word[39:32] = 8'hf0;   // tag와 같은 비트
```

압축된 구조체의 모든 멤버는 정수값이어야 한다. 정수값은 벡터로 표현 가능한 **byte**, **int**와 같은 값이고 **bit**나 **logic** 타입을 사용해 만들어진 벡터이다. 벡터로 표현할 수 없는 멤버가 있는 구조체는 압축된 구조체로 만들 수 없다. 이 말은 압축된 구조체는 **real**, **shortreal**과 같은 변수나 압축되지 않은 구조체, 압축되지 않은 유니온, 압축되지 않은 배열과 같이 담을 수 없다는 것이다.

압축된 구조체 사용

압축된 구조체는 벡터로 저장되기 때문에 완전한 구조체에 대한 동작은 벡터 오퍼레이션을 취급된다. 그래서 벡터에 사용할 수 있는 수학 오퍼레이션, 로직 오퍼레이션, 그리고 다른 오퍼레이션이 사용될 수 있다.

```
typedef struct packed {
  logic       valid;
  logic [ 7:0] tag;
  logic [31:0] data;
} data_word_t;

data_word_t packet_in, packet_out;

always @(posedge clock)
  packet_out <= packet_in << 2;
```

압축된 구조체가 '{}로 싸여진 값의 리스트로 할당되면 값은 구조체의 멤버에 할당된다. 이 상황에서는 압축된 구조체가 압축되지 않은 구조체와 같이 취급된다. '{} 내의 값은 각 멤버의 구분된 값이고 이어진 값이 아니다.

```
packet_in = '{1, '1, 1024};
```

위 줄은 valid에 1을, tag에 FF(16진수)를 data에 1024(10진수)를 할당한다.

부호 있는 압축된 구조체

압축된 구조체는 **signed**, **unsigned** 키워드와 함께 사용할 수 있다. 이들은 전체 구조체가 수학이나 관계 오퍼레이션에서 벡터로 사용되는 때 전체 구조체가 어떻게 이해되는지에 영향을 미친다. 이들은 구조체의 멤버들이 어떻게 이해되는 지에는 영향을 미치지 않는다. 구조체의 각 멤버는 각 멤버의 타입 선언에 기초해 부호가 있는지 없는지 확인된다. 압축된 구조체의 일부 선택은 Verilog의 벡터 일부 선택과 같이 언제나 부호가 없다.

```
typedef struct packed {
  logic         valid;
  logic        [ 7:0] tag;
  logic signed [31:0] data;
} data_word_t;

data_word_t A, B;

always @(posedge clock)
  if (A < B) // 부호 있는 비교
    ...
```

5.1.4 포트를 통한 구조체 전달

구조체는 모듈이나 인터페이스 포트를 통해 전달될 수 있다. 구조체는 먼저 사용자 정의 타입으로 **typedef**를 사용해 정의되어야 하고 태스크나 함수 인자로 구조체 타입을 선언할 수 있도록 해야 한다.

```
module processor (…);
  ...
```

```
    typedef enum {ADD, SUB, MULT, DIV} opcode_t;

    typedef struct {
      logic [31:0] a, b;
      opcode_t     opcode;
      logic [23:0] address;
      logic      error;
    } instruction_word_t;

    function alu (input instruction_word_t IW);
      ...
    endfunction
  endmodule
```

태스크나 함수가 압축되지 않은 구조체 인자를 갖고 불린다면 태스크나 함수에는 정확히 같은 타입의 구조체가 전달되어야 한다. 똑같은 멤버를 가진 익명 구조체라도 같은 타입의 구조체가 아니다.

5.1.5 합성 가이드라인

압축되지 않은 구조체나 압축된 구조체 모두 합성 가능하다. 모듈 포트나 태스크, 함수의 입출력으로 구조체가 전달되는 것도 합성에서 지원된다. 멤버 이름으로 구조체에 값을 할당하는 것과 값 리스트로 할당하는 것도 지원된다.

5.2 유니온

SystemVerilog는 C와 비슷한 유니온을 Verilog에 더했다. 유니온은 여러 표현을 갖는 하나의 저장소 요소이다. 저장소에 대한 각각의 표현은 다른 타입을 가질 수 있다. 유니온에 대한 선언 문법은 구조체와 비슷하고 유니온의 멤버는 구조체와 같은 식으로 언급된다.

```
  union {
    int          i;
    int unsigned u;
  } data;
```

```
...
data.i = -5;
$display("data is %d", data.i);

data.u = -5;
$display("now data is %d", data.u);
```

선언 문법이 비슷해도 유니온은 구조체와는 많이 다르다. 구조체는 여러 값을 저장할 수 있다. 구조체는 하나의 이름 하에 있는 열 변수들의 모음이다. 유니온은 하나의 값을 저장할 수 있다. 유니온의 일반적인 적용은 하나의 값이 여러 가지의 다른 타입으로 표현되나 한 순간에는 하나의 타입으로만 표현된다.

타입 유니온, 익명 유니온

유니온은 **typedef**를 사용해 구조체에서와 같이 타입으로 정의될 수 있다. 사용자 정의 타입으로 정의된 유니온을 타입 유니온이라 하고, **typedef**가 사용되지 않은 유니온을 익명 유니온이라 한다.

```
typedef union {     // 타입 유니온
  int               i;
  int unsigned      u;
} data_t;

data_t a, b;  // data_t 타입의 두 변수
```

5.2.1 압축되지 않은 유니온

압축되지 않은 유니온은 **real** 타입, 압축되지 않은 구조체, 압축되지 않은 배열을 포함하는 어떤 변수 타입이라도 담을 수 있다. 소프트웨어 툴은 여러 가지 방법으로 압축되지 않은 유니온에 값을 저장할 수 있다. 각각의 툴이 같은 방식으로 유니온 내에서 사용되는 다른 타입의 저장소를 정렬할 필요는 없다.

압축되지 않은 유니온은 합성 가능하지 않다. 이런 유니온은 상위 레벨 시스템과 트랜잭션 레벨 모델에 유용한 추상 타입이다. 압축되지 않은 유니온은 4 상태 타입이나 2 상태 타입, 그리고 **real**과 같은 합성 불가능 타입을 포함해 유니온 내에 타입을 저장하는데 유용할 수도 있다.

한 유니온 멤버를 사용해 저장 값이 저장되고 다른 유니온 멤버로 읽어내면 읽은 값은 정의되지 않는다. 그리고 다른 소프트웨어 툴에서는 다른 결과를 양산한다.

다음 예제는 합성 불가능하다 그러나 어떻게 압축되지 않은 유니온이 아주 다른 값 타입을 저장하는지 보여준다. 예제는 **int** 타입이나 **real** 타입 값을 저장하는 것을 나타낸다. 이 두 타입은 아주 다르게 저장되기 때문에 쓰여질 때와 같은 타입으로 값을 읽어내는 것이 아주 중요하다. 구조체의 첫 번째 멤버는 유니온에 실수값이 저장됐는지 나타내기 위한 플래그이다. 유니온에서 값이 읽혀질 때는 플래그 어떤 타입의 유니온이 저장됐는지 검사하기 위해 사용된다.

```
struct {
  bit is_real;
  union {
    int  i;
    real r;
   } value;
} data;
//...
always @(posedge write) begin
  case (operation_type)
    INT_OP: begin
              data.value.i <= 5;
              data.is_real <= 0;
            end
    FP_OP:  begin
              data.value.r <= 3.1415;
              data.is_real <= 1;
            end
  endcase
end
//...
always @(posedge read) begin
  if (data.is_real)
    real_operand <= data.value.r;
  else
    int_operand <= data.value.i;
end
```

5.2.2 태그드 유니온(tagged union)

유니온은 tagged로 선언될 수 있다.

```
union tagged {
  int     i;
  real r;
} data;
```

태그드 유니온은 마지막 값이 저장된 유니온 멤버의 이름을 나타내는 태그를 저장하는 암시적인 멤버를 담고 있다. 태그드 표현을 사용해 태그드 유니온에 값이 저장되면 암시적인 태그가 값이 쓰여진 멤버가 어떤 것인지 정보를 자동으로 저장한다.

태그드 표현으로 태그드 유니온 멤버에 값이 저장될 수 있다. 태그드 표현은 멤버 이름 앞에 tagged 키워드를 사용하고 멤버 이름 뒤에 저장할 값을 쓴다. 태그드 표현은 유니온의 멤버에 값을 할당한다. 예를 들어

```
data = tagged i 5; // data.i에 5값을 저장하고 암시적인 태그를 세트한다.
```

유니온 멤버 이름을 사용해 태그드 유니온에서 값을 읽는다.

```
d_out = data.i; // 유니온에서 값을 읽음
```

태그드 유니온은 유니온의 사용법을 모니터링 해 마지막으로 쓰여진 멤버와 다른 멤버로 읽는지 검사해 에러를 발생시키는 소프트웨어 툴을 필요로 한다. 예를 들어 i(**int** 타입) 멤버에 마지막으로 태그드 표현으로 저장했다면 다음의 코드는 런타임 에러를 발생시킬 것이다.

```
d_out = data.r; // ERROR: 멤버가 유니온의 암시적인 태그와 맞지 않는다.
```

일단 값이 태그드 표현으로 태그드 유니온에 할당되면 값은 멤버 이름을 사용해 같은 유니온 멤버에 쓰여질 수 있다. 지정된 멤버 이름이 현재 유니온 태그와 맞지 않는 타입이면 런타임 에러가 발생할 것이다.

```
data.i = 7; // 유니온 멤버에 쓰기. 멤버 이름은 현재 유니온 태그와 맞아야
만 한다.
```

디자이너는 마지막으로 데이터가 저장된 유니온 멤버에서 값을 읽어 내는지 보증해야 한다. 그러나 디자인에 결함이 있어 모순된 방식으로 유니온이 사용되면 소프트웨어 툴은 디자이너에게 에러로 정보를 알려야 한다.

5.2.3 압축된 유니온

구조체에서와 같이 유니온은 **packed**로 선언될 수 있다. 압축된 유니온에서 각 유니온 멤버의 비트 개수는 같아야 한다. 압축된 유니온은 같은 개수의 비트로 된 저장소를 갖는다. 이런 제약 때문에 압축된 유니온은 합성 가능하다.

압축된 유니온은 1개 이상의 비트로 나타내지는 정수 값만을 저장할 수 있다. 압축된 유니온의 멤버가 4 상태 타입이면 유니온은 4 상태가 된다. 압축된 유니온은 **real**, **shortreal** 변수, 압축되지 않은 구조체, 압축되지 않은 유니온, 압축되지 않은 배열을 담을 수 없다.

압축된 유니온은 어떤 포맷을 쓰고 다른 포맷을 읽는 것을 허용한다. 디자인 모델은 어떻게 데이터가 저장되는지에 대한 특별한 프로세싱을 할 필요가 없다. 이것은 압축된 유니온 내의 데이터가 늘 같은 개수의 비트에 저장되기 때문이다.

다음 예제는 두 가지 방식(데이터 패킷 또는 바이트 배열)으로 표현되는 값을 갖는 압축된 유니온을 정의한다.

```
typedef struct packed {
  logic [15:0] source_address;
  logic [15:0] destination_address;
  logic [23:0] data;
  logic [ 7:0] opcode;
} data_packet_t;

union packed {
  data_packet_t      packet;     // 압축된 구조체
  logic [7:0] [7:0]  bytes;      // 압축된 배열
} dreg;
```

유니온이 압축됐기 때문에 어떤 표현이 사용되든 간에 정보는 같은 비트 정렬을 사용해 저장된다. 이 말은 값이 bytes의 배열(아마도 바이트 형태의 시리얼

그림 5-2 같은 저장소의 두 가지 표현을 갖는 압축된 유니온

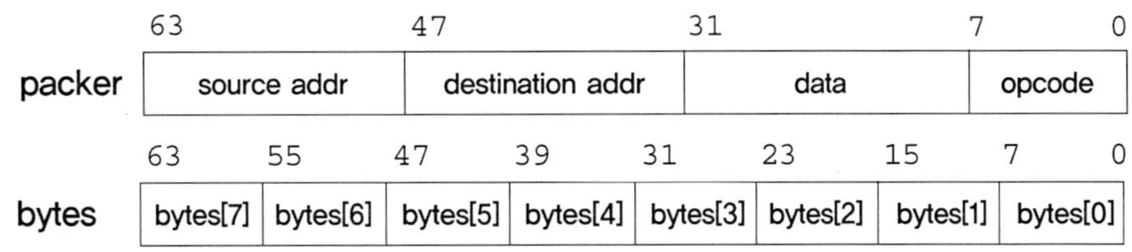

입력)로 실릴 수 있다는 것이다. 그래서 같은 값을 data_packet 포맷을 읽을 수 있다.

```
always @(posedge clock, negedge resetN)
  if (!resetN) begin
    dreg.packet <= '0;              // 패킷 타입으로 저장
    i <= 0;
  end
  else if (load_data) begin
    dreg.bytes[i] <= byte_in;       // 바이트로 저장
    i <= i + 1;
  end

always @(posedge clock)
  if (data_ready)
    case (dreg.packet.opcode)       // 패킷으로 읽기
      ...
```

압축된 태그드 유니온

유니온은 **packed**와 **tagged**를 같이 사용해 선언될 수 있다. 이 경우 유니온 멤버는 다른 비트 크기가 될 수 있지만 1개 이상의 비트를 사용하는 정수 값이어야 한다. 압축된 태그드 유니온은 마지막에 값을 저장한 것과 같은 유니온 멤버로 읽는 것만 허용된다.

```
union tagged packed {
  logic [15:0] short_word;
  logic [31:0] word;
  logic [63:0] long_word;
} data_word;
```

5.2.4 합성 가이드라인

유니온은 아무리 많은 표현이 존재하더라도 하나의 값만을 저장한다. 하드웨어에서 유니온의 저장소를 구현하기 위해서는 모든 유니온 멤버가 같은 비트 정렬을 사용해 같은 벡터 크기로 저장되어야 한다. 압축된 유니온은 이런 식으로 표현되고 합성 가능하다. 압축되지 않은 유니온은 각 타입이 같은 식으로 저장되는지 보장하지 못한다. 그래서 합성 불가능하다.

압축된 태그드 유니온은 합성 가능하도록 의도됐지만 이 책이 쓰여질 때는 합성 컴파일러에 의해 광범위하게 지원되지는 않았다.

5.2.5 구조체와 유니온 사용 예제

구조체는 공통된 이름 하에 관련 데이터를 함께 그룹으로 묶는 메커니즘을 제공한다. 데이터는 각각의 이름으로 언급되고 공통된 이름 전체를 언급할 수 있다. 유니온은 하나의 저장소를 여러 방법으로 사용할 수 있게 해준다.

다음 예제는 간단한 ALU(Arithmetic Logic Unit)이다. ALU opcode, 두 개의 오퍼랜드, 부호가 있는지 나타내는 플래그가 ALU로 하나의 인스트럭션 워드 형태로 전달된다. ALU는 부호 있는 값과 없는 값에 대해 모두 동작하지만 동시에는 아니다. 그래서 부호 있는 값과 없는 값이 두 타입의 유니온으로 모델링됐다. 하나의 변수를 사용해 부호 있는 것과 없는 것 모두를 나타내는 것이다.

11장에는 복잡한 정보를 표현하는 구조체와 유니온을 사용하는 예제가 있다.

예제 5-1 구조체와 유니온 사용

```
package definitions;
  typedef enum {ADD, SUB, MULT, DIV, SL, SR} opcode_t;

  typedef enum {UNSIGNED, SIGNED} operand_type_t;

  typedef union packed {
    logic        [31:0] u_data;
    logic signed [31:0] s_data;
  } data_t;
```

```
  typedef struct packed {
    opcode_t       opc;
    operand_type_t   op_type;
    data_t         op_a;
    data_t         op_b;
  } instruction_t;

endpackage

import definitions::*;

module alu (input instruction_t IW, output data_t alu_out);

  always @(IW) begin
    if (IW.op_type == SIGNED) begin
      case (IW.opc)
        ADD  : alu_out.s_data = IW.op_a.s_data + IW.op_b.s_data;
        SUB  : alu_out.s_data = IW.op_a.s_data - IW.op_b.s_data;
        MULT : alu_out.s_data = IW.op_a.s_data * IW.op_b.s_data;
        DIV  : alu_out.s_data = IW.op_a.s_data / IW.op_b.s_data;
        SL   : alu_out.s_data = IW.op_a.s_data <<< 2;
        SR   : alu_out.s_data = IW.op_a.s_data >>> 2;
      endcase
    end
    else begin
      case (IW.opc)
        ADD  : alu_out.u_data = IW.op_a.u_data + IW.op_b.u_data;
        SUB  : alu_out.u_data = IW.op_a.u_data - IW.op_b.u_data;
        MULT : alu_out.u_data = IW.op_a.u_data * IW.op_b.u_data;
        DIV  : alu_out.u_data = IW.op_a.u_data / IW.op_b.u_data;
        SL   : alu_out.u_data = IW.op_a.u_data << 2;
        SR   : alu_out.u_data = IW.op_a.u_data >> 2;
      endcase
    end
  end

endmodule
```

5.3 배열

5.3.1 압축되지 않은 배열

Verilog 배열 선언의 기본 문법은 다음과 같다.

```
<data_type><vector_size><array_name><array_dimension>
```

예를 들어

```
reg [15:0] RAM [0:4095]; // 메모리 어레이
```

Verilog-1995는 1차원 배열만을 허용했다. 1차원 배열은 하드웨어 메모리를 모델링하는데 주로 사용되므로 보통 메모리로 불린다. Verilog-1995는 또한 **reg**, **integer**, **time**에 한해 배열 선언을 할 수 있는 제약을 갖고 있었다.

Verilog-2001은 Verilog-1995를 비약적으로 개선해 **event**를 제외한 모든 타입의 변수, 네트로 배열을 선언할 수 있도록 했다. 그리고 다차원 배열을 허용했다. Verilog-2001을 시작으로 변수 타입과 네트 타입 둘 다 변수에 사용될 수 있다.

```
// 1024개의 1-bit 네트의 1차원 압축되지 않은 배열
wire n [0:1023];

// 256개 8-bit 변수의 1차원 압축되지 않은 배열
reg [7:0] LUT [0:255];

// 1024개의 real 변수의 1차원 압축되지 않은 배열
real r [0:1023];

// 32-bit int 변수의 3차원 압축되지 않은  배열
integer i [7:0][3:0][7:0];
```

Verilog는 한 번에 하나의 요소만 액세스할 수 있다. 여러 요소에 대한 읽기 쓰기 동작은 에러이다.

```
integer i [7:0][3:0][7:0];
integer j;
```

```
j = i[3][0][1]; // 올바름 : 한 개 요소 선택
j = i[3][0];     // 올바르지 않음 : 8개 요소 선택
```

SystemVerilog에서는 Verilog 스타일의 배열 선언을 압축되지 않은 배열로 부른다. 압축되지 않은 배열은 각 요소가 다른 요소에 독립적으로 저장된다. 그러나 공통된 이름 하에 묶인다. Verilog 소프트웨어 툴이 어떻게 배열에 저장하는지 정의하지 않았다. 예를 들어 8-bit 넓이 요소의 배열에 대해 시뮬레이터나 다른 툴은 각 8-bit 요소를 32-bit 워드에 저장할 수도 있다. 다음 선언이 어떻게 메모리 내에 저장되는지 그림 5-3이 보여준다.

```
wire [7:0] table [3:0];
```

그림 5-3 압축되지 않은 배열은 각 요소를 독립적으로 저장한다.

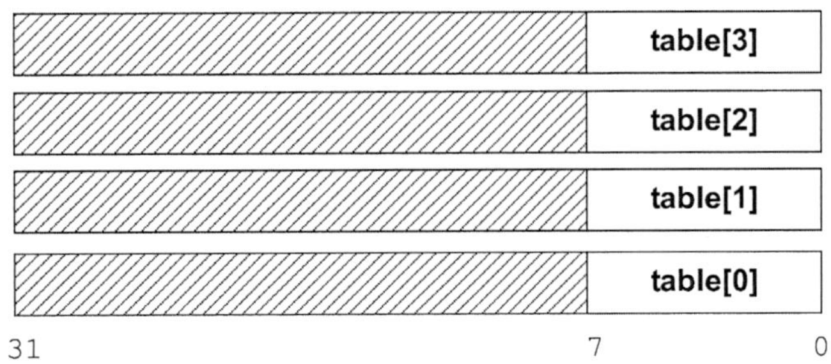

압축되지 않은 배열에 대한 SystemVerilog 개선

SystemVerilog는 Verilog event 타입과 SystemVerilog 타입(**logic**, **int**, **byte**, **int**, **longint**, **shortreal**, **real**)을 포함하는 압축되지 않은 배열 차원을 확장했다. 압축되지 않은 배열의 사용자 정의 타입은 **typedef**를 사용해 선언될 수 있고 **struct**, **enum**을 사용하는 타입을 포함할 수 있다.

```
bit [63:0] d_arrya[1:128]; // 벡터 배열
shortreal cosine [0:89];   // float 배열
typedef enum {Mo, Tu, We, Th, Fr, Sa, Su} Week;
Week Year[1:52];           // Week 타입 배열
```

SystemVerilog는 Verilog에 압축되지 않은 배열 전체를 언급할 수 있는 기능과

압축되지 않은 배열 내의 조각을 언급할 수 있는 기능을 추가했다. 조각은 일차원 배열 내의 하나 또는 그 이상의 연속된 개수의 요소를 의미한다. 이런 개선은 전체 배열의 내용물이나 배열의 특정 차원을 다른 배열로 복사할 수 있게 해준다.

압축되지 않은 배열로 여러 요소를 직접 복사해 넣으려면 배열과 요소 타입이 양쪽 다 정확히 같아야만 한다. 요소의 타입, 개수, 차원이 같아야 한다는 말이다.

```
int a1 [7:0][1023:0];
int a2 [1:8][1:1024];

a2 = a1;     // 전체 배열 복사

a2[3] = a1[0];   // 배열의 일부만 복사
```

배열 복사에 대해서는 5.3.7절에서 더 자세히 언급한다.

간략화된 압축되지 않은 배열 선언

C 언어 배열은 늘 주소 0에서 시작한다. 그래서 C에서는 배열을 선언할 때 배열의 크기만이 필요하다. 하드웨어 주소는 늘 0부터 시작하지는 않는다. 그래서 Verilog에서는 시작 주소와 끝 주소를 명시해야 한다.

```
int array[64:83]; // 64에서 83까지의 주소를 갖는 Verilog 배열
```

SystemVerilog는 C와 같은 선언을 Verilog에 추가했다. 압축되지 않은 배열은 시작, 끝 주소 대신에 차원 크기만으로 선언 가능하다.

```
logic [31:0] data [1024];
```

이 것은 다음과 같은 뜻이다.

```
logic [31:0] data [0:1023];
```

C에서와 같이 압축되지 않은 배열 요소는 주소 0에서 시작해 크기 -1까지의 번호가 매겨진다.

간략화된 C 스타일의 배열 선언은 벡터 선언에는 사용할 수 없다. 다음 예는 문법 에러를 발생시킨다.

```
logic [32] d; // 잘못된 벡터 선언
```

5.3.2 압축된 배열

Verilog 언어는 **reg**나 **wire** 같은 1-bit 타입 이외의 것으로부터 벡터를 만들 수 있다. 벡터 범위는 시그널 이름 전에 오고 압축되지 않은 배열 범위는 시그널 이름 뒤에 온다.

SystemVerilog에서는 벡터 선언을 ***압축된 배열***이라 한다. Verilog 벡터는 1차원 압축된 배열이다.

```
wire [3:0] select; // 4-bit 압축된 배열
reg [63:0] data;   // 64-bit 압축된 배열
```

SystemVerilog는 압축된 배열 내에 여러 차원 선언 기능을 추가했다.

```
logic [3:0][7:0] data; // 2차원 압축된 배열
```

SystemVerilog는 압축된 배열의 요소가 어떻게 저장되는지 정의한다. 전체 배열은 벡터와 같이 연속된 비트로 저장되어야 한다. 압축된 배열의 각 차원은 벡터 내의 하위 필드이다.

위의 압축된 배열 선언에서는 8-bit의 하위 배열이 4개 존재하는 것이다. 2차원 배열이 소프트웨어 컴파일러나 OS, 플랫폼에 상관없이 어떻게 저장되는지 그림 5-4에서 보여준다.

그림 5-4 연속된 요소로 저장되는 압축된 배열

31	23	15	7 0
data[3][7:0]	data[2][7:0]	data[1][7:0]	data[0][7:0]

압축된 배열 타입

압축된 배열은 **bit**와 같은 타입(**logic**, **bit**, **reg**), 압축된 배열, 압축된 구조체, 압축된 유니온으로 만들어져야만 한다. 압축된 배열은 Verilog 네트 데이터

타입(**wire, uwire, wand, tri, triand, trior, tri0, tri1, trireg**)으로도 만들어질 수 있다.

```
typedef struct paked {
   logic [ 7:0] crc;
   logic [63:0] data;
} data_word;

data_word [7:0] darray;      // 압축된 구조체의 1차원 배열
```

압축된 배열 언급

압축된 배열은 전체 선택, 비트 선택, 일부 선택이 가능하다. 다차원 압축된 배열도 조각으로 언급이 가능하다. 조각은 하나 혹은 그 이상의 연속된 배열의 차원이다.

```
logic [3:0][7:0] data;              // 2차원 배열

wire [31:0] out = data;             // 전체 선택

wire sign = data[3][7];             // 비트 선택

wire [3:0] nib = data [0][3:0];     // 일부 선택

byte high_byte;
assign high_byte = data[3];// 8-bit 조각

logic [15:0] word;
assign word = data[1:0];            // 2 조각
```

압축된 배열의 오퍼레이션

압축된 배열은 벡터로 저장되기 때문에 Verilog 벡터에 사용할 수 있는 오퍼레이션은 모두 압축된 배열에 사용 가능하다. 비트 선택, 일부 선택 연결 동작, 수학 동작, 관계 연산, 비트 연산, 로직 연산 등을 포함한다.

```
logic [3:0][15:0] a, b, result; // 압축된 배열
```

```
...
result = (a << 1) + b;
```

Verilog 벡터와 SystemVerilog 압축된 배열 사이의 의미상 차이는 없다. 압축된 배열은 오퍼레이션과 할당 구문에 대해 표준 Verilog 벡터 규칙을 따른다. 벡터 크기가 다르면 Verilog에서 그렇듯이 압축된 배열은 왼쪽이 잘리거나 확장된다.

5.3.3 압축된 배열과 압축되지 않은 배열의 사용

압축된 배열이나 압축되지 않은 배열로 다차원 배열을 선언하는 기능은 복잡한 대용량 데이터를 어떻게 표현하는지에 아주 큰 유연성을 제공한다. 각각의 배열을 사용할 때 일반적인 약간의 가이드라인이 존재한다.

압축되지 않은 배열 사용:

- **byte**, **int**, **integer**, **real**, 압축되지 않은 구조체, 압축되지 않은 유니온 비트 타입이 아닌 다른 타입의 배열
- RAM이나 ROM 같이 한 번에 하나의 요소만 액세스되는 배열

```
module ROM (…);
  byte mem [0:4095]; // 압축되지 않은 byte 배열
  assign data = select? mem[address]: 'z;
  ...
```

압축된 배열을 사용:

- bit 타입으로 만들어진 벡터(Verilog에서와 똑같이)
- 벡터의 하위 필드를 액세스하기 유용한 벡터

```
logic [39:0][15:0] packet;

packet = input_stream;

data = packet[24];

tag = packet[3][7:0];
```

5.3.4 선언 시의 배열 초기화

압축된 배열 초기화

압축된 배열은 Verilog의 벡터와 같이 선언 시에 할당을 통해 초기화 가능하다. 할당은 상수값, 상수값의 연결, 상수값의 반복으로 할 수 있다.

```
logic [3:0][7:0] a = 32'h0;                // 벡터 할당
logic [3:0][7:0] b = {16'hz, 16'h0};       // 연결 연산자
logic [3:0][7:0] c = {16{2'b01}};          // 반복 연산자
```

위의 예제에서 {}는 Verilog의 연결 연산자를 나타낸다.

압축되지 않은 배열 초기화

압축되지 않은 배열은 배열의 각 차원에 대해 '{}를 사용해 선언 시에 초기화할 수 있다. 이 문법은 C에서 배열에 값을 할당하는 것과 비슷하지만 '가 추가된 점이 다르다. C에서처럼 내부 괄호를 생략하는 것은 SystemVerilog에서 허용되지 않는다. 할당할 때는 배열의 차원과 똑같은 만큼의 괄호를 사용해야 한다.

```
int d [0:1][0:3] = '{ '{7,3,0,5}, {2,0,1,6} };
// d[0][0] = 7
// d[0][1] = 3
// d[0][2] = 0
// d[0][3] = 5

// d[1][0] = 2
// d[1][1] = 0
// d[1][2] = 1
// d[1][3] = 6
```

SystemVerilog는 값 리스트를 선언하는데 사용하는 간단한 방법을 제공한다. 배열의 일차원용 내부 리스트는 Verilog와 비슷한 반복을 사용해 여러 번 반복할 수 있다. 반복에는 '가 사용되지 않는다.

```
int e [0:1][0:3] = { 2{7,3,0,5} };
// e[0][0] = 7
```

```
// e[0][1] = 3
// e[0][2] = 0
// e[0][3] = 5

// e[1][0] = 7
// e[1][1] = 3
// e[1][2] = 0
// e[1][3] = 5
```

압축되지 않은 배열의 초기화에는 '{}가 값의 리스트를 나타낸다. 이것은 Verilog 연결 연산자와 같지 않다. 값의 리스트에 따라 각 값은 Verilog 할당 구문과 같은 규칙에 따라 해당 요소에 할당된다. 이 말은 크기가 정해지지 않은 상수값이나 실수값이 지정될 수도 있다는 것이다.

Verilog 연결, 반복 연산자는 '없이 {}를 사용한다. 상수값이 하나의 벡터를 만들어 내기 위해 크기가 정해져 있어야 할 필요가 있다. 크기가 정해지지 않은 멤버나 실수 값은 연결과 관계 연산자에서 허용되지 않는다.

압축되지 않은 배열을 위한 초기값 지정

SystemVerilog는 압축되지 않은 배열의 모든 요소나 일부 요소에 기본값을 지정해 초기화하는 메커니즘을 제공한다. 기본값은 default 키워드를 사용해 '{} 안에 명시하면 된다. **default**와 값은 콜론(:)으로 구분된다. 배열에 할당된 값은 배열의 타입과 호환되어야 한다. 타입이 변경될 수 있으면 값은 호환이다.

```
int a1 [0:7][0:1023] = '{default:8'h55};
```

압축되지 않은 배열은 구조체의 배열이나 다른 사용자 정의 타입의 배열이 될 수 있다. 배열 내의 다른 타입을 초기화 하려면 기본값은 **default** 키워드 대신에 타입 키워드를 사용해 지정되어야 한다. 기본 할당은 지정된 타입의 변수를 찾기 위해 구조체나 유니온 내로 내려간다.

5.3.5 배열에 값 할당

압축되지 않은 배열에 값 할당

Verilog 언어는 압축되지 않은 배열에 값을 할당하는 두 가지 방법을 제공한다.

- 한 개 요소에 값 할당
- 비트 선택 혹은 부분 선택으로 값 할당(Verilog-2001 표준에 추가된 부분)

SystemVerilog는 Verilog에 두 가지 방법을 추가했다.

- 값 리스트로 전체 배열에 값 할당
- 값 리스트로 배열 조각에 값 할당

'{} 괄호 사이에 지정된 값 리스트는 5.3.4에 설명되어 있다.

```
byte a [0:3][0:3];

a[1][0] = 8'h5; // 한 요소에 할당

a = '{'{0,1,2,3},'{4,5,6,7},'{7,6,5,4},'{3,2,1,0}};
// 전체 배열에 값 리스트 할당

a[3] = '{'hF, 'hA, 'hC, 'hE};
// 배열 일부에 값 리스트 할당
```

압축되지 않은 배열에 할당되는 리스트는 **default** 키워드로 기본 할당을 지정할 수 있다. 프로시저 할당으로 배열의 특정 부분이 기본값과는 다른 값으로 할당될 수도 있다.

```
always@(posedge clock, negedge resetN)
  if (!resetN) begin
    a = {default:0};        // 배열 전체 초기화
    a[0] = {default:4};     // 배열의 일부 초기화
  end
else begin
  ...
end
```

압축된 배열에 값 할당

압축된 배열은 벡터이고 Verilog 벡터와 같이 값을 할당할 수 있으므로 압축된 배열은 다음과 같이 값이 할당될 수 있다.

- 배열의 한 요소에 할당
- 전체 배열(벡터)에 할당
- 배열 일부에 할당
- 배열 조각(여러 개의 연속된 하위 필드)에 할당

```
logic [1:0][1:0][7:0] a;    // 3차원 압축된 배열

a[1][1][0] = 1'b0;      // 한 비트 할당
a = 32'hF1A3C5E7;       // 전체 배열 할당
a[1][0][3:0] = 4'hF;  // 부분 선택 할당
a[0] = 16'hFACE;        // 조각 할당
a = {16'bz, 16'b0};     // 연결 할당
```

5.3.6 배열 복사

이 절에서는 배열에 배열을 할당하는 4가지 가능한 조합을 설명한다.

압축된 배열을 압축된 배열에 할당

압축된 배열은 다른 압축된 배열에 할당될 수 있다. 압축된 배열은 벡터로 취급되기 때문에 배열은 다른 크기, 타입일 수도 있다. 벡터에 대한 표준 Verilog 할당 규칙은 배열 크기가 맞지 않는 경우 자르거나 확장하는 것이다.

```
bit   [1:0][15:0]  a; // 32 bit 2 상태 벡터
logic [3:0][ 7:0]  b; // 32 bit 4 상태 벡터
logic [15:0]       c; // 16 bit 4 상태 벡터
logic [39:0]       d; // 40 bit 4 상태 벡터

b = a; // 32-bit 배열에 32-bit 배열 할당
c = a; // 상위 16 비트는 잘린다
d = a; // 상위 8 비트는 0이 채워진다.
```

압축되지 않은 배열을 압축되지 않은 배열에 할당

압축되지 않은 배열은 두 배열이 똑같은 개수의 차원과 요소 크기, 타입일 때만 직접 할당 가능하다. 두 배열의 요소들은 똑같이 번호가 매겨질 필요는 없다. 배열의 배치와 타입은 똑같아야만 한다.

```
logic [31:0] a [2:0][9:0];
logic [0:31] b [1:3][1:10];

a = b; // 압축되지 않은 배열의 압축되지 않은 배열에 할당
```

두 압축되지 않은 배열의 배치가 같지 않으면 할당은 비트 스트림 캐스트 연산을 사용해 이루어진다. 비트 스트림 캐스팅은 5.3.7절에 설명되어 있다.

압축된 배열에 압축되지 않은 배열 할당

압축되지 않은 배열은 직접 압축되지 않은 배열에 할당될 수 없다. 압축되지 않은 배열의 요소들이 독립적으로 저장되어 있고 그래서 벡터로 취급할 수 없기 때문에 그렇다. 그러나 압축되지 않은 배열은 비트 스트림 캐스트 연산자를 사용해 압축된 배열에 할당할 수 있다.

압축되지 않은 배열에 압축된 배열 할당

압축된 배열은 압축되지 않은 배열에 직접 할당될 수 없다. 차원이 서로 같더라도 압축된 배열은 벡터로 취급되어 각 배열 요소가 독립적으로 저장될 수 없기 때문에 그렇다. 그러나 비트 스트림 캐스트 연산자를 사용하면 가능하다.

5.3.7 비트 스트림 캐스팅을 사용한 배열, 구조체 복사

비트 스트림 캐스트는 압축되지 않은 배열을 벡터 형태의 비트들의 스트림으로 임시 변환한다. 배열의 개별 요소 구분은 사라진다. 이 임시 벡터는 다른 배열에 할당될 수 있다. 소스에 의해 표현되는 총 비트 수와 데스티네이션의 비트 수는 정확히 일치해야 한다. 그러나 각 요소의 크기는 다를 수도 있다. 비트 스트림 캐스팅은 다음과 같은 메커니즘을 제공한다.

- 압축되지 않은 배열을 압축되지 않은 배열에 다른 배치로 할당
- 압축되지 않은 배열을 압축된 배열에 할당
- 압축된 배열을 압축되지 않은 배열에 할당
- 구조를 배열에 할당
- 정해지거나 동적인 크기의 배열을 동적 크기 배열에 할당
- 구조체를 다른 배치로 다른 구조체에 할당

비트 스트림 캐스팅은 SystemVerilog의 정적 캐스트 연산자를 사용한다. 캐스팅은 **typedef**로 사용자 정의 타입으로 표현된 목적지 배열을 적어도 필요로 한다.

```
typedef int data_t [3:0][7:0];      // 압축되지 않은 타입
data_t a;                           // 압축되지 않은 배열
int b [1:0][3:0][3:0];              // 압축되지 않은 배열

a = data_t'(b); // 다른 배치의 압축되지 않은 배열에
                // 압축되지 않은 배열 할당
```

캐스트 연산은 소스 배열을 임시 벡터 표현을 변환한 후 목적지 배열의 각 요소에 비트를 할당해 이루어진다. 할당은 왼쪽에서 오른쪽으로 진행되어 소스의 제일 왼쪽 비트가 목적지 배열의 첫 요소에 할당된다. 다음 왼쪽 비트는 두 번째 요소에 할당된다. 그리고 이런 식으로 계속 진행된다.

5.3.8 배열의 배열

압축되지 않은 배열과 압축된 배열의 조합은 일반적이다. 사실 표준 Verilog 메모리 배열은 배열 타입의 혼합이다. 다음 예제는 64-bit 압축된 배열의 압축되지 않은 배열을 나타낸다.

```
logic [63:0] mem [0:4095];
```

다음 예제는 요소는 압축된 배열이고 4개의 8-bit 하위 필드로 나뉘는 32-bit 요소의 압축되지 않은 배열을 나타낸다.

```
wire [3:0][7:0] data [0:1023];
```

배열의 배열 색인

배열의 배열을 인덱싱할 때 압축되지 않은 차원은 첫 번째로 제일 왼쪽 차원부터 오른쪽으로 언급된다. 압축된 차원(벡터 필드)은 두 번째로 왼쪽부터 오른쪽 차원으로 언급된다. 그림 5-5는 압축과 비압축 다차원 배열의 혼합에서 차원이 선택되는 순서를 나타낸다.

그림 5-5 배열 색인

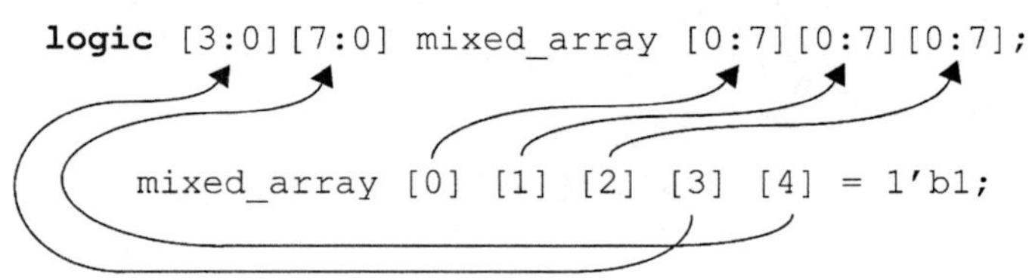

5.3.9 배열과 사용자 정의 타입

사용자 정의 타입은 배열의 요소로 사용될 수 있다. 다음 예제는 자연수를 정의해 128개의 자연수 압축되지 않은 배열을 선언한다.

```
typedef int unsigned uint;

uint u_array [0:127]; // 사용자 타입의 배열
```

사용자 정의 타입은 배열 정의에서 정의될 수도 있다. 이런 사용자 타입은 다른 배열 정의에 사용되고 복합 배열을 만들어낸다.

```
typedef logic [3:0] nibble;// 압축된 배열

nibble [31:0] big_word;      // 압축된 배열
```

위의 예는 다음 예와 동일하다.

```
logic [31:0][3:0] big_word;
```

다음 예제는 사용자 정의 타입으로부터 만들어지는 복합 배열이다.

```
typedef logic [3:0] nibble;// 압축
```

```
typedef nibble nib_array [0:3];    // 비압축

nib_array compound_array [0:7];    // 비압축
```

위의 예는 다음의 예와 동일하다.

```
logic [3:0] compound_array [0:7][0:3];
```

5.3.10 태스크나 함수로 포트를 통한 배열 전달

Verilog에서 압축된 배열은 벡터로 언급되고 1차원으로 한정된다. Verilog에서는 압축된 배열이 모듈 포트나 태스크, 함수의 입출력으로 전달될 수 있다. Verilog는 압축되지 않은 배열을 모듈 포트나 태스크, 함수로 전달하는 것을 허용하지 않는다.

SystemVerilog는 Verilog를 확장해 어떤 타입의 배열이든 어떤 차원의 배열이든 포트나 태스크, 함수의 인수로 전달할 수 있게 했다.

포트나 태스크, 함수의 인수로 배열을 전달하려면 포트나 태스크, 함수의 인수가 배열 타입으로 선언되어야 한다. 배열은 5.3.6절에 언급된 것과 같이 다른 배열에 할당될 때와 같은 규칙과 제약으로 포트를 통해 전달된다.

```
module CPU (...);
  ...
  logic [7:0] lookup_table [0:255];

  lookup i1 (.LUT(lookup_table));
  ...
endmodule

module lookup (output logic [7:0] LUT [0:255]);
  ...
  initial load(LUT);  //task call

  task load (inout logic [7:0] t [0:255]);
    ...
    int i;
    begin
      for (i=0; i<=255; i=i+1)
```

```
            t[i] = i;
        end
    endtask
endmodule
```

5.3.11 구조체와 유니온의 배열

압축/비압축 배열은 배열의 요소로 구조체나 유니온을 포함할 수 있다. 압축된 배열의 경우 구조체나 유니온이 반드시 압축되어야 한다.

```
typedef struct packed { // 압축된 구조체
    logic [31:0] a;
    logic [ 7:0] b;
} packet_t;

packet_t [23:0] packet_array; // 24개 구조체의 배열

typedef struct { // 압축 안된 구조체
    int  a;
    real b;
} data_t;

data_t data_array [23:0]; // 24개 구조체의 압축 안된 배열
```

5.3.12 합성 가이드라인

배열과 배열의 할당은 합성 가능하다.

- 배열 선언 – 압축/비압축 배열 모두 합성 가능. 배열은 아무런 차원이든 가질 수 있다.
- 배열에 값 할당 – 합성은 배열의 개별 요소, 배열 요소의 비트 선택 혹은 부분 선택, 배열 조각 또는 전체 배열에 대한 값 할당을 지원한다. 배열에 대한 상수값들의 리스트 할당은 **default** 키워드를 사용해야 한다.
- 배열 복사 – 합성은 압축 배열이 압축 배열에 직접 할당되는 것을 지원한다. 또 합성은 비압축 배열이 같은 배치의 비압축 배열에 할당되는 것을 지원한다. 어떤 타입의 배열이 어떤 타입의 배열에 비트 스트림 캐스팅으로 할당되는 것은 합성 가능하다.

- 구조체와 유니온 내의 배열 – 구조체나 유니온 내에서 배열을 사용하는 것은 합성 가능하다. 유니온은 반드시 압축되어야 하고 이 말은 유니온 내의 배열이 압축되어야만 한다는 말이다.
- 구조체와 유니온의 배열 – 구조체와 유니온의 배열은 합성 가능하다(유니온은 압축되어야만 한다). 구조체나 유니온은 **typedef**를 사용해 타입화 되어야 한다.
- 배열 전달 – 모듈 포트나 태스크, 함수의 인수로 전달되는 배열은 합성 가능하다.

5.3.13 배열 사용 예제

다음 예제는 32개 인스트럭션의 압축된 배열을 사용하는 인스트럭션 레지스터의 예제이다. 각 인스트럭션은 압축된 구조체로 나타내지는 복합 값이다. 인스트럭션 내의 오퍼랜드는 유니온으로 나타내져 부호가 있고/없을 수 있다. 인트스럭션 레지스터로의 입력은 구분된 오퍼랜드, opcode, 부호는 나타내는 플래그이다. 모델은 이런 구분된 조각을 읽어 인스트럭션 레지스터에 넣는다. 모델의 출력은 32개 인스트럭션의 배열이다.

예제 5-2 인스트럭션 레지스터를 모델링 하는데 사용된 구조체 배열

```
package definitions
  typedef enum {ADD, SUB, MULT, DIV, SL, SR} opcode_t;

  typedef enum {UNSIGNED, SIGNED} operand_type_t;

  typedef union packed {
    logic [31:0]      u_data;
    logic signed [31:0] s_data;
  } data_t;

  typedef struct packed {
    opcode_t       opc;
    operand_type_t   op_type;
    data_t         op_a;
    data_t         op_b;
  } instr_t;
```

```
endpackage

import definitions::*;

module instruction_register (
   output instr_t  [0:31] instr_reg, // 구조체의 압축된 배열
   input  data_t          operand_a,
   input  data_t          operand_b,
   input  operand_type_t  op_type,
   input  opcode_t        opcode,
   input  logic [4:0]     write_pointer
);

   always@(write_pointer) begin
      instr_reg[write_pointer].op_type = op_type;
      instr_reg[write_pointer].opc     = opcode;

      // op_type을 사용해 입력 오퍼랜드 유니온에 저장되는
      // 오퍼랜드 데이터 타입을 정한다.
      if (op_type == SIGNED) begin
         instr_reg[write_pointer].op_a.s_data = operand_a.s_data;
         instr_reg[write_pointer].op_b.s_data = operand_b.s_data;
      end
      else begin
         instr_reg[write_pointer].op_a.u_data = operand_a.u_data;
         instr_reg[write_pointer].op_b.u_data = operand_b.u_data;
      end
   end
endmodule
```

5.4 foreach 배열 반복 구문

SystemVerilog는 배열의 각 차원 크기를 지정하지 않고도 다차원 배열의 모든 요소에 대해 반복하는 **foreach** 루프를 추가했다. **foreach** 루프의 인수는 배열 이름과 컴머(,)로 구분되는 루프 변수, 그리고 괄호로 이루어진다. 각 루프 변수는 배열의 차원 하나 씩에 대응된다.

```
int sum [1:8] [1:3];

foreach (sum[i, j])
   sum[i][j] = i + j; // 배열 초기화
```

루프 변수의 배열 인덱스에 대한 매핑은 차원 개수에 의해 결정된다. 다중 루프 변수는 주어진 인덱스들에 대해 반복하도록 중첩된 루프(nested loop)를 생성한다. 위의 예제에서는 바깥쪽 루프는 i에 대해 반복하고 안쪽 루프는 j에 대해 반복한다.

배열의 각 차원에 대해 루프 변수를 지정할 필요 없다. 차원은 변수 이름을 쓰지 않고 컴머를 두 개 사용해 변수 위치를 나타내 넘어갈 수 있다. 빈 루프 변수는 그 차원에 대해서는 반복하지 않는 것을 의미한다. 변수 리스트의 끝까지 루프 변수가 비게 되면 이후 컴머는 생략 가능하다.

다음의 예제는 128-bit 벡터 내의 각 바이트의 체크 비트를 생성하는 함수를 보여준다. 벡터가 16개의 8-bit 요소인 2차원 배열로 표현된다. **foreach** 루프는 하나의 변수만을 지정했고 첫 번째 차원에 대해서만 반복한다.

```
function [15:0] gen_crc (logic [15:0] [7:0] d);
      foreach (gen_crc[i])
        gen_crc[i] = ^d[i];
endfunction
```

루프 변수들은 자동이고 읽기 전용이고 루프에 대해 로컬 변수이다. 각 루프 변수의 타입은 배열 인덱스를 나타내는데 문제가 없도록 선언된다고 암시되므로 이 책에 있는 배열 타입에 대해서는 **int** 타입이 될 것이다(SystemVerilog는 연상 배열(associative array)을 가지고 있는데 이 배열에 대해서는 다른 타입을 사용할 수도 있다. 연상 배열은 합성 불가능하다).

5.5 배열 쿼리 시스템 함수

SystemVerilog는 몇 개의 배열에 사용하는 시스템 함수를 추가했다. 이 시스템 함수는 어떤 크기의 배열과도 사용 가능한 검증 루틴을 작성할 수 있도록 해준다. 추상화 모델에서 유용하다.

```
$dimensions(array_name)
```

- 배열의 차원 개수를 반환한다(오브젝트가 배열이 아니면 0을 반환한다)

```
$left(array_name, dimension)
```

* 지정된 차원의 MSB 번호를 반환한다. 차원의 번호는 1부터 시작하고 제일 왼쪽의 압축되지 않은 차원부터 시작한다. 제일 오른쪽 차원 후에는 제일 왼쪽을 계속한다. 다음 배열에 대해

```
logic [1:2][7:0] word [0:3][4:1];

$left(word, 1)은 0을 반환
$left(word, 2)은 4를 반환
$left(word, 3)은 1을 반환
$left(word, 4)는 7을 반환
```

```
$right(array_name, dimension)
```

- 지정된 차원의 LSB 번호를 반환한다. 차원 번호는 $left와 같은 식으로 동작한다.

```
$low(array_name, dimension)
```

- 지정된 차원의 최하위 비트 번호를 반환한다. $left와 같은 식으로 차원 번호는 다루어진다. 다음 배열에 대해

```
logic [7:0] word [1:4];

$low(word, 1)은 1을 반환
$low(word, 2)는 0을 반환
```

```
$high(array_name, dimension)
```

- 지정된 차원의 최상위 비트 번호를 반환한다. $left와 같은 식으로 차원 번호는 다루어진다.

```
$size(array_name, dimension)
```

- 지정된 차원의 전체 요소 개수를 반환한다($high - $low + 1과 같다). 차원 번호는 $left와 같은 식으로 동작한다.

```
$increment(array_name, dimension)
```

- $left가 $right보다 크거나 같으면 1을, $left가 $right보다 작으면 -1을 반환한다. 차원 번호는 $left와 같은 식으로 동작한다.

다음 코드 일부는 이 특별한 배열 시스템 함수가 각 차원의 크기를 하드 코딩하지 않고도 배열을 증가시키는데 사용되는 것을 보여준다.

```
logic [3:0][7:0] array [0:1023];

int d = $dimensions(array);
if (d > 0) begin
  for (int j = $right(array, 1);
    j != ($left(array, 1) + $increment(array ,1));
    j += $increment(array, 1))
  begin
    ...
  end
end
```

이 예제에서

```
$right(array, 1)은 1023을 반환한다.
$left(array, 1)은 0을 반환한다.
$increment(array, 1)은 -1을 반환한다.
```

그래서 **for** 루프는 다음과 같이 확장된다.

```
for (int j = 1023; j != -1; j+= -1)
  begin
    ...
  end
```

위 예제는 **foreach** 루프를 써서 구현될 수도 있다.

```
foreach (array[j])
  begin
    ...
  end
```

전체 차원에 대해 반복할 때, 그리고 루프 차원의 전체 개수를 알고 있을 때 **foreach** 루프는 배열 쿼리 시스템 함수를 사용하는 것보다 간단하고 직관적이다. 배열 쿼리 함수의 이점은 배열이 어떻게 선언되었는지, 얼마나 많은 차원을 가지고 있는지에 대한 더 많은 정보를 제공한다는 것이다. 이런 정보는 어떤 차원의 일부를 반복하는데 사용된다.

합성 가이드라인

배열 쿼리 함수는 배열이 고정 크기이고 차원 번호가 상수이거나 전혀 지정되지 않은 경우에 한해 합성 가능하다. 합성 컴파일러가 시스템 태스크나 함수의 사용법을 지원하지 않는다는 일반 규칙의 예외이다. **foreach** 루프 또한 배열이 고정 크기이면 합성 가능하다.

5.6 $bits "sizeof" 시스템 함수

SystemVerilog는 어떤 표현이 얼마나 많은 비트로 표현되는지 나타내는 $bits 시스템 함수를 추가했다. 표현은 어떤 타입의 값이든 포함할 수 있다. $bits의 문법은 다음과 같다.

```
$bits(expression)
```

$bits에 대한 예는 다음과 같다.

```
bit   [63:0]  a;
logic [63:0]  b;
wire  [3:0][7:0] c [0:15];
struct packed {byte tag; logic [31:0] addr;} d;
```

- $bits(a)는 64를 반환
- $bits(b)는 64를 반환
- $bits(c)는 512를 반환
- $bits(d)는 40을 반환
- $bits(a+b)는 128을 반환

합성 가이드라인

$bits 시스템 함수는 **$bits**의 인수가 동적 크기 배열이 아니면 합성 가능하다. **$bits**의 반환 값은 정교화 때 정적으로 정해진다. 그래서 합성 때는 간단한 상수값으로 취급된다.

5.7 동적 배열, 연상 배열, 희소 배열 그리고 문자열

SystemVerilog는 Verilog에 동적 배열 타입을 추가했다.

- 동적 배열
- 연상 배열
- 희소 배열
- 문자열(문자 배열)

동적 크기 배열은 합성 가능하지 않고 검증 루틴과 추상화의 아주 높은 레벨에서 모델링하기 위한 용도이다. 이 책의 초점은 SystemVerilog로 합성 가능한 모델을 작성하는 것이므로 이런 배열 타입은 다루지 않는다. 더 자세한 내용은 SystemVerilog for Verification을 참조하기 바란다.

5.8 요약

SystemVerilog는 하나의 엔티티로 복합 데이터 세트를 표현할 수 있는 기능을 추가했다. 구조체는 하나의 오브젝트에 변수들을 감싸게 해준다. 구조체는 전체를 언급 가능하다. 구조체 내의 멤버들은 이름을 언급 가능하다. 구조체는 압축되어 하나의 벡터로 취급된다. SystemVerilog 유니온은 추상화 레벨에서 저장된 값이 어떤 변수 타입으로든 표현될 수 있는 하나의 저장소를 모델링하는 방법을 제공한다.

SystemVerilog는 Verilog 배열을 여러 가지 방법을 확장했다. SystemVerilog에

서 배열은 전체로 값이 할당될 수 있다. 배열 전체 혹은 배열 조각이 다른 배열로 복사될 수 있다. 기본 Verilog 벡터 선언은 압축된 배열 형태로 다차원을 허용하도록 확장됐다. 압축된 배열은 근본적으로 여러 하위 필드를 갖는 벡터이다. SystemVerilog는 또한 몇몇 새로운 배열 쿼리 시스템 함수를 제공해 배열의 특성을 선언하는데 사용할 수 있다.

Chapter 06

SystemVerilog 프로시저 블록, 태스크와 함수

Verilog 언어는 일반적인 목적의 **always**라 불리고 다양한 하드웨어 타입과 검증 루틴을 모델링하는데 쓰이는 프로시저 블록을 제공한다. 일반적인 목적의 **always** 프로시저 블록을 사용하면 디자인 목적이 명확히 드러나지 않는다.

SystemVerilog는 디자이너의 의도를 명확하게 나타내는 하드웨어 타입 특수 프로시저 블록을 추가해 Verilog를 확장했다. 일반 용도의 **always** 프로시저 블록의 모호함을 없애 시뮬레이션, 합성, 포멀 체커, lint 체커 그리고 다른 EDA 소프트웨어 툴이 아주 큰 정확도로, 다른 툴 사이에 아주 큰 일관성으로 작업들을 수행할 수 있다.

SystemVerilog는 또한 Verilog 태스크와 함수에 몇몇 개선을 제공한다. 이 개선 중 일부는 Verilog HDL을 사용하기 쉽게 하고 나머지는 태스크나 함수를 사용해 크고 복잡한 디자인을 모델링하는 힘을 대체로 향상시킨다.

이 장에서 다룰 내용은 다음과 같다.

- 조합 논리 프로시저 블록
- 래치 로직 프로시저 블록
- 순차 논리 프로시저 블록
- 태스크와 함수 개선

6.1 Verilog 일반 용도 always 프로시저 블록

Verilog **always** 프로시저 블록은 루프 내의 구문들을 반복 실행하는 무한 루프이다. 시뮬레이션 시의 진행을 위해서 루프는 시간 컨트롤 또는 이벤트 컨트롤 타입을 포함하고 있어야만 한다. 이는 **#**으로 표현되는 정해진 지연, **wait** 키워드로 나타내어져 표현이 참이 될 때까지의 지연 혹은 @로 나타내어지는 표현이 값을 변경할 때까지 지연으로 이루어진다. Verilog의 일반 용도 **always** 프로시저 블록은 여러 개의 시간 컨트롤, 이벤트 컨트롤을 가질 수 있고 컨트롤은 프로시저 블록의 아무데나 위치할 수 있다.

다음 예제는 이런 시간, 이벤트 컨트롤을 보여준다. 예제는 문법적으로 맞지만 올바른 합성 모델 가이드라인을 따르지 않는다.

infinite loop

```
always
  begin
    wait (resetN == 0) // level-sensitive delay
    @(negedge clock)   // edge-sensitive delay
      #2 t <= d;       // time-based delay
    @(posedge clock)
      #1.5 q <= t;
  end
```

Sensitivity List

always 프로시저 블록의 시작에 있는 에지 감응(edge sensitive) 이벤트 컨트롤은 그 프로시저 블록의 감응 리스트(sensitivity list)라 한다. 에지 감응 이벤트 컨트롤이 만족될 때까지 프로시저 내의 구문이 실행되지 않기 때문에 전체 블록은 이벤트 컨트롤에 나열된 시그널 상의 변화에 민감하게 된다. 다음 예제에서 프로시저 블록 내 구문의 실행은 a와 b의 변화에 민감하다.

```
always @(a, b)  // 감응 리스트
  begin
    sum = a + b;
    diff = a ? b;
    prod = a * b;
  end
```

always 프로시저 블록의 일반 용도 사용

Verilog **always** 프로시저 블록은 일반 용도 모델링에 사용된다. RTL 레벨에서 **always** 프로시저 블록은 조합 논리(combinational logic), 래치 논리(latched logic), 순차 논리(sequential logic)를 모델링 하는데 사용된다. 더 추상 모델링 레벨에서는 **always** 프로시저 블록이 여러 클록 동안 데이터에 대해 여러 동작을 하는 스테이트 머신과 같은 것의 동작에 대한 자세한 구현없이 알고리듬 로직(algorithmic logic)을 모델링하는데 사용할 수도 있다. 같은 일반 용도 **always** 프로시저 블록이 클록 발진기를 모델링하기 위한 테스트벤치나 검증 프로세스 동안 계속 사용되는 검증 태스크를 만드는데 사용되기도 한다.

always 프로시저 블록으로부터 구현을 추론하기

일반 용도 **always** 프로시저 블록의 다중 기능 역할은 합성 컴파일러나 형식 검증 툴 같은 소프트웨어 툴에는 상당한 부담이다. 이런 툴들은 프로시저 블록 내의 구문을 실행하기에 충분하지 않다. 합성 컴파일러나 형식 검증 툴은 어떤 종류의 하드웨어 타입이 표현됐는지 추론해야 한다. 알맞은 하드웨어 구현 타입을 추론하려면 합성 컴파일러나 형식 검증 툴은 프로시저 블록 내의 구문과 이벤트 컨트롤을 시험해봐야만 한다.

다음의 **always** 프로시저 블록은 문법적으로 맞지만 합성 불가능하다. 프로시저 블록은 컴파일 에러나 런타임 에러없이 컴파일되고 시뮬레이션 되겠지만 기능이 디자이너가 조합 논리를 모델링하려 했는지 순차 논리인지, 래치 논리인지 명확하게 나타나 있지 않아 합성 컴파일러나 형식 검증 툴에서는 에러가 발생할 것이다.

```
always @(posedge clock) begin
  wait (!resetN)
  if (mode) q1 = a + b;
  else q1 = a ?b;
  q2 <= q1 | (q2 << 2);
  q2++;
end
```

이 예제가 어떻게 하드웨어로 구현되는지 정하기 위해 합성 컴파일러와 형식 검증 툴은 코드 로직의 동작을 시험하고 언제 각 구문이 실행되고 언제 각 변수가 업데이트되는지 정해야 한다. 이런 툴들이 고려해야 할 몇 가지는 다음과 같다.

- 감응 리스트로부터 어떤 하드웨어 타입이 추론되는가?
- **if…else**나 **case** 결정으로부터 무엇이 추론되는가?
- 할당 구문과 이런 구문 내의 연산자로부터 무엇이 추론되는가?
- **always** 프로시저 블록의 각 루프에서 이 프로시저 블록이 모든 변수를 업데이트 하는가? 이 말은 래치 동작을 의미하는 프로시저 블록 기능 내에 어떤 저장소가 존재하는가?와 같다.
- 실제 변수를 업데이트하지 않는 프로시저 블록 내에 할당 구문이 있는가? (앞의 예제에서 q2++ 구문은 이전 줄이 논블록킹 할당이고 ++ 연산 후의 q2를 업데이트 하기 때문에 실제 q2를 증가시키지 않는다.)
- 같은 모듈 내의 다른 곳에 있는 다른 프로시저 블록이 이 프로시저 블록에서 값을 쓰는 변수에 영향을 주는가?

일반 용도 **always** 프로시저 블록에서 어떤 하드웨어가 추론되는지에 대한 모호함을 줄이기 위해 합성 컴파일러는 **always** 블록에 몇 가지 제약사항과 가이드라인을 두었다. 합성 규칙은 Verilog 레지스터 전달 레벨 합성에 대한 IEEE 1364.1 표준에 있다. 이런 제약사항과 가이드라인 중 중요한 몇 가지는 다음과 같다.

- **always** 키워드는 에지 감응 이벤트 컨트롤(@ 토큰)이 뒤에 있어야만 한다.
- 이벤트 컨트롤의 감응 리스트는 **posedge**나 **negedge** 수식어를 담을 수 없다.
- 감응 리스트는 프로시저 블록의 입력을 모두 담고 있어야 한다. 입력은 프로시저 블록에서 읽혀져서 이 프로시저 블록 바깥에서 그 값을 얻는 시그널을 의미한다.
- 프로시저 블록은 다른 이벤트 컨트롤을 가질 수 없다.
- 프로시저 블록 내에서 쓰여지는 모든 변수는 모든 가능한 입력 조건을 위해 업데이트 되어야 한다.
- 프로시저 블록 내에서 쓰여지는 어느 변수는 다른 프로시저 블록에서 쓰여져서는 안 된다.

일반 용도 **always** 프로시저 블록으로 래치 로직을 표현하기 위해서는 다음과 같은 제약사항이 있다.

- **always** 키워드 뒤에는 에지 감응 이벤트 컨트롤(@ 토큰)이 와야 한다.
- 이벤트 컨트롤의 감응 리스트는 **posedge**, **negedge** 수식어를 담을 수 없다.
- 감응 리스트는 프로시저 블록의 모든 입력을 포함해야 한다. 입력은 프로시저 블록에서 읽혀져 이 프로시저 블록 바깥에서 그 값을 얻는 시그널을 의미한다.
- 프로시저 블록은 다른 이벤트 컨트롤을 가질 수 없다.
- 프로시저 블록 내에서 쓰여지는 변수는 다른 프로시저 블록에서 쓰여져서는 안 된다.

순차 로직을 위한 제약사항은 다음과 같다.

- **always** 키워드 뒤에는 에지 감응 이벤트 컨트롤(@ 토큰)이 와야 한다.
- 이벤트 컨트롤 감응 리스트의 모든 시그널은 **posedge**, **negedge** 수식어를 가져야 한다.
- 프로시저 블록은 다른 이벤트 컨트롤을 가질 수 없다.
- 프로시저 블록 내에서 쓰여지는 변수는 다른 프로시저 블록에서 쓰여져서는 안 된다.

Verilog **always** 프로시저 블록은 일반 용도 프로시저 블록이다. 시뮬레이션 툴은 **always** 프로시저 블록이 합성 컴파일러에 의해 부과된 문맥에만 있지 않게 여러 방식으로 사용되도록 허용해야 한다. 시뮬레이션과 합성은 **always** 프로시저 블록에 대해 같은 의미의 규칙을 시행하지 않으므로 디자이너가 제약 사항이나 가이드라인을 따르지 않으면 시뮬레이션과 합성에서 서로 다른 결과를 낳게 된다.

6.2 SystemVerilog 특화 프로시저 블록

SystemVerilog는 세 개의 특화된 프로시저 블록을 추가해 Verilog의 일반 용도 **always** 프로시저 블록으로 하드웨어를 모델링할 때의 모호함을 줄였다. **always_comb**, **always_latch**, **always_ff**가 그것이다.

이 특화된 프로시저 블록은 **always**와 같은 무한 루프이다. 그러나 모델링 스타일이 IEEE 1364.1 합성 표준과 호환되도록 하는 문법, 문맥 규칙을 추가했다. 이 특화된 프로시저 블록들은 합성 가능한 RTL 로직을 모델링하기 위해 사용된다.

특화된 **always_comb**, **always_latch**, **always_ff** 프로시저 블록은 디자인 의도를 보여준다. 소프트웨어 툴은 일반 용도 **always** 프로시저 블록에서 해야만 하는 것 같이 디자이너가 무엇을 의도하는지 문맥으로부터 추론할 필요가 없다. 특화 프로시저 블록의 내용이 로직의 타입과 맞지 않는다면 소프트웨어 툴은 경고 메시지를 발생할 수 있다.

always_comb, **always_latch**, **always_ff** 프로시저 블록을 사용해서 엔지니어는 소프트웨어 툴과 리뷰하고 관리하는 다른 엔지니어를 위해 명확하게 문서화되도록 해준다. 그러나 SystemVerilog 소프트웨어 툴이 **always** 프로시저 블록의 지정된 타입과 프로시저 블록의 내용이 맞는지 검증할 필요는 없다. 프로시저 블록의 내용에 대한 경고 메시지는 선택적이다.

6.2.1 조합 논리 프로시저 블록

always_comb 프로시저 블록은 조합 논리를 모델링하기 위한 용도로 쓰인다.

```
always_comb
  if (!mode)
    y = a + b;
  else
    y = a ? b;
```

일반 용도 **always** 프로시저 블록과 달리 **always_comb**에는 감응 리스트가 필요없다. 조합 논리 감응 리스트는 소프트웨어 툴의 의도가 조합 논리임을 알고 있기 때문에 자동으로 추론된다. 추론된 감응 리스트는 시그널의 값이 프로시저 블록 바깥에서 오는 프로시저 블록에서 읽혀지는 모든 시그널에 포함된다. 값이 할당되기만 하고 프로시저 블록 내에서만 읽히는 임시 변수는 감응 리스트에 포함되지 않는다. SystemVerilog는 또한 임시 변수를 제외한 프로시저 블록에서 불리는 함수에 의해 읽혀지는 모든 시그널을 포함한다. 비트 선택, 부분 선택, 배열 인덱싱의 감응을 나타내는 규칙은 SystemVerilog LRM에 설명되어 있다.

always_comb의 문맥 규칙이 표준화 되어 있기 때문에 모든 소프트웨어 툴은 같은 감응 리스트를 만들어 낸다. 이 것은 일반 용도 **always** 프로시저 블록에서 디자이너가 부주의해 잘못 지정한 감응 리스트 때문에 발생할 수 있는 서로 맞지 않는 리스크를 없애준다.

always_comb 프로시저 블록에서 값을 할당받는 변수는 다른 프로시저 블록에서 쓰여지면 안 된다. 이 제약은 조합 논리처럼 동작하지 않는 공유 변수 사용의 형태를 막아준다. 이 제약은 합성 가이드라인과 잘 맞고 모든 소프트웨어 툴이 같은 결과를 낳도록 보증한다.

모호하지 않은 디자인 의도

always_comb의 중요한 이점은 **always_comb**를 사용하면 디자이너의 의도를 명확하게 나타낼 수 있다는 것이다. 소프트웨어 툴은 더 이상 프로시저 블록의 내용을 시험해 디자이너가 어떤 타입의 로직을 의도했는지 알아낼 필요없다. 대신 명확하게 언급된 프로시저 블록의 의도로 소프트웨어 툴은 내용을 시험하고 그 내용이 조합 논리를 나타내지 않는 경우만 경고를 발생하면 된다.

일반 용도 **always** 프로시저 블록이 사용된 다음 예제에서는 소프트웨어 툴이 디자이너가 어떤 타입의 로직을 의도했는지 알 수 없는 것을 보여준다. 소프트웨어 툴은 조합 논리 대신에 래치 로직을 추론해 낼 것이다.

```
always @(a, en)
  if (en) y = a;
```

SystemVerilog에서 같은 예제는 다음과 같이 쓰여질 수 있다.

```
always_comb
  if (en) y = a;
```

소프트웨어 툴은 **always_comb** 키워드로부터 디자이너가 조합 논리는 모델링하려 한 것을 알 수 있고 프로시저 블록의 기능을 하드웨어로 실현하려면 래치가 필요하다는 경고를 만들어낼 것이다.

위의 예제를 제대로 된 방식으로 조합 논리로 모델링하려면 **else**를 넣어 y가 모든 en 조건에 대해 업데이트 되도록 한다. 만약 en이 거짓일 때 y가 업데이트

되지 않도록 하려면 6.2.2절에 언급된 **always_latch** 프로시저 블록을 사용해야만 한다.

내용이 프로시저 블록의 타입과 맞는지 검사하는 것은 IEEE SystemVerilog 표준에서는 선택적이다. 어떤 합성 컴파일러와 같은 소프트웨어 툴은 이 검사를 대부분 실행한다. 시뮬레이터와 같은 다른 툴들은 이런 검사를 아마도 하지 않는다.

시간 0에서 자동 평가

always_comb 프로시저 블록은 시뮬레이션 시간 0에서 자동적으로 한 번 트리거 되고 이후에 모든 **initial**과 **always** 프로시저 블록이 활성화 된다는 것이 일반 **always** 프로시저 블록과 다르다. 추론된 감응 리스트 내의 시그널에 어떤 변화가 있든 없든 이 자동 평가는 발생한다. **always_comb**의 이런 특별한 문맥은 조합 논리의 출력이 시뮬레이션 시간 0에서 입력된 값과 일치하는 것을 보증한다. 시간 0에서의 자동 평가는 기본 로직 0으로 시뮬레이션이 시작되는 2 상태 변수로 모델링할 때 특별히 중요하다. 리셋은 조합 논리 감응 리스트 내의 시그널에 대한 이벤트를 발생시키지 않을 수도 있다. 이벤트가 발생하지 않는다면 일반 용도 **always** 프로시저 블록은 트리거 되지 않고 출력 변수는 업데이트 되지 않는다.

다음 예제는 **always_comb**와 일반 용도 **always** 프로시저 블록의 차이점에 대해 나타낸다. 간단한 유한한 스테이트 머신을 나타내고 WAITE, LOAD, STORE의 상태가 존재한다. 스테이트 머신이 리셋되면 WAITE 상태로 돌아간다. 스테이트 머신의 조합 논리는 현재 상태를 디코딩해 현재 상태가 WAITE면 다음 상태를 LOAD로 변경한다. clock의 상승 에지에서 상태 순차 로직은 State 변수를 NextState 변수의 값으로 세트한다.

예제 6-1은 Verilog의 일반 용도 **always** 프로시저로 만들어진 스테이트 머신이다.

예제 6-1 always 프로시저 블록을 사용하는 스테이트 머신

```
module controller (output logic  read, write,
                   input  instr_t instruction,
                   input  wire    clock, resetN);

  enum {WAITE, LOAD, STORE} State, NextState;

  always @(posedge clock, negedge resetN)
    if (!resetN) State <= WAITE;
    else State <= NextState;

  always @(State)    // ← State값이 바뀌어야만 트리거 됨
    case (State)
      WAITE:  NextState = LOAD;
      LOAD:   NextState = STORE;
      STORE:  NextState = WAITE;
    endcase

  always @(State, instruction) begin
    read = 0; write = 0;
    if (State == LOAD && instruction == FETCH)
      read = 1;
    else if (State == STORE && instruction == WRITE)
      write = 1;
  end
endmodule
```

예제 6-1에는 시뮬레이션 상의 모호한 점이 있다. 시뮬레이션 시간 0에서 열거형 타입은 열거형 타입의 기본 타입의 기본값으로 초기화된다. 다른 식으로 명확하게 선언되지 않는 한 기본 타입은 2 상태 **int** 타입이다. **int** 타입의 초기값은 0이고 열거형 값의 WAITE와 같은 값이다. 그래서 State와 NextState 모두 WAITE로 초기화 된다. clock의 상승 에지에서 상태 순차 논리는 State를 NextState의 값으로 세트하고 두 상태의 값이 같으므로 실제 State는 변화되지 않는다. State에 변화가 없으므로 **always** @(State) 프로시저 블록은 트리거 되지 않는다. 그리고 NextState 변수는 새로운 값으로 업데이트 되지 않는다. State와 NextState 변수가 같은 값을 가지기 때문에 시뮬레이션은 고정되어 버리고, 이 문제는 리셋이 발생해도 계속된다. 리셋은 State를 WAITE

로 세트하지만 현재 값과 같기 때문에 **always** @(State) 프로시저 블록은 트리거되고 문제는 계속된다.

이 고정된 시뮬레이션이 이상하게 되도록 한다. 이런 문제는 실제 하드웨어나 하드웨어의 게이트 레벨 모델에서는 존재하지 않는다. 실제 하드웨어에서는 조합 논리의 출력은 입력을 반영한다. 만약 하드웨어 디코더의 입력이 WAITE라면 출력은 NextState의 값인 LOAD가 될 것이다. 그러나 추상 RTL 시뮬레이션에서는 시뮬레이션 시간 0에서 아무 것도 발생하지 않기 때문에 NextState가 입력을 제대로 반영하지 못한다.

예제 6-2는 예제 6-1에 대한 변경이다. **always** @(State)가 **always_comb**로 대체됐다. **always_comb** 프로시저 블록은 블록 내에서 읽혀지는 모든 외부 변수의 감응 리스트를 추론한다. 이 예제에서는 State이다. 그래서 **always_comb**는 예제 6-1과 같은 감응 리스트를 추론하게 된다.

감응 리스트가 같더라도 **always_comb**와 **always** @(State) 사이에는 중요한 차이점이 있는데 **always_comb** 프로시저 블록은 시뮬레이션 시간 0에서 자동적으로 한 번 실행된다는 것이다. 이 예제에서는 시뮬레이션 시간 0에서 **NextState**가 State의 값을 반영해 업데이트 될 것이다. clock의 첫 상승 에지에서 State가 NextState로 변경되므로 **always_comb** 프로시저가 트리거되어 NextState가 업데이트 된다. **always_comb**를 사용해 예제 6-1에서 발생하는 시뮬레이션 잠김은 발생하지 않는다.

예제 6-2 always_comb 프로시저 블록을 사용하는 스테이트 머신

```
module controller (output logic   read, write,
                   input  instr_t instruction,
                   input  wire     clock, resetN);

  enum {WAITE, LOAD, STORE} State, NextState;

  always @(posedge clock, negedge resetN)
    if (!resetN) State <= WAITE;
    else State <= NextState;

  always_comb begin    <------  트리거 되지 않아도 시간 0에서 자동
                                으로 한 번 실행된다
```

```
      case (State)
         WAITE:  NextState = LOAD;
         LOAD:   NextState = STORE;
         STORE:  NextState = WAITE;
      endcase
   end

   always_comb begin
      read = 0; write = 0;
      if (State == LOAD && instruction == FETCH)
         read = 1;
      else if (State == STORE && instruction == WRITE)
         write = 1;
   end
endmodule
```

always_comb 대 always @*

Verilog-2001 표준은 @ 이벤트 컨트롤에 와일드카드를 지정하는 기능을 추가했다. @* 또는 @(*)이다. 와일드카드의 주 의도는 리스트 내의 모든 시그널을 지정하지 않고 조합 로직 감응 리스트를 모델링할 수 있게 하는 것이다.

```
always @*
   if (!mode)
      y = a + b;
   else
      y = a ? b;
```

Verilog의 @*로 추론된 감응 리스트는 조합 논리의 복잡한 프로시저 블록을 간단히 모델링 하도록 해준다. 그러나 @*는 합성 가능한 조합 논리 모델링 가이드라인을 따르는 일반 용도 **always** 프로시저 블록의 내용을 필요로 하지 않는다.

특화된 **always_comb** 프로시저 블록은 조합 논리 감응 리스트를 추론하고 다른 프로시저 블록에서 같은 변수값을 쓰는 것을 막아 조합 논리 동작을 보증한다. 게다가 @* 감응 리스트는 추론된 리스트 중 하나라도 변경되어야만 트리거 되지만 **always_comb**는 시간 0에서 자동으로 실행되어 입력 값에 상응하는 출력 값을 보증한다. 이런 차이점은 예제 6-1과 예제 6-2에 나타나 있다.

@ 이벤트 컨트롤은 프로시저 블록의 시작과 프로시저 블록 내의 지연 실행에 사용된다. 합성 가이드라인은 프로시저 블록 내의 조합 이벤트 컨트롤을 지원하지 않는다. @*은 단지 이벤트 컨트롤 리스트 내의 시그널을 추론하기 위해 와일드카드를 사용한 이벤트 컨트롤일 뿐이다. 합성 불가능하지만 프로시저 블록 내에 @*를 사용할 수도 있다.

@*와 **always_comb** 사이의 다른 중요한 구별은 추론된 감응 리스트 내에 있다. Verilog 표준은 @*이 @*뒤에 나오는 구문이나 구문 그룹에서 읽혀지는 모든 변수에 대해 감응을 추론할 것이란 것을 정의한다. 프로시저 블록의 처음에 사용되면 프로시저 블록 내에서 읽혀지는 모든 시그널에 대해 감응을 추론하고 프로시저 블록이 함수를 부르면 @*는 태스크/함수 콜의 인수에 대해서만 감응을 추론한다.

큰 디자인에서의 공통 문제는 조합 프로시저 블록 내의 많은 코드가 성가시게 된다. 조합 프로시저 블록의 크기가 너무 커지지 않게 하기 위해서는 로직을 여러 프로세스 블록으로 나누어야 한다. 그러나 이렇게 나누면 많은 시그널이 여러 프로시저 블록을 통해 전달되는 뒤얽힌 스파게티 코드를 만들어 낼 수 있다. 다른 해결 방법은 하나의 프로시저 블록 내의 조합 논리로 유지하되 함수를 사용해 작은 하위 블록으로 쪼개는 것이다. 이것은 조합 프로시저 블록 내에서 코드를 구조화 하는 효과적인 방법이다.

Verilog @*은 함수가 큰 조합 논리 블록을 구조화 하는데 사용될 때 완전한 감응을 추론해내지 못할 수도 있다. **always** @*로 추론된 감응 리스트는 **always** 프로시저 블록에 의해 읽혀지는 시그널을 볼 뿐이다. 프로시저 블록에 의해 불리는 함수 내로부터 읽혀지는 시그널에 대한 감응은 추론되지 않는다. 그래서 각 함수 콜은 함수의 입력으로 읽혀지는 모든 시그널을 나열해야만 한다. 그리고 각 함수 정의는 형식적인 입력 인수로써의 시그널들을 모두 나열해야만 한다. 이 모델링 스타일 제약은 합성 제약사항은 아니다. 이것은 단지 @*의 제한 때문에 필요한 것이다. 디자인이 개발됨에 따라 함수에 의해 사용되는 시그널은 바뀌어야 하고 이 변경은 함수 인수 리스트 안과 함수가 불려지는 곳 모두에서 만들어져야만 한다. 이 추가 코딩과 코드 관리는 큰 조합 논리 프로시저 블록에 함수를 사용하는 이점을 감소시킨다.

SystemVerilog의 **always_comb** 프로시저 블록은 @*의 이런 제약사항을 제거

한다. **always_comb** 프로시저 블록은 블록 내에서 읽혀지는 시그널과 블록에서 불리는 함수에 의해 읽혀지는 시그널 모두에 대해 민감하다. 이는 함수가 인수 없이 쓰여질 수 있도록 허용한다. 디자인 프로세스 동안 함수에 의해 언급될 필요가 있는 시그널이 바뀌면 함수 인수 리스트나 그 함수를 부르는 코드에 변경이 만들어질 필요가 없다.

다음 예제는 @*와 **always_comb**에 의해 추론되는 감응 리스트 사이의 차이점을 나타낸다. 이 예제에서 @*를 사용하는 프로시저 블록은 data에 대한 변경에만 민감하다. **always_comb** 프로시저 블록은 data, sel, c, d, e의 변경에 민감하다.

```
always @* begin              ◄──── @(data)가 추론됨
  a1 = data << 1;
  b1 = decode();
  ...
end

always_comb begin            ◄──── @(data, sel, c, d, e)가 추론됨
  a2 = data << 1;
  b2 = decode();
  ...
end

function decode; // 입력 없는 함수
  begin
    case (sel)
      2'b01:    decode = d | e;
      2'b10:    decode = d & e;
      default:  decode = c;
    endcase
  end
endfunction
```

6.2.2 래치 로직 프로시저 블록

always_latch 프로시저 블록은 래치 기반 로직을 의미할 때 사용된다. **always_latch**는 **always_comb**와 같이 감응 리스트를 추론한다.

```
always_latch
  if (enable) q <= d;
```

always_latch 프로시저 블록은 **always_comb**와 같은 문맥 규칙을 따른다. 감응 리스트에 무엇이 포함되어야 하는지에 대한 규칙은 두 타입의 프로시저 블록이 똑같다. **always_latch** 프로시저 블록 내에 쓰여진 변수들은 다른 블록에서 쓸 수 없다. **always_latch** 프로시저 블록 또한 시간 0에서 자동으로 실행되어 래치 로직의 출력은 시간 0에서 입력 값을 반영하도록 보증한다.

always_latch가 **always_comb**와 다른 것은 소프트웨어 툴이 디자이너의 의도를 래치 로직으로 모델링하고 조합 논리와는 다른 검사를 하는 것이다. 예를 들어 래치 로직에서 출력을 나타내는 변수는 모든 가능한 입력 조건에 대해 세트될 필요는 없다. 위의 예제에서 소프트웨어 툴은 **always_comb**가 사용되면 **else**가 없는 **if** 구문이 조합 논리가 갖지 않은 저장소를 추론하기 때문에 에러나 경고를 발생시킨다. **always_latch**를 지정하는 것으로 소프트웨어 툴은 디자인의 로직 안에 저장소가 있도록 디자이너가 의도했다는 것을 알게 된다. **always_comb** 프로시저 블록의 내용에 대한 추가 구문 검사는 선택적이다.

always_latch 프로시저 블록 사용 예제

예제 6-3는 0부터 31까지 카운트하는 5-bit 카운터를 나타낸다. ready라는 입력은 카운터가 카운트를 시작할 때를 조정한다. ready 입력은 짧은 시간 동안만 high다. 그래서 ready가 high로 갈 때 모델은 내부 enable 시그널로 래치한다. 래치는 내부 enable을 카운트 값이 31이 될 때까지 high를 유지하고 그리고 나서는 카운터가 다시 실행되지 않도록 하기 위해 enable을 클리어한다. 카운터는 ready 입력이 high가 되면 다시 카운트를 시작한다.

예제 6-3 always_latch 프로시저 블록을 사용

```
module register_reader (input clk, ready, resetN,
                        output logic [4:0] read_pointer);

  logic enable;      // 카운터 내부 enable 시그널
  logic overflow;      // 내부 카운터 오버플로우 플래그
```

```
  always_latch begin  // ready 입력을 래치
    if (!resetN)
      enable <= 0;
    else if (ready)
      enable <= 1;
    else if (overflow)
      enable <= 0;
    end

  always @(posedge clk, negedge resetN) begin // 5-bit 카운터
    if (!resetN)
      {overflow,read_pointer} <= 0;
    else if (enable)
      {overflow,read_pointer} <= read_pointer + 1;
  end
endmodule
```

6.2.3 순차 논리 프로시저 블록

always_ff는 합성 가능한 순차 논리 동작을 모델링하기 위해 사용된다.

```
always_ff @(posedge clock, negedge resetN)
  if (!resetN) q <= 0;
  else     q <= d;
```

always_ff 프로시저 블록은 감응 리스트를 지정해야만 한다. 엔지니어는 이것을 사용해 동기, 비동기 세트, 리셋 로직을 모델링 할 수 있다.

순차 로직을 모델링하기 위해 **always_ff**를 사용하면 소프트웨어 툴은 로직이 의도하는 타입을 추론하기 위해 프로시저 블록의 내용을 시험할 필요가 없다. 특화된 프로시저 블록에 의해 명확하게 나타내어진 의도는 소프트웨어 툴의 프로시저 블록 내용 시험을 대체할 수 있고 순차 로직으로 합성이 불가능하면 경고를 내게 한다. **always_comb**와 **always_latch**와 같이 **always_ff** 프로시저 블록 내용에 대한 의미 검사는 선택적이다.

순차 로직 감응 리스트

always_ff 프로시저 블록은 감응 리스트의 모든 시그널에 **posedge**나 **negedge** 수식어를 사용해야만 한다. 이 것은 순차 로직 감응 리스트를 위한 합성 요구사항이다. 이런 문법적 요구사항은 시뮬레이션 결과가 합성 결과와 맞도록 보증한다. **always_ff** 프로시저 블록은 프로시저 블록의 시작 이외의 곳에서 이벤트 컨트롤을 사용하지 못하도록 막는다. 프로시저 블록 내의 이벤트 컨트롤은 프로시저 블록의 감응 리스트를 나타내지 않고 허용되지 않는다. 이것은 순차 로직의 RTL 모델을 위한 합성 요구사항이다.

6.2.4 합성 가이드라인

특화된 **always_comb**, **always_latch**, **always_ff** 프로시저 블록은 합성 가능하다. 이런 특화된 프로시저 블록은 모델이 시뮬레이션과 합성 툴 모두에 사용되도록 의도됐더라도 Verilog의 일반 용도 **always** 프로시저 블록 보다 좋은 모델링 선택이다. 특화된 프로시저 블록은 시뮬레이터와 다른 소프트웨어 툴이 합성 컴파일러에 의해 요구되는 규칙을 검사할 필요가 있다. **always_comb**, **always_latch**, **always_ff** 프로시저 블록을 사용하는 것은 모델이 합성 준비되기 전 디자인 프로세스의 초기에 모델링 에러를 줄일 수 있도록 해준다.

6.3 태스크와 함수에 대한 개선

SystemVerilog는 Verilog 태스크와 함수에 몇몇 개선을 더했다. 이 개선은 큰 디자인을 직관적이고 효과적인 방법으로 모델링하는 것을 쉽게 해준다.

6.3.1 암시적 태스크와 함수 구문 그룹핑

Verilog에서 태스크나 함수 내의 여러 구문들은 **begin…end**로 묶여야만 한다. 태스크는 **fork…join**으로 여러 구문들을 묶을 수도 있다.

SystemVerilog는 태스크와 함수의 정의를 **begin…end** 그룹핑이 필요 없도록 간략화 했다. 그룹핑이 생략되면 **begin…end** 블록 내와 같이 여러 구문들은 순차적으로 실행된다.

```
function states_t NextState(states_t State);
  NextState = State; // 기본 다음 상태
  case (State)
    WAITE:  if (start)    NextState = LOAD;
    LOAD:   if (done)     NextState = STORE;
    STORE:                NextState = WAITE;
  endcase
endfunction
```

6.3.2 함수 값 반환

Verilog에서는 함수 이름 자체가 함수의 타입과 같은 변수를 암시한다. 함수의 반환 값은 함수 이름에 값을 할당하는 것으로 세트된다. 함수는 실행이 함수의 끝에 도달할 때까지 존재한다. 함수 이름에 쓰여진 마지막 값은 함수에 의해 반환되는 값이다.

```
function [31:0] add_and_inc (input [31:0] a, b);
  begin
    add_and_inc = a + b + 1;
  end
endfunction
```

SystemVerilog는 **return** 구문을 추가했고 C에서와 같이 **return**을 사용해 함수 값을 반환한다.

```
function [31:0] add_and_inc (input [31:0] a, b);
  return a + b + 1;
endfunction
```

Verilog와의 하위 호환성을 위해서 반환 값은 **return** 구문이나 함수 이름에 할당으로 될 수 있다. **return** 구문은 우선 순위를 갖는다. 만약 **return** 구문이 실행되면 값이 반환된다. **return** 실행 없이 함수의 끝에 도달하면 함수 이름에 할당된 마지막 값이 반환된다. **return** 구문을 사용하더라도 함수 이름은 아직 변수를 암시하므로 **return** 구문을 실행하기 전까지 임시 변수로 사용 가능하다. 예를 들어

```
function [31:0] add_and_inc (input [31:0] a, b);
  add_and_inc = a + b;
  return ++add_and_inc;
endfunction
```

6.3.3 태스크와 함수의 끝 전에 리턴하기

Verilog에서 태스크나 함수는 실행 흐름이 끝에 도달하면 빠져나간다. 끝은 **endtask**나 **endfunction**으로 나타내어진다. Verilog에서 태스크나 함수의 끝에 도달하기 전에 빠져나가기 위해서는 **if…else**와 같은 조건 구문이 사용돼 실행 흐름이 강제로 태스크나 함수의 끝으로 점프하도록 해야만 한다. 태스크는 또한 **disable** 키워드를 사용해 끝으로 이동할 수 있으나 모든 현재 실행되고 있는 재진입 태스크의 주문에 영향을 미칠 것이다. 다음 예제는 함수 입력이 1보다 작거나 같을 때 함수의 실행을 막기 위해 추가 코딩을 필요로 한다.

```
function automatic int log2 (input int n);
  if (n <= 1)
    log2 = 1;
  else begin // n <= 1이면 이 코드를 지나친다
    log2 = 0;
    while (n > 1) begin
      n = n / 2;
      log2 = log2 + 1;
    end
  end
endfunction
```

SystemVerilog **return** 구문은 태스크나 함수를 실행 흐름 중간의 언제나 함수의 끝에 도달하지 않고도 빠져나갈 수 있게 해준다. **return**을 사용해 위의 예제를 간략화 하면 다음과 같다.

```
function automatic int log2 (input int n);
  if (n <= 1) return 1; // 함수 중단
  log2 = 0;
  while (n > 1) begin
    n = n / 2;
    log2++;
  end
```

```
endfunction
```

끝에 도달하기 전에 태스크나 함수를 빠져나가기 위해 **return**을 사용하면 태스크나 함수의 코딩을 간략화 할 수 있고 실행 흐름을 더 직관적이고 읽기 쉽게 할 수 있다.

6.3.4 void 함수

Verilog에서 함수는 반드시 반환 값을 가져야 한다. 함수가 불리면 함수를 부른 코드는 반드시 반환 값을 받아야 한다.

SystemVerilog는 C와 비슷한 **void** 타입을 추가했다. 함수는 **void** 타입으로 선언될 수 있고 함수로부터 반환되는 값은 없다. void 함수는 태스크와 같은 구문으로 불려지지만 문법과 문맥 상의 제약이 있다. 예를 들어 함수는 어떤 종류든 지연이나 이벤트 컨트롤을 가질 수 없고 저지할 수 없는 할당 구문을 사용할 수 없다. void 함수의 다른 이점은 함수가 태스크를 부를 수 없어 복잡한 함수에 구조체를 추가하기 힘들다는 제한을 극복하는 것이다. 그러나 함수는 다른 함수를 부를 수 있다. 함수는 void 함수를 부를 수 있고 태스크를 사용할 때와 같은 구조화된 코팅 스타일을 이룰 수 있다.

SystemVerilog의 다른 개선은 함수가 출력과 입력을 인수로 가질 수 있다는 것이다. 이 것은 void 함수가 함수를 불렀던 영역으로 변경을 전달할 수 있게 해준다. 함수의 형식적 인수는 6.3.6에서 다뤄진다.

```
typedef struct {
  logic        valid;
  logic [ 7:0] check;
  logic [63:0] data;
} packet_t;

function void fill_packet (
  input  logic [63:0] data_in,
  output packet_t data_out);

  data_out.data = data_in;
  for (int i=0; i<=7; i++)
    data_out.check[i] = ^data_in[(8*i)+:8];
```

```
   data_out.valid = 1;
endfunction
```

합성 가이드라인

void 함수의 이점은 태스크와 비슷하게 불려질 수 있다는 것이다. 그러나 함수 내용에 대한 제약을 따라야만 한다. 이런 제약은 함수가 이벤트 컨트롤을 포함할 수 없다는 것이고 올바른 합성 결과를 보증한다.

6.3.5 이름으로 태스크/함수 인수 전달

태스크나 함수가 불릴 때 Verilog는 태스크나 함수에 정의된 인수 순서와 같은 순서의 값만이 전달되는 것을 허용한다. 태스크나 함수에 잘못된 순서로 인수를 전달해 의도하지 않은 에러가 발생할 수도 있다. 다음 예제에서는 divide 함수에 넘겨지는 인수의 순서가 중요하다. 그러나 함수를 부르는 경우 인수가 올바른 순서로 되어 있는지는 식별할 수 없다.

```
always @(posedge clock)
   result <= divide(b, a);

function int divide (input int numerator, denominator);
   if (denominator == 0) begin
      $display("Error! divide by zero");
      return 0;
   end
   else
      return numerator / denominator;
endfunction
```

SystemVerilog는 태스크나 함수에 인수를 전달할 때 인수의 이름을 사용하는 기능을 추가했다. 이름을 사용하는 인수값은 어떤 순서로든 전달 가능하고 특정 인수에 정확히 전달된다. 이름을 사용하는 인수 전달 문법은 Verilog의 이름을 사용한 포트 연결과 똑같다.

SystemVerilog를 사용해 위의 함수는 다음과 같이 코딩될 수 있다.

```
// SystemVerilog 스타일 함수 콜
```

```
always @(posedge clock)
  result <= divide(.denominator(b), .numerator(a));
```

이름을 사용한 인수 전달은 어떤 인수값이 전달되는지에 대한 모호함을 없애준다. 태스크나 함수를 부르는 코드는 디자이너의 의도를 명확하게 문서화해 감지하고 디버깅하기 힘든 의도하지 않은 디자인 에러를 줄여준다.

6.3.6 개선된 함수 인수

Verilog에서 함수는 입력만을 가질 수 있다. 출력은 반환 값 뿐이었다.

```
// Verilog 스타일 함수 인수
function [63:0] add (input [63:0] a, b)
  ...
endfunction
```

SystemVerilog는 태스크과 같이 함수의 인수가 입력, 출력 또는 입출력으로 선언되도록 허용한다. 그리고 함수가 인수에 출력을 갖도록 해 함수를 사용해 반환하는 값이 크게 개선되었다.

다음 코드 일부는 더하기 연산의 결과에 더해 오버플로우를 반환하는 것을 보여준다.

```
// SystemVerilog 스타일 함수 인수
function [63:0] add (input [63:0] a, b,
                     output overflow);
  {overflow, add} = a + b;
endfunction;
```

출력이 있는 함수를 부를 때의 제약사항

원하지 않는(합성되지 않는) 부수적 효과를 방지하기 위해 SystemVerilog는 **output**이나 **inout** 인수를 사용하는 함수를 부를 때 제약사항을 두었다. 함수가 **output**이나 **inout** 인수를 가지면 다음과 같은 것에서 불리지 못한다.

- 이벤트 표현
- 프로시저 연속 할당 내의 표현

- 프로시저 구문 내에 있지 않은 표현

6.3.7 인수가 없는 함수

Verilog는 태스크가 인수가 없거나 어떤 개수의 인수를 갖는 것은 허용한다. 그러나 Verilog의 함수는 그 입력을 사용하지 않을지라도 적어도 하나의 입력 인수를 가져야 한다. SystemVerilog는 Verilog의 태스크와 마찬가지로 입력이 없는 함수를 허용한다. 입력이 없는 함수의 예와 이점은 6.2.1에 나와 있다.

6.3.8 기본 인수 방향과 타입

Verilog에서는 태스크나 함수로의 각 인수의 방향이 함수에서는 **input**으로 그리고 태스크에서는 **input**, **output**, **inout**으로 선언되어야만 했다. 방향 선언 뒤에 컴머로 분리된 인수 리스트가 오고 리스트의 각 인수는 마지막으로 선언된 방향을 사용한다.

```
function integer compare ( input integer a,
                           input integer b);
  ...
endfunction


task mytask (input a, b, output y1, y2);
  ...
endtask
```

SystemVerilog는 기본 방향을 **input**으로 만들어 태스크와 함수 선언 문법을 간략화 했다. 인수의 방향이 선언될 때까지 모든 인수는 **input**으로 간주된다. 한 번 방향이 선언되면 이어지는 인수들은 Verilog와 마찬가지로 그 방향을 사용한다.

```
function int compare (int a, b);
  ...
endfunction


// a와 b는 input, y1과 y2는 output
```

```
task mytask (a, b, output y1, y2);
  ...
endtask
```

Verilog에서 각 인수는 다른 변수 타입으로 선언되기 전까지는 **reg** 타입으로 간주된다. SystemVerilog는 태스크나 함수 인수의 기본 타입으로 **reg**와 같은 뜻의 **logic**을 사용한다. 이것은 Verilog와 완전히 호환된다.

6.3.9 기본 인수값

SystemVerilog에서는 태스크나 함수의 각 인수에 대한 기본값을 정할 수도 있다. 기본값은 변수의 초기값 세팅과 비슷한 문법으로 지정 가능하다. 다음의 예제에서 count 인수는 기본값 0을 갖고 step은 1을 갖는다.

```
function int incrementer(int count=0, step=1);
  incrementer = count + step;
endfunction
```

태스크나 함수가 불릴 때 기본값이 있기 때문에 인수에 값을 전달할 필요가 없다. 인수로 아무 것도 전달되지 않으면 기본값이 사용된다. 아래 예제에서는 incrementer 함수를 부르는데 하나의 인수만 사용됐다. 이 인수는 incrementer의 첫 번째 인수에 전달되고 두 번째 인수인 step은 기본값을 사용한다.

```
always @(posedge clock)
  result = incrementer(data_bus);
```

기본 인수값을 지정하는 것은 태스크나 함수가 여러 가지 방식으로 사용되도록 정의할 수 있게 허용한다. 이전의 예제에서 값을 증가시키기 위한 함수가 하나의 인수만으로 불렸다면 기본은 증가 값으로 1이 사용되게 된다. 그러나 두 번째 값 또한 전달되어 증가분을 결정할 수도 있다.

SystemVerilog는 태스크나 함수를 부르는 문맥을 바꿨다. Verilog는 태스크나 함수를 부를 때 반드시 같은 개수 만큼의 인수를 가져야 했다. SystemVerilog는 태스크나 함수에 정의된 것 보다 적은 인수 표현으로 부를 수 있다. 전달되지 않은 인수는 기본값이 사용되게 된다.

태스크나 함수를 부를 때 인수값을 전달하지 않으려면 인수 정의는 반드시 기본값을 가져야만 한다. 기본값이 없는 인수에 값을 전달하지 않으면 에러가 발생된다.

6.3.10 인수로서의 배열, 구조체 유니온

SystemVerilog는 비압축 배열, 압축/비압축 구조체, 압축/비압축/태그드 유니온을 태스크나 함수에 전달할 수 있다. 구조체나 유니온에 대해 인수는 반드시 구조체나 유니온으로 정의되어야 한다. 압축된 배열은 벡터로 간주된다. 압축된 배열의 크기가 인수의 크기와 맞지 않으면 Verilog 벡터 할당 규칙에 따라 벡터가 잘리거나 확장된다. 압축되지 않은 배열에 대해 태스크나 함수의 인수는 배치와 요소 타입이 일치해야만 한다. 일치되게 하기 위해 인수는 같은 수의 차원, 차원 크기, 각 요소에 대한 같은 압축된 크기를 가져야만 한다. 비압축 배열을 인수로 사용하는 예제가 아래에 있다.

```
typedef struct {
  logic        valid;
  logic [ 7:0] check;
  logic [63:0] data;
} packet_t;

function void fill_packet (
  input logic [7:0] data_in [0:7],       // 배열 인수
  output packet_t data_out);       // 구조체 인수

  for (int i=0; i<=7; i++) begin
    data_out.data[(8*i)+:8] = data_in[i];
    data_out.check[i] = ^data_in[i];
  end
  data_out.valid = 1;
endfunction
```

6.3.11 레퍼런스에 의한 인수값 전달

태스크나 함수가 불릴 때 입력은 태스크나 함수 안으로 복사된다. 이 값들은 태스크나 함수의 로컬 값이 된다. 태스크나 함수가 리턴할 때 모든 출력은 태스크나 함수의 콜러에게 복사되어진다.

Verilog는 태스크나 함수의 안으로 전달되지 않는 시그널을 가리킬 수 있다. 함수에 대해 함수가 한 곳에서만 불린다면 함수 쓰는 것을 간단하게 할 수 있다. 함수는 인수를 지정할 필요가 없고 함수에 전달되는 시그널을 열거할 필요없다. 이런 스타일은 가끔 복잡한 프로시저 블록을 작게 쪼개기 위해 사용된다. 태스크에 대해 시그널에 대한 외부 레퍼런스는 태스크가 실행을 마치기 전에 외부 시그널이 변경되는 것을 감지하고 태스크 내에서 만들어진 변경이 태스크 외부에서 즉시 감지되는 것을 허용한다.

Verilog의 태스크나 함수가 외부 시그널을 가리키는 기능은 테스트 코드나 RTL 모델 모두에 유용하다. 외부 레퍼런스는 합성 가능하다. RTL 코드에서 외부 시그널 레퍼런스는 시그널의 값이 태스크나 함수의 입출력 값을 복사하지 않고 읽혀지고 수정되도록 허용한다. 그러나 외부 레퍼런스는 외부 시그널 이름이 태스크나 함수에 하드 코딩되어 있어야 한다. 이것은 일반 용도 태스크나 함수가 여러 번 불리면서 매번 다른 시그널이 사용되는 기능을 제한한다. SystemVerilog는 태스크나 함수를 패키지 안에 정의하는 기능으로 이 제한을 보상했다. 하드 코드 시그널 이름은 다중 사용 방법으로는 잘 동작하지 않는다.

SystemVerilog는 카피 대신 레퍼런스에 의한 값을 전달하는 기능을 더해 자동 태스크나 함수를 확장했다. 레퍼런스로 값을 전달하기 위해서는 방향 키워드인 **input**, **output**, **inout** 대신 **ref** 키워드를 사용해야 한다. **ref** 인수의 이름은 태스크나 함수에 전달되는 실제 저장소의 구조적 레퍼런스에 대한 별칭이다. 태스크나 함수 내에서 로컬 인수 이름은 외부 시그널 이름 대신 사용된다. 레퍼런스에 의한 전달은 Verilog의 외부 이름 레퍼런스 기능을 외부 시그널 이름을 하드 코딩해야 하는 제한없이 제공한다.

레퍼런스에 의한 전달은 변수가 콜링 범위 내에서만 선언되고 태스크나 함수에서 복제되지 않도록 한다. 대신 태스크나 함수는 불린 곳으로부터 그 범위 내에 있는 변수를 언급한다. 태스크나 함수로 전달되지 않는 시그널의 레퍼런스는 외부 시그널의 레퍼런스가 암시적으로 태스크나 함수에 전달되는 것과 같다.

reg 인수를 갖기 위해서는 태스크나 함수가 자동으로 선언되어야만 한다. 태스크나 함수는 자동으로 선언되거나 자동으로 정의된 모듈, 인터페이스, 프로그램 안에서 선언되어 자동이 된다.

아래 예제에서 data_packet 구조체와 raw_data 배열은 chip 모듈에서 할당됐다. 이 오브젝트들은 fill_packet 함수에 인수로 전달되는데 인수가 **ref**를 사용해 선언됐다. data_in 인수는 raw_data 배열을 위한 함수 내의 별명이 된다. 인수 data_out은 chip 내에서 data_packet 구조체의 별명이 된다.

```
module chip (…);

  typedef struct {
    logic        valid;
    logic [ 7:0] check;
    logic [63:0] data;
  } packet_t;

  packet_t data_packet;
  logic [7:0] raw_data [0:7];

  always @(posedge clock)
    if (data_ready)
      fill_packet(.data_in(raw_data),
.data_out(data_packet));

  function automatic void fill_packet(
    ref logic [7:0] data_in [0:7],
    ref packet_t data_out);

    for (int i=0; i<=7; i++) begin
      data_out.data[(8*i)+:8] = data_in[i];
      data_out.check[i] = ^data_in[i];
    end
    data_out.valid = 1;
  endfunction
  …
endmodule
```

읽기 전용 레퍼런스 인수

레퍼런스 인수는 **const ref** 키워드를 사용해 언급하고 있는 오브젝트를 읽기만 하는 용도로 선언할 수 있다. 이렇게 하면 태스크나 함수가 콜링 범위 내의 정보를 가리키게 할 수 있지만 태스크나 함수가 정보를 변경하는 것을 막을 수 있다.

```
function automatic void fill_packet (
   const ref logic [7:0] data_in [0:7],
   ref packet_t data_out);
   ...
endfunction
```

태스크 ref 인수는 변경에 민감하다

ref 인수의 중요한 특징 하나는 태스크의 로직이 콜링 범위 내 시그널 값의 변경에 민감하다는 것이다. 이 변경에 민감한 것은 함수 **ref** 인수에 적용되지 않는다. 함수가 시간 0에서 반드시 실행되기 때문에 함수는 인수를 변경할 수 있는 시간 컨트롤을 가질 수 없다. 다음 예제에서 received 패킷과 done 플래그는 레퍼런스로 전달된다. 이 것은 **wait** 구문이 플래그가 참이 되는 것을 관찰하도록 한다. 만약 done이 **input**으로 정의되어 복사된다면 done 플래그가 변경되어도 업데이트 되지 않는다.

```
typdef struct {
   logic        valid;
   logic [ 7:0] check;
   logic [63:0] data;
} packet_t;

packet_t send_packet, receive_packet;

task automatic check_result (
   input   packet_t   sent,
   ref     packet_t   received,
   ref     logic    done);

   static int error_count;

   wait (done)
   if (sent !== received) begin
      error_count++;
      $display("ERROR! received bas packed");
   end
endtask
```

ref 인수는 현재 값을 읽을 수 있다

이전의 예제에서 sent 패킷은 입력이고 태스크가 불리는 시점에 복사된다. received 패킷은 레퍼런스로 넘겨진다. done 플래그가 바뀌면 태스크는 received의 현재 값과 sent 패킷의 복사본을 비교한다. 만약 received 패킷이 복사된 것이라면 done 플래그가 참이 될 때 대신에 태스크가 불릴 때의 received 패킷 값을 사용해 비교된다.

ref 인수는 변경을 바로 전파한다

태스크 출력이 복사로 전달된다면 태스크가 끝날 때 값은 콜링 범위로 다시 복사된다. 시간 컨트롤이나 이벤트 컨트롤이 태스크 인수의 로컬 복사본이 바뀌는 때와 태스크가 끝나는 때 사이에 있다면 콜링 범위는 태스크 내부의 로컬 복사본에 값이 할당되는 때가 아니라 태스크가 빠져나올 때의 변수값 변화를 보게 된다.

태스크 출력이 레퍼런스로 전달된다면 태스크는 직접 변수에 할당하게 된다. 콜링 범위 내에 있는 이 변수에 대해 민감한 이벤트 컨트롤은 태스크가 끝날 때까지 기다리고 출력 인수가 콜링 범위로 복사되는 것을 기다리는 것이 아니라 변경이 일어나는 즉시 반응을 하게 된다.

ref 인수를 사용해 함수를 부르는 것의 제약사항

ref 인수를 사용하는 함수는 함수 범위 바깥에서 값을 변경할 수 있다. 그래서 인수가 없는 함수와 같은 제약사항을 갖는다. **output**, **inout**, **ref** 인수를 갖는 함수는 다음과 같은 것에서부터 불릴 수 없다.

- 이벤트 표현
- 연속된 할당 내의 표현
- 프로시저 연속 할당 내의 표현
- 프로시저 구문 내에 있지 않은 표현

6.3.12 이름 지어진 태스크와 함수 end

SystemVerilog는 **endtask**나 **endfunction** 키워드에 이름을 지정할 수 있다. 문법은 다음과 같다.

```
endtask : <task_name>

endfunction : <function_name>
```

콜론 앞뒤의 고백은 선택적이다. 지정된 이름은 태스크나 함수의 이름과 동일해야 한다. 예를 들어

```
function int add_and_inc(int a, b);
  return a + b + 1;
endfunction : add_and_inc

task automatic check_results (
  input   packet_t  sent,
  ref     packet_t  received,
  ref     logic   done);

  static int error_count;
  ...
endtask: check_results
```

endtask나 **endfunction** 키워드에 이름을 사용하는 것은 큰 블록의 코드를 읽기 쉽고, 더 관리하기 쉽게 해준다.

6.3.13 빈 태스크와 빈 함수

Verilog에서는 태스크나 함수가 적어도 한 구문 이상을 가지고 있어야 한다(빈 **begin…end** 구문 그룹은 사용 가능). SystemVerilog는 태스크와 함수가 완전히 비는 것을 허용한다. 빈 함수는 함수 이름이 나타내는 암시적 변수의 현재 값을 반환한다.

빈 태스크나 함수는 일부만 완료된 코드를 담아 놓기 위한 것이다. top-down 디자인 흐름에서 빈 태스크나 함수를 만들어 문서화하도록 돕고 자세한 기능은 나중에 채워 넣는다.

6.4 요약

이 장에서는 **always_comb**, **always_latch**, **always_ff**와 같은 특화된 프로시저 블록에 대해 설명했다. 이런 특화된 프로시저 블록은 하드웨어를 모델링하는데(특히 합성 가능한 RTL 레벨) 이식성과 정확도를 높여준다. 또 프로시저 블록이 나타내야 하는 로직의 타입을 디자이너의 의도에 따라 명확하게 해준다. 소프트웨어 툴은 프로시저 블록 내용을 시험해 의도된 타입의 하드웨어를 실현할 수 없는 경우 경고를 만들어낸다.

SystemVerilog는 Verilog 태스크와 함수에 여러 개선을 추가했다. 이런 개선은 Verilog 문법이나 문맥을 간략화 하고 태스크나 함수가 어떻게 사용되는지에 대한 새로운 기능을 포함한다. 변화의 타입 모두는 더 크고 복잡한 디자인을 보다 빠르게, 보다 적을 코딩으로 만들 수 있도록 해준다.

Chapter 07

SystemVerilog 프로시저 구문

SystemVerilog는 좀 더 간결한 합성 가능한 RTL 코드로 모델링하도록 해주는 새로운 연산자와 프로시저 구문을 Verilog 언어에 추가했다. 추가된 개선들은 디자이너의 의도를 전달하고 모든 소프트웨어 툴들이 같은 방식으로 프로시저 구문을 해석하도록 보증하는데 도움을 준다. 이 장에서는 연산자와 합성 가능한 프로시저 구문, 그리고 새로운 구문을 어떻게 올바르게 사용하는지에 대한 가이드라인을 제공한다.

이 장에서 다루어질 내용은 다음과 같다.

- 새로운 연산자들
- **for** 루프 개선
- 새로운 **do…while** 루프
- 새로운 **foreach** 루프
- 새로운 jump 구문
- 블록 이름 개선
- 구문 레이블
- 유일하고 우선순위 있는 결정

7.1 새로운 연산자

7.1.1 증가와 감소 연산자

SystemVerilog는 ++ 증가 연산자와 -- 감소 연산자를 추가했다. 이 연산자들은 C와 같은 식으로 쓰인다. 예를 들어

```
for (i = 0; i <= 31; i++) begin
  ...
end
```

C에서와 같이 증가, 감소 연산자는 변수의 값을 전증가, 전감소 또는 후증가, 후감소하는데 사용할 수 있다. 표 7-1는 증가, 감소 연산자의 4가지 사용법을 나타낸다.

표 7-1 증가, 감소 연산자

구문	동작	설명
`j=i++;`	후증가	j는 i의 값이 할당된다. 그리고 나서 i는 1 증가한다.
`j=++i;`	전증가	i는 1 증가한다. 그리고 나서 i의 값이 j에 할당된다.
`j=i--;`	후감소	j는 i의 값이 할당된다. 그리고 나서 i는 1 감소한다.
`j=--i;`	전감소	i는 1 감소한다. 그리고 나서 i 값이 j에 할당된다.

다음 코드 일부는 전증가와 후증가가 어떻게 루프의 끝내기 값에 영향을 미치는지 보여준다.

```
while (i++ < LIMIT) begin: loop1
  ... // i의 끝 값은 LIMIT가 된다.
end

while (++j < LIMIT) begin: loop2
  ... // j의 끝 값은 LIMIT-1이 된다.
end
```

loop1에서 i의 현재 값은 먼저 LIMIT와 비교된 후 i가 증가된다. 그래서 i의 마지막 값은 LIMIT가 될 것이다.

loop2에서 j의 현재 값은 먼저 증가되고 나서 새로운 값이 LIMIT와 비교된다. 그래서 마지막 j 값은 LIMIT-1이 될 것이다.

레이스 조건 피하기

Verilog 언어는 블로킹, 논블로킹의 두 개의 할당 연산자를 갖고 있다. 블로킹 할당은 한 개의 등호(=) 토큰으로 이루어진다. 논블로킹 할당은 작거나 같다(<=) 토큰으로 이루어진다.

```
out = in;  // 블로킹 할당
out <= in; // 논블로킹 할당
```

블로킹, 논블로킹 할당에 대한 모든 설명은 이 책의 범위를 넘어선다. Verilog 언어에 대한 많은 책들이 이 구문의 동작에 대해 설명한다. 이 두 할당 연산자의 기본 목적은 지연없는 모델에서 조합과 순자 로직의 동작을 정확히 에뮬레이트 하는 것이다. 이 두 연산자의 시뮬레이션 이벤트 레이스 조건을 막기 위한 올바른 사용법은 중요하다. 일반 가이드라인은 블로킹 할당을 조합 로직에 사용하고 논블로킹 할당을 순차 로직에 사용하는 것이다.

증가와 감소 연산자는 블로킹 할당으로 동작한다. 다음 두 구문은 문맥 상으로 같다.

```
i++;        // i를 블로킹 할당으로 증가시킴
i = i + 1;  // i를 블로킹 할당으로 증가시킴
```

Verilog 블로킹 할당을 잘못 사용해 시뮬레이션에서 레이스 조건을 만들어내듯이 증가, 감소 구문 또한 잘못 사용할 가능성이 있다. 다음 예제는 증가, 감소 연산자를 사용해 어떻게 시뮬레이션 레이스 조건을 만들어내는지 보여준다. 이 예제에서 간단한 카운터는 ++ 연산자를 사용해 증가된다. 순차 로직으로 만들어진 카운터는 순자 로직 **always_ff** 프로시저 블록으로 모델링 된다. 다른 순차 로직 프로시저 블록은 카운터의 현재 값을 읽고 카운터 값에 기초해 어떤 타입의 기능을 수행한다.

```
always_ff @(posedge clock)
  if (!resetN) count <= 0;
```

```
    else count++; // count = count + 1과 같다.

  always_ff @(posedge clock)
    case (state)
      HOLD: if (count == MAX)
        ...
```

이 예제에서의 count는 두 번째 프로시저 블록에 의해 count가 증가되기 전에 읽혀지는가 아니면 후에 읽혀지는가? 이 예제는 동시에 트리거되는 두 개의 프로시저 블록을 갖고 있다. 이것은 count를 증가시키는 프로시저 블록과 count 값을 읽는 프로시저 블록 사이의 레이스 조건을 만들어 낸다. 블로킹 할당의 정의된 동작은 소프트웨어 툴이 위의 코드를 두 순서 모두 실행할 수 있다. 이 말은 동시 프로세스가 ++ 연산자로 값이 증가되는(또는 -- 연산자로 값이 감소되는) 변수의 값을 읽을 수 있다는 것이다.

논블로킹 할당은 위의 예제에서 레이스 조건을 풀어야 할 필요가 있다. 논블로킹 할당의 동작은 모든 동시 프로세스들이 할당된 값이 업데이트 되기 전에 변수의 값을 읽을 수 있다는 것이다. 이것은 순차 로직의 과도 전달의 동작을 제대로 모델링한다.

잠재된 레이스 조건을 막기 위해 증가, 감소 연산자는 조합 로직을 모델링하는 데만 사용되어야 한다. 순차 로직이나 래치 로직 프로시저 블록은 프로시저 블록 바깥에서 값을 읽는 변수를 수정하는 증가, 감소 연산자를 사용해서는 안 된다. 순차 로직, 래치 로직 프로시저 블록 내부에서만 값을 읽는 임시 변수는 레이스 조건없이 ++나 --를 사용할 수 있다. 예를 들어 **for** 루프를 컨트롤하는데 사용되는 변수는 순차 로직 프로시저 블록 안이라 할지라도 변수가 프로시저 블록 바깥에 어디에서도 읽혀지지 않는다면 ++나 --를 쓸 수 있다.

이전 예제를 모델링하는 올바른 방법은 아래 나와 있다. 카운트가 다른 동시 프로시저 블록에서 읽혀지는 출력이기 때문에 ++를 사용할 수 없다.

```
  always_ff @(posedge clock)
    if (!resetN) count <= 0;
    else count <= count + 1; // 논블로킹 할당

  always_ff @(posedge clock)
    case (state)
```

```
HOLD: if (count == MAX)
   ...
```

합성 가이드라인

전/후 증가/감소 연산자는 모두 합성 가능하다. 그러나 어떤 합성 컴파일러는 구분된 구문으로 증가와 감소를 사용한 경우에만 지원한다.

```
i++;       // 합성 가능
if (--i)   // 합성 불가능
sum = i++  // 합성 불가능
```

7.1.2 할당 연산자

SystemVerilog는 Verilog에 몇 개의 할당 타입을 추가했다. 이 새로운 연산자 들은 할당에 몇 가지 타입의 연산자를 결합한다.

모든 새로운 할당 연산자는 같은 일반적인 문법을 갖는다. 예를 들어 += 연산자는 다음과 같이 사용된다.

```
out += in; // in을 out에 더하고 out에 결과를 할당한다.
```

+= 연산자는 다음과 같은 구문의 줄임이다.

```
out = out + in; // 더하고 out에 할당
```

표 7-2는 SystemVerilog에 추가된 할당 연산자를 나타낸다.

표 7-2 SystemVerilog 할당 연산자

연산자	설명
+=	오른편을 왼편에 더하고 할당한다
-=	왼편에서 오른편을 빼고 할당한다
*=	왼편을 오른편으로 곱하고 할당한다
/=	왼편을 오른편으로 나누고 할당한다
%=	왼편을 오른편으로 나누고 나머지를 할당한다

연산자	설명
&=	왼편과 오른편을 비트연산 AND를 하고 할당한다
|=	왼편과 오른편을 비트연산 OR를 하고 할당한다
^=	왼편과 오른편을 비트연산 XOR를 하고 할당한다
<<=	왼편을 오른편이 나타내는 수 만큼 왼쪽 비트 시프트하고 할당한다
>>=	왼편을 오른편이 나타내는 수 만큼 오른쪽 비트 시프트하고 할당한다
<<<=	왼편을 오른편이 나타내는 수 만큼 왼쪽 산술 시프트하고 할당한다
>>>=	왼편을 오른편이 나타내는 수 만큼 오른쪽 산술 시프트하고 할당한다

할당 연산자는 블로킹 할당 동작을 한다. 시뮬레이션 레이스 조건을 피하기 위하려면 7.1.1에 설명된 것과 같이 조심해야 한다.

합성 가이드라인

할당 연산자는 합성 가능하지만 합성 컴파일러가 곱하기, 나누기 연산에 제한을 가할 수도 있다. 몇몇 합성 컴파일러는 복합 표현으로 할당 연산자 사용을 지원하지 않는다.

```
b += 5;      // 합성 가능

b = (a += 5); // 합성 불가능
```

예제 7-1는 SystemVerilog 할당 연산자의 사용을 보여준다. 연산자는 블로킹 할당 동작을 위한 적합한 프로시저 블록인 조합 논리 프로시저 블록에 사용된다.

예제 7-1 SystemVerilog 할당 연산자 사용

```
package definitions;
  typedef enum logic {ADD, SUB, MULT, DIV, SL, SR} opcode_t;

  typedef enum logic {UNSIGNED, SIGNED} operand_type_t;

  typedef union packed {
    logic [23:0]        u_data;
    logic signed [23:0] s_data;
```

```
  } data_t;

  typedef struct packed {
    opcode_t      opc;
    operand_type_t op_type;
    data_t        op_a;
    data_t        op_b;
  } instruction_t;
endpackage

import definitions::*;

module alu (input  instruction_t instr, output data_t alu_out);
  always_comb begin
    if (instr.op_type == SIGNED) begin
      alu_out.s_data = instr.op_a.s_data;
      case (instr.opc)
        ADD    : alu_out.s_data +=   instr.op_b.s_data;
        SUB    : alu_out.s_data -=   instr.op_b.s_data;
        MULT   : alu_out.s_data *=   instr.op_b.s_data;
        DIV    : alu_out.s_data /=   instr.op_b.s_data;
        SL     : alu_out.s_data <<<= 2;
        SR     : alu_out.s_data >>>= 2;
      endcase
    end
    else begin
      alu_out.u_data = instr.op_a.u_data;
      case (instr.opc)
        ADD    : alu_out.u_data +=   instr.op_b.u_data;
        SUB    : alu_out.u_data -=   instr.op_b.u_data;
        MULT   : alu_out.u_data *=   instr.op_b.u_data;
        DIV    : alu_out.u_data /=   instr.op_b.u_data;
        SL     : alu_out.u_data <<=  2;
        SR     : alu_out.u_data >>=  2;
      endcase
    end
  end
endmodule
```

7.1.3 돈캐어 와일드카드 사용 동등 연산자

Verilog 언어는 두 타입의 동등 연산자를 가지고 있다. == 로직 동등 연산자와 === 케이스 동등 연산자(신원 연산자로도 불림)이다. 두 연산자는 두 표현을 비교해 표현이 같으면 참을 반화하고 틀리면 거짓을 반환한다. 참 결과는 1-bit logic 1(1'b1)을 나타내고 거짓 결과는 1-bit logic 0(1'b0)을 나타낸다.

두 연산자는 오퍼랜드 내의 logic X와 logic Z 값을 다음과 같이 다르게 다룬다.

- == 로직 동등 연산자는 어느 오퍼랜드든 비트에 X나 Z 값이 있으면 1-bit X(1'bx)를 반환한다.
- === 케이스 동등 연산자는 두 오퍼랜드의 비트 비교를 하고 두 오퍼랜드의 0, 1, X, Z 값이 정확히 같은지 찾는다. 오퍼랜드가 똑같으면 연산자는 참을, 반환하고 그렇지 않으면 연산자는 거짓을 반환한다.

각각의 연산자는 비동등 쌍을 가지고 있다. !=와 !==이다. 이 연산자들은 테스트의 참/거짓 결과를 뒤집는다. 오퍼랜드가 같지 않으면 참을 반환하고, 같으면 거짓을 반환한다. 알 수 없는 결과는 알 수 없는 결과를 낳는다.

SystemVerilog는 두 개의 새로운 연산자(==?, !=?)를 추가했다. 이 연산자들은 돈캐어 비트들이 비교로부터 마스크 되도록 한다. ==? 연산자는 와일드카드 동등 연산자로 ==와 비슷하게 두 오퍼랜드의 비트 비교를 수행한다. 그러나 ==? 와일드카드 동등 연산자는 오른편 오퍼랜드의 logic X나 logic Z를 와일드카드로 취급해 다른 오퍼랜드의 같은 위치의 값이 무엇이든 맞는 것으로 간주한다.

표 7-3의 SystemVerilog 동등 연산자는 동등 연산자의 타입에 따른 차이를 보여준다.

표 7-3 SystemVerilog 동등 연산자

a	b	a==b	a===b	a==?b	a!=b	a!==b	a!=?b
0000	0000	참	참	참	거짓	거짓	거짓
0000	0101	거짓	거짓	거짓	참	참	참
010Z	0101	알수없음	거짓	알수없음	알수없음	거짓	알수없음
010Z	010Z	알수없음	참	참	알수없음	거짓	거짓
010X	010Z	알수없음	거짓	참	알수없음	참	거짓
010X	010X	알수없음	참	참	알수없음	거짓	거짓

위의 표를 살펴보면 a의 X나 Z 비트는 a ==? b나 a !=? b에 의해 마스크 되지 않는다. 이 연산자들은 오른편 오퍼랜드의 X나 Z에만 관심을 갖는다. 왼편 오퍼랜드의 X나 Z는 상수 4 상태 값으로 취급된다. Verilog에서 로직 X는 문자 x나 X에 의해 나타내어지고 로직 Z는 z나 Z 혹은 ?로 표현된다.

```
logic [7:0] opcode;
...
if (opcode ==? 8'b11011???) // 하위 비트 마스크
   ...
```

오퍼랜드가 같은 크기가 아니면 와일드카드 동등 연산자는 비교 전에 같은 크기로 벡터를 확장한다. 벡터 확장 규칙은 로직 동등 연산자와 같다.

합성 가이드라인

와일드카드 동등 연산자를 합성하기 위해서는 마스크 비트가 상수 표현이어야만 한다. 이것은 오른편 오퍼랜드는 시뮬레이션 동안 변할 수 있는 변수여서는 안 된다는 것이다.

```
logic [3:0] a, b;
logic       y1, y2;

assign y1 = (a ==? 4'b1??1); // 합성 가능

assign y2 = (a ==? b); // 합성 불가능
```

7.1.4 세트 멤버십 연산자 - inside

SystemVerilog는 일련의 값 중 어느 값과 일치하는지 테스트하기 위한 연산자를 추가했다. 이 연산자는 **inside** 키워드를 사용한다.

```
logic [2:0] a;

if (a inside {3'b001, 3'b010, 3'b100} )
   ...
```

==? 와일드 카드 연산자처럼 **inside** 연산자는 여러 가능성이 있는 값과 단순

비교를 한다. **inside** 연산자가 없으면 if 구문은 다음과 같이 풀어 써야 한다.

```
if ((a == 3'b001) || (a == 3'b010) || (a == 3'b100))
   ...
```

inside 키워드를 사용하면 일련의 값들이 다른 시그널일 수도 있다.

```
if (data inside {bus1, bus2, bus3, bus4})
   ...
```

일련의 값은 배열이 될 수도 있다. 다음 예는 값 13이 d_array 내에 존재하는지 검사한다.

```
int d_array [0:1023];

if (13 inside {d_array})
   ...
```

inside 연산자는 Z나 X 값을 사용해 돈캐어 조건을 나타낸다. 다음 테스트는 a가 3'b101, 3'b111, 3'b1x1, 3'b1z1 값을 가지면 참일 것이다. **==?**와 마찬가지로 합성은 상수 표현에 대한 마스크 만을 지원한다.

```
logic [2:0] a;

if (a inside {3'b1?1})
   ...
```

inside 연산자는 **case** 구문과 같이 사용할 수 있다.

```
always_comb begin
   case (instruction) inside
      4'b0???:          opc = instruction[2:0];
      4'b1000, 4'b1100:     opc = 3'b000;
      default:          opc = 3'b111;
   endcase
end
```

inside 연산자는 **casex**와 비슷하다. 그러나 두 가지 중요한 차이가 있다. 첫 번째, **inside** 연산자는 **if**, **case**와 모두 사용 가능하다. 두 번째, **casex**는 Z와 X 값을 비교의 양쪽 오퍼랜드 모두에 돈캐어 값으로 사용하지만 **inside**는

inside 키워드 이후의 값에 대해서만 사용한다.

합성 가이드라인

inside 연산자는 합성 가능하다. 마스크 표현이 사용되면 합성은 표현이 상수 값인 것을 필요로 한다. 이 책이 쓰여질 때는 아직 **inside** 연산자가 합성 컴파일러에 의해 지원되지 않았다.

7.2 오퍼랜드 개선

7.2.1 2 상태와 4 상태 타입에 대한 오퍼랜드

Verilog는 대부분의 오퍼랜드 타입 조합에 대한 연산 규칙을 정했다. SystemVerilog는 Verilog에 없는 2 상태 타입에 대한 연산을 커버하는 규칙을 확장했다. 새로운 SystemVerilog 타입에 대한 연산은 Verilog 규칙을 따라 수행된다. 이 말은 대부분의 연산자는 결과의 각 비트들에 대해 0, 1, X를 반환한다는 것이다. 연산이 2 상태 타입에 대해 수행될 때 연산 결과가 X가 되는 것은 일반적이지 않다. 몇몇 연산자만이 2 상태 타입에 대해 X 값을 만들어 낼 수 있다(0으로 나누기 에러같은 경우).

7.2.2 타입 캐스팅

Verilog에서 어떤 타입의 어떤 값이든 같은 타입이나 다른 타입의 변수에 할당될 수 있다. Verilog는 할당 구문을 사용해 타입을 자동으로 변경하기 때문이다. **wire** 타입이 **reg**에 할당되면 **wire** 값은 자동으로 **reg** 값 타입으로 변경된다. **real** 타입이 **reg** 변수에 할당되는 경우 부동소수점 값은 자동으로 **reg** 비트 벡터 포맷의 크기로 소수점이 잘린 정수로 변환된다.

다음 예는 부동소수점 값을 64-bit 정수로 변환하기 위해 임시 변수를 사용한다.

```
reg [63:0] a, y, temp;
real r;
```

```
temp = r**3; // 결과 값을 64-bit 정수로 변환
y = a + temp;
```

SystemVerilog는 타입 캐스트 연산자로 Verilog의 자동 변환을 확장했다. 타입 캐스팅은 디자이너가 변환을 지정할 수 있게 허용한다. 캐스팅의 문법은 다음과 같다.

```
type'(expression)
```

C에서는 (type)expression인 것에 비해 문법이 다르다. 다른 문법이 필요한 것은 C에 없는 캐스팅을 지원하기 위해 Verilog가 '를 사용하는 것과 호환되게 하기 위해서이다.

SystemVerilog 타입과 타입 캐스팅으로 사용해 위의 Verilog 예제를 임시값 없이 만들면 다음과 같다.

```
longint a, y;
real r;

y = a + longint'(r**3);
```

7.2.3 크기 캐스팅

Verilog에서는 표현의 비트 개수가 오퍼랜드, 연산 그리고 문맥에 의해 결정된다. IEEE 1364-2005 Verilog 표준은 표현의 크기를 결정하는 규칙을 정의했다. SystemVerilog는 같은 규칙을 따른다.

SystemVerilog는 표현의 크기가 다른 크기로 캐스팅 되는 것을 허용한다. 명확한 캐스팅은 일련의 오퍼랜드 크기나 일련의 연산 결과에 사용된다.

크기 캐스팅 연산의 문법은 다음과 같다.

```
size'(expression)
```

크기 캐스팅에 대한 예는 다음과 같다.

```
logic [15:0] a, b, c, sum;  // 16 bit 크기
logic carry;                // 1 bit 크기
```

```
sum = a + 16'(5);                    // 오퍼랜드를 캐스트
{carry, sum} = 17'(a + 3);           // 결과를 캐스트
sum = a + 16'(b ? 2) / c;            // 중간 결과를 캐스트
```

표현이 더 작은 크기로 캐스팅되면 왼쪽 최상위 비트는 잘린다. 더 큰 크기로 캐스팅되면 표현은 왼쪽 확장이 된다. 부호없는 표현은 0으로 왼쪽 확장이 된다. 부호가 있는 경우는 부호 확장을 사용해 왼쪽 확장이 된다. 변수에 값이 할당되거나 다른 크기의 네트에 값이 할당될 때 같은 룰을 사용한다.

7.2.4 부호 캐스팅

SystemVerilog는 연산의 결과에 부호가 있는지 없는지 결정하는 지에 대해서는 Verilog 규칙을 따른다. SystemVerilog는 또한 값에 대한 부호 캐스팅을 지원한다. 오퍼랜드와 연산 결과에 대한 부화 캐스팅 모두를 지원한다.

부호 캐스팅 연산의 문법은 다음과 같다.

```
signed'(expression)
unsigned'(expression)
```

캐스팅의 예제는 다음과 같다.

```
sum = singed'(a) + signed'(a); // 오퍼랜드를 캐스팅
if (unsigned'(a-b) <= 5) // 중간 결과를 캐스팅
  ...
```

SystemVerilog 부호 캐스팅 연산자는 Verilog의 **$signed**와 **$unsigned** 시스템 함수와 같은 변환을 수행한다. 부호 캐스팅은 **$signed**, **$unsigned** 시스템 함수와 같은 규칙에 따라 합성 가능하다.

7.3 루프 개선

Verilog에서 **for** 루프 컨트롤 변수는 루프 이전에 선언되어야만 한다. 여러 **for** 루프가 동시에 실행되면 개별 변수가 각 루프에 대해 선언되어야만 한다. 다음 예에서 3개의 루프가 동시에 실행된다.

```
module chip(…) // Verilog 스타일 루프
   reg [7:0] i;
   integer j, k;

   always @(posedge clock) begin
      for (i = 0; i <= 15; i = i + 1)
         for (j = 511; j >= 0; j = j ? 1) begin
            …
         end
   end

   always @(posedge clock) begin
      for (k = 1; k <= 1024; k = k + 2) begin
         …
      end
   end
endmodule
```

변수가 **for** 루프 바깥에서 선언되어야만 하기 때문에 모듈 내에 동시 실행 **for** 루프를 사용할 때는 조심해야 한다. 같은 변수가 실수로 여러 루프에 사용되면 각 루프가 변수 값을 수정하게 된다. 위의 예제는 변수가 모듈 레벨에 선언된 것이고 다음의 예제는 로컬로 선언된 것이다.

```
module chip(…) // Verilog 스타일 루프
   …
   always @(posedge clock) begin: loop1
      reg [7:0] i; // 로컬 변수
      for (i = 0; i <= 15; i = i + 1)
         for (j = 511; j >= 0; j = j ? 1) begin
            …
         end
   end
```

```
   always @(posedge clock) begin: loop2
      integer i; // 로컬 변수
      for (i = 1; i <= 1024; i = i + 2) begin
         ...
      end
   end
endmodule
```

7.3.1 for 루프 선언 내의 로컬 변수

SystemVerilog는 **for** 루프 내에서 사용되는 로컬 변수 선언을 간략화 했다. SystemVerilog에서 **for** 루프용 로컬 변수 선언은 **for** 루프 자체 내에서 가능하다. 이는 여러 변수를 모듈 레벨에서 정의하거나 이름 붙여진 **begin…end** 블록 내에서 정의할 필요가 없게 된다.

다음 예제에서 두 개의 루프가 동시에 실행된다. 각 루프는 i라는 이름의 로컬 변수를 갖고 있고 각 루프에 대해 로컬이고 유일하기 때문에 충돌은 없다.

```
module chip (…)
   …
   always_ff @(posedge clock) begin
      for (bit [4:0] I = 0; i <= 15; i++)
         ...
   end

   always_ff @(posedge clock) begin
      for (int i = 1; i <= 1024; i += 1)
         ...
   end
endmodule
```

for 루프의 일부로 선언된 변수는 이 루프에 대해 로컬이다. 루프 내의 변수 이름에 대한 언급은 모듈, 인터페이스, 태스크, 함수 등에서 같은 이름의 다른 변수가 있어도 로컬을 의미한다.

for 루프 초기화 구문의 일부로 선언된 변수는 정적 저장소가 아닌 자동 저장소를 갖는다. 이 변수는 **for** 루프가 불릴 때 자동으로 만들어지고 초기화되고 **for** 루프가 빠져나갈 때 파괴된다. 자동 변수의 사용은 다음과 같은 중요한 것을 내포한다.

- 자동 변수는 구조적으로 언급될 수 없다.
- 자동 변수는 VCD에 덤프되지 않는다.
- **for** 루프 변수의 값은 **for** 루프 바깥에서 존재하지 않기 때문에 사용될 수 없다.

다음 예는 올바르지 않다. **for** 루프의 사용은 64-bit 벡터에 세팅된 가장 낮은 비트를 찾도록 만들어졌다. lo_bit 변수가 **for** 루프의 일부로 선언되었기 때문에 루프가 실행되는 동안만 존재한다. 루프가 끝나면 변수는 사라지고 루프 이후에서는 사용할 수 없다.

```
always_comb begin
  for (int lo_bit = 0; lo_bit <= 63; lo_bit++) begin
    if (data[lo_bit]) break;      // 루프를 빠져나감
  end

  if (lo_bit > 7) // ERROR: lo_bit가 존재하지 않음
    ...
end
```

루프 바깥에서 변수를 참조하려면 변수는 반드시 루프 바깥에서 정의되어야 한다. 다음 예제는 이름이 붙여지지 않은 **begin...end** 블록 내의 로컬 변수를 사용한다.

```
always_comb begin
  int lo_bit;
  for (lo_bit = 0; lo_bit <= 63; lo_bit++) begin
    if (data[lo_bit]) break;
  end
  if (lo_bit > 7)
    ...
end
```

7.3.2 다중 for 루프 할당

SystemVerilog는 Verilog **for** 루프에 하나 이상의 초기화 할당 구문과 한 스텝 이상의 할당 구문을 할 수 있도록 개선했다. 다중 초기화 또는 스텝 할당은 콤마

로 구분한다.

```
for (int i=1, j=0; i*j < 128; i++, j+=3)
   ...
```

각 루프 변수는 다른 타입으로 정의할 수 있다.

```
for (int i=1, byte j=0; i*j < 128; i++, j+=3)
   ...
```

7.3.3 for 루프 내에 선언된 변수의 구조적 언급

for 루프의 일부로 선언된 로컬 변수는 구조적으로 언급될 수 없다. 테스트벤치, 웨이브폼 디스플레이, VCD 파일은 로컬 변수를 언급할 수 없다(그러나 툴들은 자신들만의 방법이나 표준이 아닌 방식으로 액세스할 수 있도록 할 수도 있다).

```
always_ff @(posedge clock) begin
   for (int i=0; i<=15; i++) begin
      ... // i는 구조적으로 언급 불가능
   end
end
```

for 루프 컨트롤 변수에 대해 구조적 언급이 필요할 때에는 변수가 **for** 루프 바깥에서 선언되어야만 한다.

```
always_ff @(posedge clock) begin: loop
   int i; // i는 구조적 언급이 가능
   for (i=0; i<=15; i++) begin
      ...
   end
end
```

이 예제에서 변수 i는 .loop.i로 끝나는 구조 패스를 사용해 구조적으로 언급이 가능하다.

7.3.4 합성 가이드라인

SystemVerilog의 개선된 **for** 루프는 Verilog와 같은 **for** 루프 합성 코딩 가이드라인을 따라 합성이 가능하다.

7.4 do...while 루프

Verilog는 **while** 루프를 가지고 있다. while 루프는 루프 컨트롤 테스트가 참인 동안은 루프를 실행한다. 컨트롤 값은 루프 처음에 매번 검사된다.

while 루프는 한 번도 실행되지 않을 수도 있다. 컨트롤 값의 검사가 루프의 제일 처음에 거짓인 경우에 발생한다.

이런 상위 검사 방식은 루프의 출력 변수가 제대로 된 값을 갖는다는 것을 보증하기 위한 추가 코드가 루프 전에 필요하다. 다음 예제에서 **while** 루프는 입력 주소가 128에서 255 사이인 경우 계속 실행된다. 그러나 주소가 루프의 시작 초기에 범위를 벗어나면 **while** 루프는 전혀 실행되지 않을 것이다. 그래서 루프 시작 전에 범위가 검사되어야 하고 3개의 출력 변수 done, OutOfBound, out은 범위를 벗어난 주소 조건에 맞는 값이 세트되어야 한다.

```
always_comb begin
  if (addr < 128 || addr > 255) begin
    done = 0;
    OutOfBount = 1;
    out = mem[128];
  end
  else while (addr >= 128 && addr <= 255) begin
    if (addr == 128) begin
      done = 1;
      OutOfBound = 0;
    end
    else begin
      done = 0;
      OutOfBound = 0;
    end
    out = mem[addr];
```

```
      addr -= 1;
    end
  end
```

SystemVerilog는 C와 같은 **do...while** 루프를 추가했다. **do...while** 루프는 매번 루프 패스의 끝에서 컨트롤 변수의 값을 검사한다. 이 말은 매 루프는 실행되고 루프 구문이 끝에서 한 번 실행된다는 것이다.

do...while 루프의 기본 문법은 다음과 같다.

```
do <구문 혹은 구문 블록>
while (<조건>);
```

루프의 **do** 부분이 하나 이상의 구문을 가지고 있으면 **begin...end**나 **fork...join**으로 감싸져야 한다. **while** 구문은 실행되는 구문 블록 바로 뒤에 나온다. **while** 뒤의 ;을 주의하기 바란다.

do...while 내의 구문은 적어도 한 번 실행되기 때문에 출력을 위한 모든 세팅은 루프 내에 존재할 수 있다. 이런 하위 검사 동작은 while 루프의 코딩을 간략화 하고 코드를 간결하고 직관적이게 한다.

다음 예제에서 **do...while** 루프는 적어도 한 번 실행될 것이고 done, OutOfBound, out 변수가 루프의 입력인 addr에 대해 정확한 값을 갖도록 보증한다. 루프 시작 전의 추가 코드는 없다.

```
always_comb begin
  do begin
    done = 0;
    OutOfBound = 0;
    out = mem[addr];
    if (addr < 128 || addr > 255) begin
      OutOfBound = 1;
      out = mem[128];
    end
    else if (addr == 128) done = 1;
    addr -= 1;
  end
  while (addr >= 128 && addr <= 255);
end
```

7.4.1 합성 가이드라인

Verilog **while** 루프는 몇 가지 제약사항을 갖고 합성 가능하다. 이 제약사항은 SystemVerilog의 **do...while**에도 마찬가지이다. 제약사항은 합성 컴파일러가 몇 번이나 루프가 실행될 것인지 정적으로 결정하도록 한다. 이 절에 있는 예제는 **while**과 **do...while**의 RTL 합성 가이드라인을 다 맞추지는 못한다.

7.5 foreach 배열 루프

SystemVerilog는 **foreach** 루프를 추가했다. 이는 일차원 혹은 다차원 배열에 대해 각 배열 차원의 크기를 지정하지 않고도 요소에 대해 반복을 할 수 있게 해준다. **foreach** 루프는 5.4에 설명되어 있다.

7.6 새로운 점프 구문 – break, continue, return

Verilog는 **disable** 구문을 사용해 실행 흐름을 다른 곳으로 점프할 수 있다. 특히 **disable** 구문은 이름 지어진 구문 그룹의 끝으로 점프하거나 태스크의 끝으로 점프한다. Verilog **disable** 구문은 여러 방식으로 사용될 수 있다. 루프의 끝으로 점프해 루프의 다음 패스를 실행한다. 같은 **disable** 구문으로 루프의 모든 실행을 멈추고 빠져 나오게 할 수도 있다. 같은 키워드의 여러 사용법은 코드의 문맥을 읽고, 유지하기 힘들도록 만든다. **disable**의 두 가지 용법은 다음 예제에 나타나 있다. **disable** 구문의 영향은 무력화 되는 이름 지어진 블록의 위치에 따라 결정된다.

```
// 여러 비트 범위 내의 첫 번째 세트된 비트를 찾는다.
always @* begin
  begin: loop
    integer i;
    first_bit = 0;
    for (i=0; i<=63; i=i+1) begin: pass
      if (i < start_range)
```

```
            disable pass; // pass 루프를 끝내고 loop를 계속 진행
          if (i > end_range)
            disable loop; // loop를 빠져 나감
          if (data[i]) begin
            first_bit = i;
            disable loop; // loop를 빠져나감
          end
        end // pass 루프의 끝
      end // loop의 끝
      ...
    end
```

disable 구문은 태스크에서 모든 구문이 실행되기 전 일찍 리턴하기 위해 사용될 수도 있다.

```
task add_up_to_max (input [5:0] max, output [63:0] result);
  integer i;
  begin
    result = 1;
    if (max == 0)
      disable add_up_to_max; // 태스크를 빠져나간다.
    for (i=1; i<=63; i=i+1) begin
      result = result + result;
      if (i == max)
        disable add_up_to_max; // 태스크를 빠져나간다.
    end
  end
endtask
```

disable 구문은 외부에서 동시 실행 프로세스나 태스크를 실행되지 않도록 할 수도 있다. 그러나 외부에서 실행되지 않도록 하는 것은 합성 가능하지 않다.

SystemVerilog는 C 언어의 점프 구문인 **break**, **continue**, **return**을 추가했다. 세 점프 구문은 코드를 더 직관적이고 간결하게 만들어준다. SystemVerilog는 C의 **goto** 구문은 포함하고 있지 않다.

Verilog의 **disable**과 세 개의 새로운 점프 구문 사이의 중요한 차이점은 **disable** 구문은 태스크나 블록의 현재 실행되고 있는 모든 발동에 대해 적용되고 **break**, **continue**, **return**은 현재 실행 흐름에만 적용된다는 것이다.

7.6.1 continue 구문

C와 비슷한 **continue** 구문은 루프의 끝으로 점프하고 루프 컨트롤을 실행한다. **continue**를 사용하면 이름 지어진 **begin...end**으로 코드를 감쌀 필요가 없다.

```
logic [15:0] array [0:255];

always_comb begin
   for (int i=0; i<=255; i++) begin : loop
      if (array[i] == 0)
         continue; // 빈 요소는 무시
      transform_function(array[i]);
   end
end
```

7.6.2 break 구문

C와 비슷한 **break** 구문은 루프의 실행을 바로 멈춰버린다. 새로운 구문으로 루프가 처음부터 재실행되기 전에 루프는 실행되지 않는다.

```
always_comb begin
   first_bit = 0;
   for (int i=0; i<=63; i=i+1) begin
      if (i < start_range) continue;
      if (i > end_range) break; // 루프를 빠져나간다.
      if (data[i]) begin
         first_bit = i;
         break; // 루프를 빠져나간다.
      end
   end
   ...
end
```

SystemVerilog **break** 구문은 C의 **break**와 같은 방식으로 사용되어 루프의 실행을 멈추고 빠져나가는데 쓰인다. C는 **switch** 구문에서 빠져나가는데도 **break**를 쓴다. SystemVerilog는 Verilog case 구문을 빠져나가는데 **break**를 쓰지 못한다. case 구문은 **break**를 실행할 필요없이 브랜치가 실행된 후 자동으로 빠져나간다.

7.6.3 return 구문

SystemVerilog는 C와 비슷한 **return** 구문을 추가했다. **return** 구문은 리턴 값이 있는 함수에서 값을 반환하거나 리턴 값이 없는 함수나 태스크를 빠져나가는데 사용된다. **return** 구문은 태스크나 함수의 실행 흐름 중 언제든지 실행될 수 있다. **return**이 실행되면 태스크나 함수는 태스크나 함수의 끝에 도달하지 않고 즉시 빠져나간다.

```
task add_up_to_max(input [5:0] max, output [63:0] result)
  result = 1;
  if (max == 0) return; // 태스크 빠져나감
  for (int i=1; i<=63; i++) begin
    result = result + result;
    if (i == max) return; // 태스크 빠져나감
  end
endtask
```

return 구문은 태스크나 함수의 초기에 사용할 수도 있다. Verilog **disable** 구문은 태스크 초기에 빠져나가도록 할 수 있다. **disable**은 함수와는 사용할 수 없다.

```
function automatic int log2(input int n);
  if (n <= 1) return 1; // 함수 초기에 빠져나간다
  log2 = 0;
  while (n > 1) begin
    n = n/2;
    log2++;
  end
  return log2;
endfunction
```

return 키워드는 태스크나 리턴 값 없는 함수에서 뒤에 표현이 있어서는 안되고, 리턴 값이 있는 함수에서는 뒤에 표현이 있어야만 한다.

7.6.4 합성 가이드라인

break, **continue**, **return** 점프 구문은 합성 가능하다. 합성 결과는 Verilog **disable** 구문이 같은 기능으로 사용됐을 때와 같다.

7.7 개선된 블록 이름

복잡한 코드는 보통 중첩된 여러 **begin...end** 블록을 갖는다. 이런 코드에서 어느 **end**가 어느 **begin**과 관련된 것인지 알기는 힘들다.

다음 예제는 하나의 프로시저 블록이 여러 **begin...end** 블록을 갖는 걸 보여준다. 제대로 된 들여쓰기와 키워드 강조를 했으나 **end**와 **begin**을 맞추기는 힘들다.

예제 7-2 이름 없는 중첩된 begin...end 블록

```
always_ff @(posedge clock, posedge reset) begin
  logic breakVar;
  if (reset) begin
  ...
  end
  else begin
    case (SquatState)
      wait_rx_valid: begin
        Rxready <= '1;
        breakVar = 1;
        for (int j=0; j<NumRx; j+=1) begin
          for (int i=0; i<NumRx; i+=1) begin
            if (Rxvalid[i] &&
              RoundRobin[i] && breakVar) begin
              ATMcell <= RxATMcell[i];
              Rxready[i] <= 0;
              SquatState <= wait_rx_not_valid;
              breakVar = 0;
            end
          end
        end
      end
      ...
    endcase
  end
end
```

Verilog는 구문 블록이 **begin** 키워드 다음에 :<name>을 사용해 이름을 가질 수 있도록 허용한다. 블록 이름은 로컬 구조 범위를 만들어 블록 내의 모든 구문을 구별한다. SystemVerilog는 **end** 키워드 뒤에 맞는 블록 이름을 사용할 수 있도록 했다. 이 추가된 이름은 블록 문맥을 어떤 식으로든 영향을 주지 않지만 어느 구문 그룹이 끝났는지를 표시해 코드를 읽기 쉽게 해준다.

블록의 끝에 이름을 추가하기 위해서는 :<name>을 **end** 키워드 뒤에 추가한다. 콜론 앞뒤로 공백은 허용되지만 필요없다.

```
begin: <block_name>
   ...
end: <block_name>
```

end 뒤의 블록 이름은 반드시 해당 **begin**에 사용된 이름과 같아야 한다. 이름이 다르면 에러가 발생된다.

다음 코드는 예제 7-2에서 **begin...end** 그룹에 이름을 추가한 것으로 한결 읽기 쉬워졌다.

예제 7-3 이름 붙여진 **begin...end** 블록

```
always_ff @(posedge clock, posedge reset) begin: FSM_procedure
  logic breakVar;
  if (reset) begin: reset_logic
  ...
  end: reset_logic
  else begin: FSM_sequencer
    case (SquatState)
      wait_rx_valid: begin: rx_valid_state
        Rxready <= '1;
        breakVar = 1;
        for (int j=0; j<NumRx; j+=1) begin: loop1
          for (int i=0; i<NumRx; i+=1) begin: loop2
            if (Rxvalid[i] &&
              RoundRobin[i] && breakVar) begin: match
              ATMcell <= RxATMcell[i];
              Rxready[i] <= 0;
              SquatState <= wait_rx_not_valid;
              breakVar = 0;
```

```
            end: match
          end: loop2
        end: loop1
      end: rx_valid_state
      ...
    endcase
  end: FSM_sequencer
end: FSM_procedure
```

7.8 구문 레이블

이름 붙여진 구문 블록에 더해 SystemVerilog는 어떤 프로시저 구문 앞에든 레이블을 허용한다. 구문 레이블은 C와 문법이 같다.

```
<label> : <statement>
```

구문 레이블은 하나의 구문에 대해 구별되는 이름을 붙이는 것이다.

```
always_comb begin : decode_block
  decoder : case (opcode)
    2'b00:
      outer_loop: for (int i=0; i<=15; i++)
        inner_loop: for (int j=0; j <=15; j++)
          ...
    ...
  endcase
end : decode_block
```

구문 레이블은 특정 코드 라인을 문서화 해 코드를 더 읽기 쉽게 하고 다른 문서에 코드 라인을 언급하기 쉽게 해준다. 구문 레이블은 디버그 유틸리티와 코드 커버리지 분석 툴에서 특정 라인을 구분하는데 유용하다. 프로세스 실행 내에 있는 구문이 **disable**을 사용해 실행을 중단할 수 있는 것과 같이 이름 지어진 구문 그룹 또는 태스크는 멈춰 질 수 있다.

레이블 붙은 구문 블록

begin...end 블록은 구문이고 구문 레이블이나 블록 이름을 가질 수 있다.

```
begin: block1 // 이름 붙여진 블록
   ...
end: block1

block2: begin // 레이블 붙은 블록
   ...
end
```

구문 블록에 레이블과 블록 이름 모두를 사용하는 것도 가능하다.

7.9 개선된 case 구문

Verilog **case**, **casex**, **casez** 구문은 여러 선택 중 하나의 선택을 허용하도록 한다. 예를 들어

```
always_comb                       <---- case expression
   case (opcode)
                  2'b00: y = a + b;
   case selection 2'b01: y = a ? b;
   items          2'b10: y = a * b;
                  2'b11: y = a / b;
   endcase
```

case, **casex**, **casez** 키워드 뒤에 오는 표현은 case expression이라 한다. 이 표현과 맞는 표현을 case selection items라고 한다.

Verilog 표준은 case 구분은 반드시 나열된 순서대로 case 선택 아이템을 평가하도록 하고 있다. 이것은 case 아이템에 우선순위가 있음을 의미하고 **if...else ...if** 결정의 연속과 같다. 소프트웨어 툴은 모든 선택 아이템이 상호베타적이라고 결정하면 선택 결정을 인코딩하는 우선순위를 위한 추가 로직이 필요한지 판단해 최적화에서 제외한다.

SystemVerilog는 **unique**와 **priority** 구문을 **case**, **casex**, **casez**에 추가했다. 이런 구문들은 case, casex, casez 앞에 와야 한다.

```
unique case (<case_expression>)
   ...
endcase

priority case (<case_expression>)
   ...
endcase
```

7.9.1 uniqe case 결정

unique case 구문은 다음과 같아야 한다.

- 하나의 조건만이 평가된 case 표현과 맞는 표현을 선택한다.
- 하나의 조건이 평가될 때 case 표현과 맞아야만 한다.

unique 구문은 case 선택 아이템의 순서가 중요하지 않고 선택은 동시에 평가된다는 것을 지정한다. 소프트웨어 툴은 선택 순서의 우선순위는 최적화에서 제외한다. **unique** 구문은 또 case 선택 아이템이 완전하다(꽉 찼다)고 의미한다. 모든 경우의 조건이 하나의 아이템만 일치한다는 뜻이다. 다음 예제는 case 선택 아이템이 상호베타적이고 모든 경우가 나열된 것을 보여준다. **unique** 키워드는 이런 조건들이 참인 것을 나타내고 증명한다.

```
always_comb
   unique case (opcode)
      2'b00: y = a + b;
      2'b01: y = a ? b;
      2'b10: y = a * b;
      2'b11: y = a / b;
   endcase
```

유일 조건 검사

case, **casez**, **casex** 구문에 **unique**가 사용되면 소프트웨어 툴은 case 선택 아이템이 상호베타적인지 검사해야만 한다. 실행하는 동안 하나 이상의 맞는 경우가 발생하면 툴은 런타임 경고 메시지를 발생시킨다.

다음 코드는 **casez** 구문의 비교에서 몇 개의 비트가 제외되는 것을 보여준다. 지정된 돈케어 비트는 동시에 여러 선택 아이템이 참이 되도록 만들기 쉽다. 아래 예제에서 **casez** 구문은 세 개의 버스 요청 시그널을 디코드하는데 사용됐다. 디자이너의 예측은 한 번에 하나의 요청만이 발생하는 것이다. **casez** 선택은 하나의 특정 요청 비트를 검사하고 나머지는 마스크 해버린다. 하나의 요청만이 한 번에 일어나므로 평가되는 3 비트의 순서는 문제되지 않고 절대로 한번에 두 개의 경우가 참이 되지 않는다.

```
logic [2:0] request;

always_comb
  casez (request)
    3'b1??: slave1_grant = 1;
    3'b?1?: slave2_grant = 1;
    3'b??1: slave3_grant = 1;
  endcase
```

위의 예제 **casez** 구문은 시뮬레이션에서 에러없이 컴파일된다. 만약 case 표현값이 하나 이상의 선택 아이템과 맞는다면 첫 번째 브랜치만이 실행된다. 아무런 런타임 경고나 잠재적인 디자인 문제가 디자이너에게 보고되지 않는다. 위의 예제가 맞더라도 lint 체크 프로그램과 합성 컴파일러는 선택 아이템에 잠재적 중복이 있다고 보통은 경고한다. 그러나 이런 툴은 디자이너가 의도적으로 case 선택 표현을 중복시켰는지 결정할 방법이 없다.

unique는 디자이너가 동시에 두 개의 선택이 참이지 않다고 의도하고 예측한다는 것을 알려준다. **unique**가 추가된 경우 모든 소프트웨어 툴은 case 구문이 실행되는 경우나, case 표현이 여러 아이템과 맞는 경우에는 경고를 발생한다.

```
logic [2:0] request;

always_comb
  unique casez (request) // 디자인은 한 번에 하나의 grant만을
                         발생시킴
    3'b1??: slave1_grant = 1;
    3'b?1?: slave2_grant = 1;
    3'b??1: slave3_grant = 1;
```

```
endcasez
```

완전하지 않은 case 선택 아이템 발견하기

case, **casez**, **casex** 구문에 **unique**가 사용되면 case 표현의 값이 case 선택 아이템 중 어느 하나와 맞지 않고 default가 없는 경우에는 경고를 발생시킨다.

다음 예제는 opcode가 3, 5, 6, 7의 값을 갖는 경우 런타임 경고를 발행시킨다.

```
logic [2:0] opcode;

always_comb
  unique case (opcode)
    3'b000: y = a + b;
    3'b001: y = a ? b;
    3'b010: y = a * b;
    3'b100: y = a / b;
  endcase
```

unique는 기본적으로 하나, 하나만의 선택 아이템이 참인 것을 런타임 검사를 하지만 소프트웨어 툴은 컴파일 타임에도 아이템이 모두 상수 표현인 경우 unique case 표현 아이템에 대한 중첩 경고를 발생시킨다. 합성 컴파일러와 같은 툴은 동적 런타임이 없으므로 선택 아이템의 중첩에 대해 정적으로만 검사를 수행한다.

always_comb에 unique 사용하기

always_comb와 **unique case**는 모두 프로시저 블록 로직이 조합 로직으로 구현될 수 있도록 보증하는데 도움을 준다. **unique case**가 수행하는 검사와 **always_comb**가 수행하는 검사 사이에는 차이가 있다. 두 구문을 모두 사용하면 복잡한 프로시저 블록이 의도한 대로 합성되도록 보증하는데 도움을 줄 수 있다.

unique case 구문은 모든 **case** 표현 값이 하나의 선택 아이템과 맞고, 하나의 브랜치만 실행된다는 것을 보증하기 위해 런타임 검사를 수행한다. 런타임 검사의 이점 중 하나는 시뮬레이션 동안 발생하는 하나의 실제 값만이 에러를 위해 검사된다는 것이다. 불리한 점은 에러 검사 수준이 검증 테스트의 완전함에 달렸다는 것이다.

always_comb 프로시저 블록은 시뮬레이션 동안 조합 로직 동작을 보증하는 특별한 문맥 규칙을 갖고 있다. 부가적으로 소프트웨어 툴은 **always_comb** 내의 구문에 대해 조합 로직을 모델링하기 위해 일반적인 가이드라인을 따르는지 검사하기 위해 추가 컴파일 타임 분석을 수행할 수 있다. **always_comb**의 정적 검사와 **unique case**의 런타임 검사 모두를 갖는 것이 디자이너의 의도가 제대로 지정됐는지 보증하는데 도움을 준다.

7.9.2 우선순위 case 구문

priority case 구문은 다음과 같아야 한다.

- 적어도 하나의 case 선택 표현이 case 표현과 맞아야 한다.
- 한 개 이상의 case 선택 표현이 case 표현과 맞는다면 첫 번째 브랜치가 선택되어야만 한다.

priority는 디자이너가 두 개 이상의 case 선택 표현이 동시에 참이어도 OK라는 것과 case 선택 아이템의 순서가 중요하다는 것을 명시하는 것이다. 다음 예제에서 디자이너는 인터럽트 요구가 디코드될 때의 순서에 우선순위가 있음을 지정하는 것이다. irq0가 가장 높은 우선순위를 갖는다.

```
always_comb
  priority case (1'b1)
    irq0: irq = 4'b0001;
    irq1: irq = 4'b0010;
    irq2: irq = 4'b0100;
    irq3: irq = 4'b1000;
  endcase
```

위의 모델이 case 선택 아이템의 순서대로 평가되어야 하는 것을 명시하고 있기 때문에 모든 소프트웨어 툴은 추론된 우선순위 인코딩을 유지해야만 한다(여러 case 선택 아이템이 맞을 수도 있다).

몇몇 합성 컴파일러는 case 선택 아이템이 상호베타적인 경우 자동적으로 **priority case** 구문을 최적화해 동시 평가를 하도록 하기도 한다. 여러 case

선택 아이템이 동시에 참일 수 없다면 추가 우선순위 인코딩 로직이 필요하지 않다.

의도하지 않은 래치 로직 방지

priority를 **case**, **casex**, **casez**에 사용하면 모든 case 표현 값은 적어도 하나의 맞는 case 선택 아이템을 가져야 한다. 맞는 case 선택 아이템이 없다면 런타임 경고가 발생할 것이다. 이것은 case 구문이 평가될 때 한 브랜치가 실행될 것이라는 것을 보증한다. case 구문에 의해 표현되는 로직은 래치가 없는 조합 로직으로 구현될 수 있다.

7.9.3 unique/priority case 대 parallel_case/full_case

Verilog IEEE 1364.1 합성 표준은 합성 컴파일러의 동작을 변경하는 pragma라 불리는 특별 명령을 지정했다. 1364.1 pragma는 Verilog 속성 구문을 사용해 지정된다. 합성 컴파일러는 Verilog 주석 내로 pragma를 숨겨지는 것을 허용한다.

Verilog 합성 표준에 지정된 pragma 중 하나는 **parallel_case**이다. 이것은 합성 컴파일러가 우선순위 인코딩을 제거하도록 하고 모든 case 선택 아이템을 병렬로 평가하도록 한다.

```
always_comb
  (* sysnthesis, parallel_case *)
  case (opcode)
    2'b00: y = a + b;
    2'b01: y = a ? b;
    2'b10: y = a * b;
    2'b11: y = a / b;
  endcase
```

다른 pragma는 **full_case**이다. 이 pragma는 합성 컴파일러에게 모든 지정되지 않은 case 표현 값에 대해 case 구문 내에서 할당되는 출력이 사용되지 않고 합성 컴파일러에 의해 최적화에서 빠질 수 있도록 지시한다.

```
always_comb
  (* synthesis, full_case *)
```

```
case (State)
   3'b001: NextState = 3'b010;
   3'b010: NextState = 3'b100;
   3'b100: NextState = 3'b001;
endcase
```

uinique/priority는 합성 pragma 보다 많은 일을 한다

합성에서 **unique case**는 full_case와 parallel_case pragma를 모두 사용하는 것과 같다. **priority case**는 full_case pragma를 사용하는 것과 같다. 그러나 SystemVerilog **unique**와 **priority**는 parallel_case, full_case pragma 보다 많은 것을 한다. 이 명령들은 소프트웨어 툴들 사이의 맞지 않는 위험을 감소시켜준다. 그리고 잠재적인 디자인 문제를 디자인 사이클 초기에 발견할 수 있는 추가 문맥 검사를 제공한다.

unique는 parallel_case와 full_case 기능을 합친 것에 문맥 검사를 더한 것이다. 1364.1 Verilog 합성 표준은 한 개 이상의 case 선택 아이템이 참으로 평가되더라도 parallel_case pragma가 강제로 병렬 평가를 하도록 한다. 이것은 동시에 한 개 이상의 브랜치가 실행될 수 있는 것을 의미한다. **unique case** 구문은 런타임 에러를 발생시켜 case 구문이 병렬이고 완전하다는 디자이너의 가정이 틀리다는 것을 증명한다. parallel_case/full_case pragma는 case 선택 아이템에 대해 어떤 검사도 강요하지 않는다.

priority는 full_case 합성 pragma와 같은 기능에 추가 문맥 검사를 더한 것이다. full_case pragma가 사용된 경우 **case** 표현의 지정되지 않은 값에 대한 case 구문의 출력이 할당되지 않는다. RTL 시뮬레이션에서 이런 출력은 바뀌지 않고 이전 할당값을 유지한다. 합성 컴파일러에 의해 만들어진 게이트 레벨 다지인에서는 출력이 어떤 최적화된 값으로 될 것이다. 이 값은 RTL 모델의 출력값과 다를 수 있다. 이 차이는 합성 이전 RTL 시뮬레이션과 합성 이후 게이트 레벨 시뮬레이션 사이의 맞지 않는 결과를 만들어낸다.

합성 pragma는 어떻게 합성이 Verilog case 구문을 해석하는지를 변경한다. 그러나 시뮬레이션 문맥에는 영향을 미치지 않고 다른 소프트웨어 툴의 동작에도 영향을 미치지 않을 것이다. 이것은 어떻게 다른 툴이 같은 case 구문을 해석하는 것에서 서로 맞지 않는 것을 이끌어 낼 수 있다. **unique**와 **priority**는 합성 pragma 대신 사용되는 언어의 일부이다. 언어의 일부이기 때문에 시뮬레이션, 합성 컴파일러, 검증 툴, lint 체커 그리고 다른 소프트웨어 툴이 같은 문맥 규칙으로 적용할 수 있고 여러 툴 사이의 균일함을 보증한다.

unique와 **priority**에 의해 제공되는 런타임 문맥 검사는 **case**, **casex**, **casez** 구문 내의 로직이 디자이너가 의도한 대로 잘 동작하는 것을 보증하는데 도움을 준다. 이런 제약사항은 미묘하고 디자인 내부의 알기 힘든 로직 에러를 막을 수 있다.

7.10 개선된 if...else 결정

SystemVerilog **unique**와 **priority**는 **if...else**와도 같이 사용된다. 이 구문들은 결정 타입의 모호함을 감소시켜주고 디자인 초기의 잠재적인 디자인 에러를 감지해 낸다.

Verilog **if...else** 구문은 보통 중첩되어 사용된다. 예를 들어,

```
logic [2:0] sel;

always_comb begin
  if (sel == 3'b001) mux_out = a;
  else if (sel == 3'b010) mux_out = b;
  else if (sel == 3'b100) mux_out = c;
end
```

시뮬레이션에서 **if...else...if** 결정의 시리즈는 열거된 순서대로 평가된다. 하드웨어 구현에서 같은 순서를 유지하려면 우선순위 인코딩 로직이 필요하다. 그러나 보통은 특정 순서가 원하는 로직에 근본적이지는 않다. 결정의 순서는 단지 소스 코드 내에 엔지니어가 열거하는 것 뿐이다.

7.10.1 unique if...else 결정

unique는 디자이너가 결정의 순서가 중요하지 않다고 의도하는 것을 나타낸다. 소프트웨어 툴은 결정 순서의 추론된 우선순위를 최적화에서 제외할 수 있

다. 예를 들어,

```
logic [2:0] sel;

always_comb begin
   unique  if (sel == 3'b001) mux_out = a;
      else if (sel == 3'b010) mux_out = b;
      else if (sel == 3'b100) mux_out = c;
end
```

unique 조건을 위한 검사

소프트웨어 툴은 **unique if** 결정 시퀀스가 모든 조건이 상호 배타적이란 것을 보증하도록 감사를 실시해야 한다. 이것은 결정 시리즈가 우선순위 인코딩 없이 병렬로 실행되도록 허용한다. 소프트웨어 툴은 하나 이상의 조건이 참인 경우 런타임 에러를 발생시킨다. 이 경고는 컴파일 타임과 럼타임에서 모두 발생할 수 있다. 이런 추가 검사는 모델 검증의 초기 단계에서 모델링 에러를 검출하는데 도움을 줄 수 있다.

다음 예제에서는 결정 조건 중에 겹치는 것이 있다. 몇 개 혹은 전체 조건이 동시에 참일 수 있다. 이 말은 결정이 병렬이 아닌 열거된 리스트대로 평가되어야만 한다는 것이다. **unique**가 지정됐기 때문에 소프트웨어 툴은 결정 조건이 상호 배타적이지 않다고 경고를 발생시킨다.

```
logic [2:0] sel;

always_comb begin
   unique  if (sel[0]) mux_out = a;
      else if (sel[1]) mux_out = b;
      else if (sel[2]) mux_out = c;
end
```

의도하지 않은 래치 로직 방지

if 결정에 **unique**가 사용되면 소프트웨어 툴은 **if** 구문이 실행할 브랜치가 없는 경우 런타임 에러를 발생시킨다. 다음 예제는 **unique if...else...if** 시퀀스에서 sel이 1, 2, 4 이외의 값을 갖는 경우는 런타임 에러를 발생시킨다.

```
always_comb begin
   unique  if (sel == 3'b001) mux_out = a;
     else if (sel == 3'b010) mux_out = b;
     else if (sel == 3'b100) mux_out = c;
end
```

런타임 문맥 검사는 모든 조건이 실행되는 동안 실제로 발생한다는 것을 보증한다. 결정 시퀀스가 평가되면 하나의 브랜치가 실행된다. 이것은 결정에 의해 표현되는 로직이 래치가 필요없는 조합 로직으로 구현 가능하다는 것을 보증하는데 도움을 준다.

7.10.2 priority if 결정

priority는 디자이너가 결정의 순서가 중요함을 의미하는 것을 나타낸다. 소프트웨어 툴은 결정 시퀀스의 순서를 유지해야 한다. 예를 들어,

```
always_comb begin
   priority if (irq0) irq = 4'b0001;
     else  if (irq1) irq = 4'b0010;
     else  if (irq2) irq = 4'b0100;
     else  if (irq3) irq = 4'b1000;
end
```

위의 결정 시퀀스는 순서대로 평가되어야 하는 것을 명시하고 있기 때문에 모든 소프트웨어 툴은 추론된 우선순위 인코딩을 유지해야만 한다. **priority**는 소프트웨어 툴의 동작 일관성을 보증한다. 시뮬레이터, 합성 컴파일러 등은 똑같은 방식으로 결정 시퀀스를 해석한다.

의도하지 않은 래치 로직 방지

unique와 마찬가지로 **priority**도 **if**와 사용됐을 때 소프트웨어 툴이 **if...else...if** 시퀀스가 평가될 때마다 하나의 브랜치가 실행되는지 런타임 검사를 수행한다. **priority if...else...if** 결정 시퀀스의 브랜치가 하나도 실행되지 않으면 런타임 에러가 발생한다. 이것은 결정 시퀀스 내의 모든 조건이 런타임 동안 실제 발생한다는 것과 결정 시퀀스가 평가되면 하나의 브랜치가 실행된다는 것을 보증한다. 결정 시퀀스에 의해 표현된 로직은 래치 없

이 우선순위 인코드된 조합 로직으로 구현 가능하다.

합성 가이드라인

unique나 **priority**와 함께 쓰인 **if...else...if** 결정 시퀀스는 합성 가능하다.

7.11 요약

SystemVerilog의 기본 목적은 크고 복잡한 모델을 Verilog 보다 간결하게 모델링할 수 있도록 하는 것이다. 이 장에 언급된 프로시저 구문에 대한 개선 사항들은 이 목적을 달성할 수 있게 해준다. 새로운 연산자, 개선된 **for** 루프, 하위 검사 루프, **unique/priority** 등 모두는 디자인 로직을 효과적이고 직관적인 코드로 표현하는 새로운 방식을 제공한다.

Chapter 08

SystemVerilog로 유한 상태 머신 모델링

SystemVerilog는 2 상태 타입, 열거형 타입, 사용자 정의 타입을 사용해 추상화의 상위 레벨에서 모델링이 가능하도록 해준다. 이런 것들은 **always_comb**, **always_ff**, **always_latch**와 같은 새로운 특화된 always 프로시저 블록으로 보완됐다. 이런 다른 새로운 모델링 구문은 이전 장에서 논의되었다.

이 장에서는 열거형 타입과 이전 장에서 설명된 프로시저 구문의 조합을 사용한 유한 상태 머신과 같은 것을 효과적으로 모델링하기 위해 어떻게 모델 추상화의 새로운 레벨을 사용할 것인지 보여준다. SystemVerilog를 사용해 유한 상태 머신을 코딩은 간략화 되고 읽기 쉽고 유지하기 쉽게 된다. 동시에 다른 소프트웨어 툴들이 해석하는 것에 대한 일관성을 증대시킬 수 있다.

이 장에 포함된 SystemVerilog 기능은 다음과 같다.

- 유한 상태 머신을 모델링하기 위한 열거형 타입 사용
- FSM case 구문에 열거형 타입 사용
- FSM case 구문에 always_comb 사용
- 열거형 타입과 2 상태 타입을 사용한 리셋 로직 모델링

8.1 열거형 타입을 사용한 상태 머신 모델링

4.2절에서 열거형 타입을 소개했다. 이 절에서는 유한 상태 머신과 같은 하드웨어 로직을 모델링하는데 열거형 타입을 사용하는 추가 가이드라인을 제공한다.

열거형 타입은 합법적인 값으로 한정되는 세트를 가질 수 있는 변수를 정의하는데 사용된다. 이 값은 디지털 로직 값 대신 레이블로 표시된다.

열거형 타입은 추상화의 상위 레벨에서 모델링을 허용하고 아직은 정확하고 합성 가능한 하드웨어 동작을 나타낸다. 예제 8-1은 일반적인 3개의 프로시저 블록 모델링 스타일을 사용한 간단한 유한 상태 머신(FSM)을 보여준다. 첫 번째 프로시저 블록은 상태 머신을 증가시키고 두 번째는 다음 상태를 결정하고, 세 번째는 상태 머신 출력 값을 세트한다. 예제는 간단한 신호등을 보여준다. 3개의 가능한 상태가 열거형 타입 변수로 선언됐고 현재 상태와 다음 상태를 나타낸다.

열거형 타입을 사용하는 것에 의해 State와 Next 변수의 가능한 값만이 열거형 타입 리스트에 열거되어 있다. **unique**가 사용된 **case** 구문이 **case** 구문이 모든 가능한 State, Next 값을 다 커버한다는 것을 보증하는데 도움을 준다.

예제 8-1 열거형 타입으로 모델링된 유한 상태 머신

```
module traffic_light (
  output logic green_light,
               yellow_light,
               red_light,
  input        sensor,
  input [15:0] green_downcnt,
               yellow_downcnt,
  input        clock, resetN
);

  enum {RED, GREEN, YELLOW} State, Next;

  always_ff @(posedge clock, negedge resetN)
    if (!resetN) State <= RED;
    else         State <= Next;
```

```
  always_comb begin: set_next_state
    Next = State;
    unique case (State)
      RED:    if (sensor)              Next = GREEN;
      GREEN:  if (green_downcnt == 0)  Next = YELLOW;
      YELLOW: if (yellow_downcnt == 0) Next = RED;
    endcase
  end: set_next_state

  always_comb begin: set_outputs
    {green_light, yellow_light, red_light} = 3'b000;
    unique case (State)
      RED:    red_light = 1'b1;
      GREEN:  green_light = 1'b1;
      YELLOW: yellow_light = 1'b1;
    endcase
  end: set_outputs
endmodule
```

예제 8-1는 동작을 제대로 하지만 하드웨어를 표현하는데 열거형 타입을 사용한 좋은 예는 아닌 것 같다. 예제는 열거형 기본 타입으로 **int**를 사용했고 각각의 열거형 값 레이블은 0, 1, 2와 같은 식이다. 이런 기본은 시뮬레이션에서 하드웨어 동작을 정확하게 반영하지 못한다. **int** 타입은 32-bit 2상태 타입이다. 실제 하드웨어는 3개의 상태 만을 가지므로 3개의 상태가 어떻게 인코드 되느냐에 따라 2, 3비트만이 필요하다. 실제 구현된 하드웨어의 게이트 레벨은 4상태 문맥을 갖는다.

시뮬레이션 내에서의 2상태 타입의 기본 초기값은 디자인 문제를 숨긴다. 이 문제는 다음에 자세히 다룬다. 열거형 레이블의 기본값은 RTL 시뮬레이션과 디자인의 게이트 레벨 구현에서 서로 다르게 될 수도 있다. 열거된 레이블에 값이 명확하게 지정되지 않았기 때문에 합성 컴파일러는 게이트 레벨 구현을 최적화해 각각의 상태가 다른 값을 갖게 할 수도 있다. 이것은 합성 이전/이후 모델의 기능을 비교하기 힘들게 하거나 합성 이전/이후 모델 모두와 동작하는 assertion을 지정하기 힘들게 한다.

8.1.1 열거형 타입으로 상태 인코딩 표현하기

SystemVerilog는 열거형 변수의 기본 타입을 정의할 수 있도록 허용한다. 이는 4상태 타입을 기본 타입으로 사용할 수 있다는 것이고 RTL 시뮬레이션에서 하드웨어를 보다 정확하게 표현한다.

SystemVerilog의 열거형 타입은 또한 추상화의 더 하드웨어 같은 레벨에서 모델링을 허용해 특정 상태 머신 아키텍처가 표현될 수 있다. 각 레이블의 로직 값은 지정될 수 있어 one-hot, one-cold, 그레이 코드 혹은 다른 상태 시퀀스 인코딩 타입을 사용할 수 있다.

예제 8-2는 이전 예제를 one-hot 인코딩을 사용해 명확하게 표현한 것이다. 예제 8-1과 예제 8-2 사이의 변경은 열거형 타입의 선언 뿐이다.

예제 8-2 열거형 타입에 one-hot 인코딩을 지정

```
module traffic_light (
  output logic green_light,
               yellow_light,
               red_light,
  input          sensor,
  input  [15:0] green_downcnt,
               yellow_downcnt,
  input          clock, resetN
);

  enum logic [2:0] {RED    = 3'b001,
                    GREEN     = 3'b010,
                    YELLOW = 3'b100} State, Next;

  always_ff @(posedge clock, negedge resetN)
    if (!resetN) State <= RED;
    else         State <= Next;

  always_comb begin: set_next_state
    Next = State;
    unique case (State)
      RED:    if (sensor)              Next = GREEN;
      GREEN:  if (green_downcnt == 0)  Next = YELLOW;
      YELLOW: if (yellow_downcnt == 0) Next = RED;
```

```
      endcase
   end: set_next_state

   always_comb begin: set_outputs
      {green_light, yellow_light, red_light} = 3'b000;
      unique case (State)
         RED:    red_light = 1'b1;
         GREEN:  green_light = 1'b1;
         YELLOW: yellow_light = 1'b1;
      endcase
   end: set_outputs
endmodule
```

이 예제에서 열거된 레이블 값은 상태 시퀀스가 RTL 모델에서 명확하게 지정되어 있음을 나타낸다. 합성 컴파일러는 게이트 레벨 구현에서 이 값들을 유지할 것이다. 이것은 이전/이후 합성 모델 기능을 비교하는데 도움을 준다. 또 합성 이전/이후 모델 모두와 동작하는 검증 assertion을 지정하기 쉽게 해준다.

위 예제의 다른 이점은 열거된 `State`와 `Next` 변수의 기본 타입이 4상태 **`logic`** 데이터 타입이란 것이다. 4상태 타입의 기본 초기값은 0 대신에 X를 사용한다. 디자인의 리셋이 제대로 구형되지 않았다면 RTL 시뮬레이션에서 문제가 발생할 것이다. 이에 대한 것은 8.2절에서 자세히 다룬다.

8.1.2 예약된 열거형 타입 case 구문

`case` 구문의 일반적인 사용은 case 표현에 변수를 지정하고 명확한 값이 case 선택 아이템의 리스트에 맞도록 열거하는 것이다. 이것은 이전 두 예제에서 보여준 모델링 스타일이다.

다른 one-hot 상태 머신의 모델링 스타일은 예약된 case 구문이다. 이 스타일에서 case 표현과 case 선택 아이템은 예약되어 있다. case 표현은 one-hot 상태 머신에서 1비트의 값이 1이 맞는 상수 값으로 지정된다. case 선택 아이템은 상태 변수의 각 비트이다. 몇몇 합성 컴파일러에서 one-hot 상태 머신을 위한 예약 case 스타일을 사용하는 것은 표준 case 구문 스타일보다 더 최적화된 결과를 낳는다.

예제 8-3는 예약된 case 구문 스타일을 나타낸다. 이 예제에서 두 번째 열거형 타입 변수는 one-hot State 레지스터의 각 비트에 대한 번호를 나타내도록 선언됐다. R_BIT는 State 변수의 비트 0에 대해 0 값을 갖는다(이 비트는 RED 상태를 의미한다).

예제 8-3 one-hot 인코딩이 사용된 예약된 case 구문 스타일

```
module traffic_light (
  output logic green_light,
               yellow_light,
               red_light,
  input        sensor,
  input [15:0] green_downcnt,
               yellow_downcnt,
  input        clock, resetN
);

  enum logic [2:0] {RED    = 3'b001,
                    GREEN  = 3'b010,
                    YELLOW = 3'b100} State, Next;

  enum { R_BIT = 0,
         G_BIT = 1,
         Y_BIT = 2} state_bit;

  always_ff @(posedge clock, negedge resetN)
    if (!resetN) State <= RED;
    else         State <= Next;

  always_comb begin: set_next_state
    Next = State;  // the default for each branch below
    unique case (1'b1)  // reversed case statement
      State[R_BIT]: if (sensor) Next = GREEN;
      State[G_BIT]: if (green_downcnt==0) Next = YELLOW;
      State[Y_BIT]: if (yellow_downcnt == 0) Next = RED;
    endcase
  end: set_next_state

  always_comb begin: set_outputs
    {red_light, green_light, yellow_light} = 3'b000;
    unique case (1'b1)
```

```
      State[R_BIT]: red_light = 1;
      State[G_BIT]: green_light = 1;
      State[Y_BIT]: yellow_light = 1;
    endcase
  end: set_outputs
endmodule
```

위의 예제에서 열거형 변수 state_bit는 상태 시퀀서의 어느 비트가 각 상태를 나타내는지 지정한다(1-hot bit). 각 상태 변수 레이블은 3-bit 값 001을 시프트 해서 계산된다. 001 값을 0번 시프트(R_NIT 값)하면 001. 001을 1번 시프트(G_BIT)하면 010 그리고 2번(Y_BIT)하면 100이다.

같은 열거형 state_bit 레이블 R_BIT, G_BIT, Y_BIT는 State의 어느 비트가 "hot"인지 검사하는데 사용된다. 그래서 State에 대한 열거형 레이블의 정의와 State 변수의 비트 선택은 state_bit의 정의에 의해 서로 연결되어 있다. 이런 표면상으로 복잡한 구성을 사용하는 것은 1-hot 상태 값으로 다음과 같은 두 가지 중요한 목적을 이루기 위한 것이다.

- 두 열거형 타입 정의에서 다른 1-hot 비트 위치를 정의할 코딩 에러 가능성이 없다.
- 디자인 스펙이 바뀌어 1-hot 정의가 바뀌면 열거형 타입의 지정된 비트 위치만 바뀐다.

이런 상태 변수의 열거형 값을 지정하는 비트 시프트 연산자를 사용하는 영리한 코딩 트릭은 Sunburst Design의 Cliff Cummings에 의해 공유되었다. 추가 FSM 코딩 트릭은 Cliff의 웹사이트에서 찾을 수 있다(www.sunburst-design.com).

8.1.3 열거형 타입과 unique case 구문

이전 예제에서 **unique**를 case 구문에 사용하는 것은 아주 중요하다. one-hot 상태 머신이 한 번에 상태 레지스터 세트의 한 비트만을 가지기 때문에 case 선택 아이템 중 하나 만이 case 표현 내의 1의 상수 값과 맞는다. **unique**가 사용된 **case** 구문은 다음과 같은 3 가지를 지정한다.

첫 번째, **unique case**는 모든 case 선택 아이템이 우선순위 인코딩 없이 병렬로 평가된다는 것을 지정한다. 소프트웨어 툴은 더 작고 더 효율적인 구현을 만들어내기 위해 case 선택 아이템의 디코딩 로직을 최적화 할 수 있다. 이런 **unique case**의 모양은 합성 parallel_case pragma와 같다.

두 번째, **unique case**는 case 선택 아이템 내에 중복되는 것이 없다는 것을 지정한다. 시뮬레이션과 같은 툴이 실행되는 동안 case 표현 값이 둘 이상의 case 선택 아이템과 맞는다면 런타임 경고가 발생할 것이다. 이 문맥 검사는 디자인 프로세스의 초기에 디자인 에러를 감지해 내는데 도움을 준다. 합성 parallel_case pragma는 이런 중요한 문맥 검사를 제공하지 않는다.

세 번째, **unique case**는 시뮬레이션 동안 발생하는 모든 case 표현 값이 case 선택 아이템에 의해 커버된다는 것을 지정한다. **unique case**를 사용할 때 case 표현이 실행될 case 구문의 브랜치가 없다면 런타임 경고가 발생할 것이다. 문맥 검사는 또한 디자인 사이클의 초기에 디자인 에러를 찾아내는데 도움을 준다. 이것은 full_case pragma와 비슷하지만 합성 pragma는 다른 툴이 어떤 검사를 수행하는 것을 필요로 하지 않는다.

8.1.4 사용되지 않는 상태 값 지정

열거형 타입이 그렇듯이 State 변수는 값의 제한된 세트를 갖는다. State 변수는 다중 비트 벡터로 열거된 리스트에 정의되지 않은 로직 값을 가질 수 있다. 3 상태의 유한 상태 머신은 one-hot 인코딩을 위해 3-bit 상태 레지스터를 필요로 한다. 3-bit 레지스터는 8개의 가능한 값을 가질 수 있다. 하드웨어 레지스터는 열거된 것 이외의 모든 값도 가질 수 있다. 열거형 타입의 기본 타입은 다른 8가지 값을 표현할 수도 있다.

사용되지 않는 case 표현 값을 나타내는 데는 보통 2가지 모델링 스타일이 있다. 로직 X 할당을 사용해 기본 case 선택을 지정하는 것과 full_case pragma를 사용하는 것이다.

기본 할당으로 X를 사용하기

열거형 타입과 unique case를 합쳐 사용하는 것은 Verilog의 일반적인 case 구문 코딩 스타일을 위해 필요한 것들을 감소시켜준다. Verilog 스타일은 **default** 구문을 사용해 모든 사용하지 않는 값을 나타낸다. 이 **default** 구문은 로직 X를 case 구문의 출력을 나타내는 변수에 할당한다. FSM 예제에서 case 표현은 현재 상태 변수 State이고 출력은 Next이다.

```
// X default를 사용하는 Verilog 스타일 case 구문
reg [2:0] State, Next; // 3-bit 변수

case (State)
   3'b001: Next = 3'b010;
   3'b010: Next = 3'b100;
   3'b100: Next = 3'b001;
   default: Next = 3'bXXX;
endcase
```

합성 컴파일러는 로직 X의 기본 할당을 default case로 빠지는 모든 case 표현이 사용되지 않는 것이라고 인지한다. 이것은 합성 컴파일러가 추가 최적화를 하고 결과에 대한 합성 품질을 높일 수 있도록 해준다.

열거형 타입이 사용되는 경우 로직 X의 할당은 합법적인 할당이 아니다. 열거형 타입은 자신의 열거된 리스트로부터 값을 할당받을 수만 있다. 만약 X 할당이 필요하면 열거형 타입의 기본 타입을 4상태 타입으로 정의해야만 한다. 그리고 열거된 레이블은 X에 대한 값을 나타내도록 정의해야 한다. 예를 들어,

```
// 열거된 X 기본을 사용하는 case 구문
enum logic [2:0] { RED       = 3'b001,
                   GREEN     = 3'b010,
                   YELLOW    = 3'b100,
                   BAD_STATE = 3'bxxx } State, Next;

case (State)
   RED:     Next = GREEN;
   GREEN:     Next = YELLOW;
   YELLOW:    Next = RED;
   default:   Next = BAD_STATE;
endcase
```

SystemVerilog에서는 BAD_STATE 값과 **default** case 아이템이 필요없다. 열거형 타입과 **unique case** 구문의 조합은 모든 case 표현 값이 다 사용되지는 않

는다는 것을 나타내는 로직 X 할당의 필요성을 없애준다. 열거형 타입은 변수의 값을 열거되어 있는 값으로 한정한다. 이 값들만 case 구문에 열거되어 있으면 된다. 열거형 타입이 가질 수 있는 정의된 값들의 세트는 추가로 **unique case** 문맥 검사로 합성 전 RTL 모델과 합성 후 게이트 레벨 모델이 시뮬레이션과 동등 검사에서 모두 같음을 보증하는데 도움을 준다.

이전 단락에서 논의된 대로 **unique case**의 사용은 합성 parallel_case, full_case pragma의 기능을 조합한 것이다. **unique case**는 또한 case 표현으로 사용될 모든 열거형 타입의 값이 병렬, 조합 로직으로 구현될 요구사항을 정말로 만족하는지 보증하기 위해 문맥 검사를 제공한다. 의도하지 않거나 예측하지 않은 case 표현 값은 unique case 구문에 의해 런타임 경고로 잡힌다.

8.1.5 열거형 타입 변수에 상태 값 할당

열거형 타입은 다른 Verilog와 SystemVerilog 변수들 보다 더 강하게 타입 지어져 있다. 열거형 타입은 열거형 타입의 타입 리스트의 멤버인 값만 할당 받을 수 있다. 열거형 타입은 두 열거형 타입이 같은 정의로부터 온 것이라면 다른 열거형 타입을 할당 받을 수도 있다.

one-hot 상태 시퀀스를 사용하는 일반 Verilog 스타일은 먼저 다음 상태 변수를 지우고 다음 상태가 될 것을 나타내도록 다음 상태 변수 중 한 개의 비트를 세트한다. 이 스타일은 열거형 타입과는 동작하지 않는다. 예제 8-4를 참조하라.

예제 8-4 열거형 타입의 잘못된 할당

```
enum { R_BIT = 0,  // index of RED state in State register
     G_BIT = 1,  // index of GREEN state in State register
     Y_BIT = 2} state_bit;

enum logic [2:0] { RED    = 3'b001<<R_BIT,
                 GREEN    = 3'b001<<G_BIT,
                 YELLOW  = 3'b001<<Y_BIT} State, Next;

...

always_comb begin: set_next_state
```

```
  Next = 3'b000;        // Next 지움 ? ERROR ? 불법 할당
  unique case (1'b1)  // 예약 case 구문
    // WARNING: 다음 할당은 잠재된 디자인 에러다
    State[R_BIT]: if (sensor == 1)         Next[G_BIT] = 1'b1;
    State[G_BIT]: if (green_downcnt==0)    Next[Y_BIT] = 1'b1;
    State[Y_BIT]: if (yellow_downcnt==0)   Next[R_BIT] = 1'b1;
  endcase
end: set_next_state

...
```

위의 예제는 두 가지 문제점을 갖고 있다. 첫 번째, Next 변수에 0을 할당하는 것이 잘못된 할당이다. 열거형 타입은 상수값이 아닌 자신의 레이블이 열거되어 있는 것 중 하나의 레이블이 할당되어야 한다.

두 번째, **case** 구문에서 Next 변수의 개별 비트에 할당된다. 열거형 타입의 개별 비트에 값을 할당하는 것은 컴파일러에 의해 허용되지만 열거형 타입을 사용할 때의 좋은 스타일은 아니다. 열거형 타입 변수의 비트에 할당으로 열거형 타입 리스트에 없는 잘 못된 값이 만들어질 수도 있다. 이렇게 되면 디버깅 하기 힘든 디자인 에러가 발생한다.

열거형 타입 변수에 할당은 그 타입의 레이블 리스트로부터 되어야 한다. 비트 선택 또는 파트 선택 타입에 할당은 피해야 한다. 변수의 비트에 할당이 필요한 경우 변수는 열거형 타입 대신에 **bit**나 **logic** 같은 표준 타입으로 선언되어야 한다. 예제 8-3이 열거형 타입을 사용할 때의 Veriolog "예약 case 구문"을 모델링하는 올바른 방법을 보여준다.

8.1.6 열거형 타입 변수의 오퍼레이션 수행

열거형 타입은 대부분의 Verilog 타입과 다르다. 예를 들어, 직접 상수값을 열거형 타입에 할당하는 것은 틀리다. 열거형 타입 변수에 대한 오퍼레이션이 수행될 때 변수 값의 타입은 열거형 타입의 기본 타입이다. 기본적으로 **int** 타입이지만 다른 타입으로 명시되어 선언될 수 있다.

다음 예제는 에러를 발생시킬 것이다. State + 1은 **int** 값을 만들어낼 것이다. **int** 값을 Next 변수에 직접 할당하는 것은 틀린 것이다.

```
enum {RED, GREEN, YELLOW} State, Next;

Next = State + 1; // 잘못된 할당
```

다른 타입의 값은 타입 캐스팅을 사용해 열거형 타입에 할당될 수 있다. SystemVerilog는 정적 캐스팅 연산자와 동적 캐스팅 시스템 함수 모두를 제공한다.

```
typedef enum {RED, GREEN, YELLOW} state_t;
state_t State, Next;

Next = state_t'(State + 1); // 정정 캐스팅

$cast(Next, State + 1); // 동적 캐스팅
```

정적 캐스팅 연산자는 변환된 값이 새로운 타입에 맞는 값인지 검사를 수행하지 않고 강제로 새로운 타입 표현으로 변경한다. 예를 들어 State의 현재 값이 YELLOW라면 State + 1은 범위 바깥의 값이 된다. 정적 캐스팅을 사용해 범위 바깥의 값은 잡을 수 없다. SystemVerilog 표준은 소프트웨어 툴이 정해지지 않은 방식으로 범위 바깥의 값을 다룰 수 있도록 허용한다. 이 말은 Next 변수의 새로운 값이 다른 소프트웨어 툴에서는 다른 값을 가질 수도 있다는 것이다.

동적 캐스팅은 값이 변환될 때 런타임 검사를 실시한다. 값이 범위 밖이라면 에러 메시지가 발생되고 타겟 변수는 변경되지 않는다. 동적 캐스팅을 사용해 우연한 디자인 에러를 잡을 수 있고 범위 밖의 값을 막을 수 있다.

SystemVerilog는 또한 여러 특별한 열거형 타입의 기본 연산을 수행하는 열거형 타입 메소드를 제공한다. 이 메소드들은 합법적인 값에서 증가, 감소를 허용한다.

```
Next = State.next; // 열거형 메소드
```

4.2절에서 더 자세히 논의되었다.

이런 열거형 타입에 대한 연산의 결과를 할당하는 이런 타입들은 이점을 갖고 있다. 열거형 타입 메소드를 사용하는 것은 할당된 값이 항상 열거형 타입 리스트 내에 있는 것을 보증한다. 동적 캐스트 연산자는 범위 밖의 값에 대한 런타임

에러를 발생시킨다. 정적 캐스팅은 아무런 에러 검사도 하지 않지만 메소드나 동적 캐스팅을 사용하는 것보다 더 나은 시뮬레이션 런타임 성능을 제공할 것이다. 그러나 정적 캐스팅에서는 디자이너가 범위 바깥은 값이 절대 일어나지 않도록 보증해야 한다.

8.2 FSM 모델에서 2상태 타입 사용

8.2.1 2상태 타입과 열거형 타입을 사용해 FSM 리세팅

시뮬레이션의 시작 시점에 4상태 타입은 로직 X이다. 유한 상태 머신과 같은 모델 내에서 4상태 변수의 로직 X는 모델이 리셋되지 않았거나 리셋 로직이 제대로 모델링 되지 않았음을 나타낸다.

2상태 타입은 로직 0으로 시뮬레이션을 시작한다. 리셋의 일반적인 동작이 변수를 0으로 만드는 것이므로 리셋 로직에 문제가 있어도 리셋이 제대로 된 것 같이 보일 수 있다.

열거형 타입은 기본 타입의 초기값으로 시뮬레이션이 시작된다. 상태 변수가 기본값과 레이블 값으로 정의됐고 리셋이 열거형 변수를 첫 번째 아이템으로 세트 했다면 2상태 변수의 경우와 비슷한 상황이 발생할 수도 있다. 시뮬레이션 시작 시에 초기화 되지 않은 0 값을 갖는 **int**가 기본 타입이므로 2상태 기본 타입의 초기화 되지 않은 값과 동일하다. 리셋이 실행되지 않았거나 리셋 로직에 문제가 있음에도 불구하고 디자인은 리셋된 것 같아 보인다.

다음 예제는 WIATE 상태에 멈춰있을 것이다. State와 Next 변수 모두 시뮬레이션 시작 시에 열거형 리스트의 첫 값인 WAITE를 나타내는 0 값을 갖기 때문이다. clock의 매 상승 에지마다 State는 이미 가지고 있는 값으로 할당되고 변경은 일어나지 않는다. 변경이 없기 때문에 **always** @(State) 프로시저 블록은 불리지 않고 Next는 초기값인 WAITE에서 변경되지 않는다.

```
enum (WAITE, LOAD, STORE) State, Next;

always @(posedge clock, negedge resetN)
```

```
    if (!resetN) State <= WAITE;
    else State <= Next;

  always @(State)
    case (State)
      WAITE:  Next = LOAD;
      LOAD:Next = STORE;
      STORE:  Next = WAITE;
    endcase;
```

리셋을 적용하는 것으로는 이 문제를 해결하지 못한다. 리셋이 State를 WAITE로 변경하지만 같은 값이므로 Next는 계속 초기값만을 가지고 있게 된다.

이 문제는 두 가지 방법으로 해결 가능하다. 첫 번째, **logic**과 같은 타입으로 열거형 변수를 선언하는 것이다. 시뮬레이션은 State나 Next가 초기화 되지 않은 값이 X로 시작하게 되고 리셋되면 클리어 된다. 이것이 하드웨어를 더 정확하게 표현하는 것이다. RTL 시뮬레이션에서 리셋이 동작하면 State 변수는 X에서 WAITE로 변경되므로 Next가 LOAD로 변경되도록 만든다.

두 번째, 열거형 타입에 기본 타입과 레이블 값을 사용할 때 **always** @(State)를 SystemVerilog의 **always_comb** 프로시저 블록으로 교체하는 것이다. **always_comb** 프로시저 블록은 시뮬레이션 시간 0에 자신을 한 번 실행시킨다. 시간 0에서 디코딩 로직을 실행해 State의 초기값이 디코드 되고 Next 변수가 그에 따라 디코딩 된다. 이 것이 시뮬레이션 문제를 해결한다.

unique case와 4상태 기본 타입의 열거형 타입을 조합하는 것이 또 이점이 있다. State가 리셋되지 않는다면 로직 X일 것이고 case 선택 아이템의 어느 하나와도 맞는 것이 없으므로 런타임 경고를 만들어낼 것이다.

예제 8-2와 예제 8-3은 4상태 열거형 타입과 **always_comb**, **unique case** 조합을 보여준다. SystemVerilog 구문의 조합은 RTL 코드를 간략화 할 뿐만 아니라 Verilog에서는 알아내고 디버깅하기 힘든 디자인 문제를 잡을 수 있다.

8.3 요약

이 장에서는 추상화 레벨 이상에서 하드웨어 동작을 나타낼 때의 모델링 기술에 대한 제안을 설명했다. SystemVerilog는 시뮬레이션과 합성을 제대로 되게 하는 정확한 모델링이 가능하도록 몇 가지 개선을 제공한다. 이 개선들은 모든 소프트웨어 툴에 대해 동작이 균일하도록 보증하는데 도움을 준다.

이 장에서는 새로운 추상화 모델링 구문(2상태 타입, 열거형 타입, **always_comb** 프로시저 블록, **unique** case 구문)을 사용해 유한 상태 머신을 어떻게 제대로 모델링하는지 설명했다.

Chapter 09

SystemVerilog 디자인 계층

이 장에서는 SystemVerilog가 디자인 계층으로 나타내고 일하기 위해 Verilog에 추가된 많은 개선에 대해 다음과 같은 것을 설명한다.

- 모듈 프로토타입
- 중첩된 모듈
- 모듈 인스턴스의 간략화 된 네트리스트
- 네트리스트 재명명
- 모듈 포트를 통한 값 전달
- 레퍼런스에 의한 포트 연결
- 개선된 포트 선언
- 파라미터화된 타입과 다형성
- 블록 내의 변수 선언

9.1 모듈 프로토타입

Verilog의 모듈 인스턴스는 디자인 계층을 만드는 직선적이고 간단한 방법이다. 그러나 컴파일러와 같은 툴은 모듈의 정의와 포트가 모듈 인스턴스와 다른 곳에 위치하기 때문에 컴파일하기 어렵다. 모듈 인스턴스의 완전한 컴파일을 위해서는 컴파일러가 적어도 모듈 정의를 해석해 몇 개의 포트가 있는지, 크기는 어떤지, 타입은 무엇인지, 모듈 정의에서 포트의 순서는 무엇인지 정해야만 한다.

SystemVerilog는 사용자가 시작되는 모듈의 프로토타입을 지정해 컴파일 프로세스가 간략화 되도록 한다. 프로토타입은 **extern** 키워드와 뒤에 따르는 모듈과 포트의 선언을 사용해 정의된다. Verilog-1995 또는 Verilog-2001 모듈 선언 스타일은 프로토타입에 사용될 수 있다. Verilog-1995 모듈 선언 스타일은 모듈의 포트 개수와 순서만을 선언하도록 제한되어 있다. Verilog-2001 모듈 선언 스타일은 포트 개수, 포트 순서, 포트 벡터 크기, 포트 타입을 선언한다. Verilog-2001 스타일 모듈 선언은 파라미터 리스트도 포함 가능하다. Verilog-1995와 Verilog-2001의 예제는 다음과 같다.

```
// Verilog-1995 스타일 프로토타입
extern module counter (cnt, d, clock, resetN);

// Verilog-2001 스타일 프로토타입
extern module counter #(parameter N = 15)
                      (output logic [N:0] cnt,
                       input  wire  [N;0] d,
                       input  wire  clock, load, resetN);
```

모듈 정의의 프로토타입은 디자인을 문서화하는데 도움을 준다. 큰 디자인은 수십 개의 소스 파일로 나뉠 수 있다. 한 파일이 다른 모듈의 인스턴스를 담고 있을 때 그 모듈 정의를 보기 위해 다른 파일이 사용될 수 있다. 모듈 정의의 프로토타입은 같은 파일 내에 있을 수 있다.

외부 모듈 선언 시계

extern module 선언은 어떤 모듈 내에서도, 어떤 레벨의 디자인 계층에서도 만들어질 수 있다. 선언은 정의된 범위 내에서만 보여질 수 있다. 모듈의 바깥이나 인터페이스 경계에서 만들어진 외부 모듈 선언은 $unit 컴파일 단위 선언 영역 내에 있을 것이다. 디자인 계층 어디에든 $unit 영역을 공유하는 다른 모듈은 전역 가시(visible) 모듈이 될 수 있다.

Verilog에서는 모듈이 정의되기 전에 사용될 수 있다. 모듈의 프로토타입은 컴파일 단위 내에서의 실제 정의에 대한 대안이다. 그래서 비슷한 검사 시스템을 사용한다. **extern** 선언은 모듈의 인스턴스 보다 먼저 있을 필요는 없다.

9.1.1 프로토타입과 실제 정의

SystemVerilog에서는 **extern module** 선언의 포트 리스트가 실제 모듈 정의(순서, 크기를 포함)와 정확히 일치해야 한다. 틀린 점이 하나라도 있으면 치명적 에러가 발생한다.

9.1.2 포트 선언 과잉을 피하기

SystemVerilog는 소스 코드 잉여를 줄일 편리하고 간단한 방법을 제공한다. 만약 한 모듈에 대한 **extern module** 선언이 존재하면 모듈 정의의 일부로 포트 선언을 다시 할 필요가 없다. 대신 실제 모듈 정의는 **.*** 문자를 포트 리스트에 사용한다. 소프트웨어 툴은 자동적으로 **.***을 **extern module** 내에 있는 포트 정의로 바꾼다. 이것은 같은 포트 리스트를 두 번 갖는 것을 절약해준다. 예를 들어,

```
extern module counter #(parameter N = 15)
                      (output logic [N:0] cnt,
                       input  logic [N;0] d,
                       input  wire clock, load, resetN);

module counter ( .* );
   always @(posedge clock, negedge resetN) begin
      if (!resetN)      cnt <= 0;
      else if (load)    cnt <= d;
      else           cnt <= cnt + 1;
   end
endmodule
```

이 예제에서 .*을 사용해 **extern** 선언에 있는 것과 같은 파라미터 리스트와 포트 리스트 모두를 의미하도록 했다.

9.2 이름 지어진 끝내기 구문

9.2.1 이름 지어진 모듈 끝내기

모듈은 **module**과 **endmodule** 키워드 쌍 사이에 정의된다. 추가 중첩 모듈을 사용하면 부모 모듈은 여러 endmodule 선언을 갖게 된다. 이것은 큰 블록의 코드를 읽기 힘들게 만들고 어느 endmodule이 어느 module 선언과 쌍인지 눈으로 결정하기 힘들게 만든다.

SystemVerilog에서는 **endmodule** 키워드에 이름을 사용하도록 했는데 다음과 같다.

```
endmodule : <module_name>
```

endmodule에 지정된 이름은 쌍이 되는 module의 이름과 정확히 일치해야 한다.

endmodule로 지정된 이름은 SystemVerilog 코드가 자체 문서화와 유지가 쉽도록 해준다. 이 책에 있는 여러 개의 큰 SystemVerilog 코드 예제는 이름 붙여진 모듈 끝내기가 사용됐다.

9.2.2 이름 지어진 코드 블록 끝내기

SystemVerilog는 또 코드의 블록 끝에 이름을 사용하도록 했다. **package...endpackage**, **interface...endinterface**, **task...endtask**, **function...endfunction**, **begin...end** 키워드 쌍, 그리고 테스트벤치에 사용되는 다른 이름 지어진 코드 블록에 대해 끝에 이름을 붙일 수 있다.

7.7절에 **begin...end**에 대한 이름 붙이기가 설명되어 있다.

9.3 중첩된(로컬) 모듈 선언

Verilog에서 모든 모듈 이름, 사용자 정의 프리미티브 이름(UDP), 시스템 태스크 이름, 함수 이름(Verilog PLI를 사용해 선언됨)은 전역 이름 영역에 위치한다. 이런 오브젝트들의 이름은 디자인 계층 어디에서든지 언급 가능하다. 이 모듈 이름에 대한 전역 액세스는 디자인 계층을 정의하는 간단하고 강력한 메커니즘을 제공한다. 어떤 모듈이든 파일이 컴파일되는 순서에 상관없이 어떤 다른 모듈을 시작할 수 있다.

그러나 Verilog의 모든 복잡한 모듈 이름에 대한 전역 액세스는 특정 모듈에 대한 액세스를 제한할 수도 있다. 복합 IP(Intellectual Property) 모델은 자신의 계층 트리를 가지고 있다. IP 모델 내의 모듈 이름은 전역적으로 액세스 가능하고 디자인은 다른 부분에서 직접 IP 모델의 하위 모듈을 시작할 수 있다.

Verilog의 모든 복잡한 모듈 이름에 대한 전역 액세스는 이름짓기에서 충돌을 발생시킬 수도 있다. 예를 들어 사용자의 디자인과 IP 모델이 가진 이름이 모두 FSM으로 이름지어졌다면 전역 이름 범위 내에서 이름이 충돌하게 된다. 만약 여러 IP 모델이 디자인에 사용된다면 모듈 이름 충돌이 둘 혹은 여러 IP 모델 사이에서 발생할 수도 있다. 이름 충돌을 피하려면 IP 모델 소스 코드 또는 디자인 코드에 변경이 가해질 필요가 있다.

대부분의 소프트웨어 툴은 이름 범위 충돌에 대한 독점적인 해결방법을 제공한다. 그러나 이런 해결방법은 보통 컴파일에 대해 일정 수준의 입력을 필요로 한다. Verilog-2001은 Verilog에 설정 구문을 추가했다. 설정 구문은 전역 모듈 정의 이름 범위 내에서 충돌 없이 같은 모듈 이름이 여러 번 사용되는 것을 허용하는 표준 해결을 제공한다. 그러나 설정은 장황하고 모듈이 시작될 수 있는 곳을 제한하는 문제를 해결하지 못한다.

중첩된(로컬) 모듈

SystemVerilog는 모듈 이름이 시작될 수 있는 곳에 대한 제한에 대해 간단하고 우아한 해결을 제공하고 같은 이름의 다른 모듈과의 잠재적인 충돌을 피하게 한다. 해결책은 모듈 정의가 다른 모듈 정의 내로 중첩되도록 허용한다. 중첩 모듈은 선언된 계층 범위의 바깥에서는 보이지 않는다. 예를 들어, 예제 9-1에 대한 계층 트리는 다음과 같다.

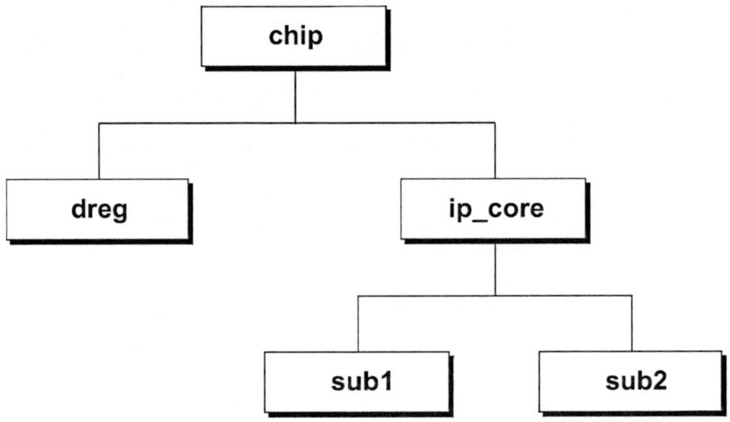

예제 9-1 중첩 모듈 정의

```
module chip (input wire clock); // top level 디자인
  dreg i1(clock);
  ip_core i2(clock);
endmodule: chip

module dreg (input wire clock); // 전역 모듈 정의
  ...
endmodule: dreg

module ip_core(input wire clock); // 전역 모듈 정의
  sub1 u1 (...);
  sub2 u2 (...);
  module sub1 (...); // 중첩 모듈 정의
    ...
  endmodule: sub1

  module sub2 (...); // 중첩 모듈 정의
    ...
  endmodule: sub2

endmodule: ip_core
```

중첩된 모듈 정의는 나뉜 파일에 있을 수 있다

Verilog에서 아주 일반적인 모델링 스타일은 각 모듈 정의 소스 코드를 개별 파일로 두는 것이다. 일반적으로 파일 이름은 모듈 이름과 같다. 이 스타일은 Verilog의 요구사항은 아니지만 큰 디자인의 소스 코드를 개발하고 유지하는데 도움을 주기 때문에 자주 사용된다. 만약 여러 모듈이 하나의 파일에 들어 있으면 그 파일 내의 소스 코드는 다루기 힘들고 일하기 힘들게 된다. 모듈을 개별 파일로 유지하는 것은 디자인 프로세스의 일부로 버전 관리 소프트웨어의 사용을 용이하게 한다. 리비전 컨트롤 툴은 특정 사용자가 특정 파일을 체크아웃 해 수정하고 리비전 히스토리를 추적한다. 많은 모듈이 같은 파일 안에 있다면 리비전 컨트롤은 그 유용성을 잃게 된다.

중첩 모듈 정의는 여러 모듈 정의를 담고 있는 top-level 모듈에 대한 소스 코드 파일로부터 시작한다. 소스 코드가 top-level 모듈 내에 소스 코드가 파묻혀 있으면 중첩된 모듈은 관리가 힘들고 다른 디자인에서 사용하기 힘들게 된다.

Verilog의 **`include** 컴파일러 구문을 사용해 이런 잠재적인 약점을 제거할 수 있다. 각각의 중첩된 모듈 정의는 유지와 재사용이 쉽도록 서로 다른 파일에 존재할 수 있다. 그렇게 해서 top-level 모듈은 `include를 사용해 중첩된 모듈의 정의를 포함할 수 있다. 이것은 top-level 모듈이 더 간결하고 읽기 쉽게 만들어 준다.

예를 들어,

```
module ip_core (input logic clock);
   ...
   `include sub1.v // sub1은 중첩된 모듈
   `include sub2.v // sub2는 중첩된 모듈
   ...
endmodule

module sub1(...); // sub1.v에 담겨져 있음
   ...
endmodule

module sub2(...); // sub2.v에 담겨져 있음
   ...
endmodule
```

9.3.1 중첩된 모듈 이름 가시성

중첩된 모듈의 이름은 다른 이름과 함께 전역 모듈 정의 이름 범위에 있지 않다. 중첩된 모듈 이름들은 부모 모듈의 이름 범위에 존재한다. 이 말은 중첩된 모듈은 디자인의 다른 곳에서 정의된 모듈로서 전역 모듈 정의 이름 범위 내에서 어떤 충돌도 없이 같은 이름을 가질 수 있다는 것이다.

중첩된 모듈의 이름은 부모 모듈에서만 볼 수 있기 때문에 중첩된 모듈은 부모 모듈에 의해서만 시작될 수 있거나 중첩된 모듈의 하위 계층 트리에서만 시작될 수 있다. 중첩된 모듈은 디자인 계층 이외의 다른 곳에서는 시작될 수 없다. 예제 9-1에서 모듈 chip, dreg, ip_core는 전역 이름 범위 내에 있다. 이 모듈들은 디자인 계층 내의 어디에서든지 다른 모듈에 의해 시작될 수 있다. sub1, sub2는 ip_core 내에 중첩되어 있기 때문에 ip_core 내의 로컬 이름이고 ip_core나 ip_core 내에서 시작된 모듈들에 의해서만 시작될 수 있다.

중첩된 모듈은 다른 모듈 인스턴스에서 처럼 같은 계층 범위 이름을 갖는다. 중첩된 모듈 내의 변수, 네트 그리고 다른 선언은 검증 목적으로 계층적으로 언급될 수 있다.

중첩된 모듈은 다른 모듈을 시작할 수 있다

중첩된 모듈은 다른 모듈을 시작할 수 있다. 이런 모듈들의 정의는 3가지 범위 내에 있을 수 있다. 전역 모듈 정의 이름 영역, 중첩된 모듈의 부모, 중첩된 모듈(다른 중첩된 모듈 정의로서)의 내부이다.

9.3.2 중첩된 모듈의 예시

중첩된 모듈은 보통의 모듈과 같은 방식으로 시작될 수 있다. 중첩된 모듈은 부모 내에서 회수 제한 없이 시작될 수 있다. 부모 모듈 아래의 계층 어디에서든지 시작될 수도 있다. 중첩된 모듈의 인스턴스와 보통 모듈 사이의 차이점은 중첩된 모듈은 부모 모듈 계층이나 부모 모듈 하위 계층에서만 시작될 수 있다는 것이다. 반면에 보통 모듈은 디자인 계층 어디에서든 시작될 수 있다.

다음 예제는 ip_core가 3개의 중첩된 모듈 정의 sub1, sub2, sub3를 가지고 있는 것을 보여준다. 중첩된 모듈 정의가 ip_core의 로컬이지만 계층적으로 이런 중첩된 모듈들은 ip_core의 직접적인 자식은 아니다. 이 예제에서 ip_core는 sub1을 시작하고 sub1은 sub2를 sub2는 sub3를 시작한다.

예제 9-2 중첩된 모듈의 계층 트리

```
module ip_core (input clock);
  sub1 u1 (...); // sub1의 인스턴스

  module sub1 (...); // 중첩된 모듈 정의
    sub2 u2 (...);
    ...
  endmodule: sub1


  module sub2;
    // sub2는 포트를 갖지 않고 구분자를 위해 부모 모듈(ip_core)의 소스 코드를 본다
    sub3 u3 (...);
  endmodule: sub2

  module sub3 (...);
    ...
  endmodule: sub3

endmodule: ip_core
```

예제 9-2의 계층 트리는 다음과 같다.

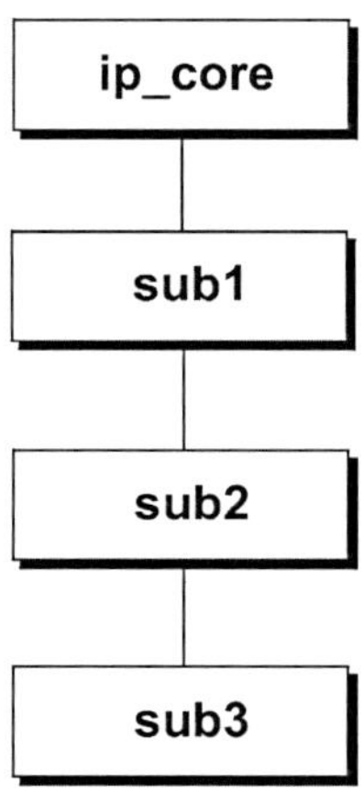

9.3.3 중첩된 모듈 이름 찾기 규칙

중첩된 모듈은 보통 모듈에서와 마찬가지로 그 자신의 이름 범위를 갖는다. 중첩된 모듈은 포트가 있거나 없도록 정의될 수 있다. 중첩된 모듈의 포트 이름은 중첩된 모듈 내의 로컬 이름이 된다. 중첩된 모듈 내의 네트, 변수, 태스크, 함수 또는 다른 선언은 그 모듈에 대한 로컬이다.

중첩된 모듈은 보통 모듈과는 다른 이름 찾기 규칙을 갖는다. 문맥적으로 중첩된 모듈은 Verilog task와 비슷하고 중첩된 모듈은 자신의 부모 내에 있는 시그널을 볼 수 있다. 태스크에서처럼 이름은 중첩된 모듈의 로컬 내에 있지 않은 것으로 언급되고 부모 모듈에서 찾아지는 이름으로 언급된다. 만약 이름이 중첩된 모듈에 대해 로컬이 아니고 부모 모듈에도 없으면 컴파일 단위 범위가 찾아질 것이다. 이는 중첩된 모듈이 변수, 상수 태스크, 함수, 외부에서 정의된 사용자 정의 타입을 컴파일 단위에서 언급할 수 있도록 해준다.

중첩된 모듈의 상위 찾기는 중첩되지 않은 모듈의 상위 찾기와는 다르다. 중첩되지 않은 모듈은 전역 모듈 정의 범위 내에 있다. 전역 모듈 정의 범위에 정의된 모듈이 그 모듈 내에서 정의되지 않은 구분자를 언급하는 경우 이름 찾기 패스는 $unit 컴파일 단위 범위를 포함하는 인스턴스 계층 트리를 사용한다.

한편 중첩된 모듈 정의는 소스 코드 부모를 갖는다. 중첩된 모듈 내에서 정의되지 않은 구분자가 언급되면 찾기 패스는 모듈이 시작된 곳 보다는 중첩된 모듈이 정의된 곳인 부모 모듈 내를 본다.

9.4 모듈 인스턴스의 간략화된 네트리스트

네트리스트는 모듈 인스턴스들의 포트를 연결하는 네트의 리스트이다. 네트리스트는 추상화 상위 레벨의 주요 블록을 연결하는 것부터 ASIC 셀이나 게이트와 같은 디스크리트 컴포넌트를 연결하는 것까지의 디자인의 많은 레벨에 사용된다. 네트리스트는 소프트웨어 툴로부터 만들어진다. 그러나 네트리스트는 손으로 정의될 수도 있다. 블록 레벨에서 네트리스트는 보통 디버깅하기 힘든 잠재적인 연결 에러가 꽤 크다.

Verilog 언어는 두 문법 스타일을 제공해 모듈 인스턴스들을 연결한다. 순서화된 포트 연결과 이름 붙여진 포트 연결이다.

순서화된 포트 연결은 모듈의 네트나 변수를 각 모듈 정의의 포트 위치를 사용해 연결하는 것이다. 예를 들어 data_bus로 이름 붙여진 네트는 다섯 번째 포트를 다른 모듈의 여섯 번째 포트에 연결할 수 있다. 순서화된 포트 연결에서는 각 포트의 이름이 문제가 아니다. 포트의 위치가 중요하다. 각 연결될 모듈 인스턴스의 정확한 포트 순서를 알아야 한다.

D-플립플롭 인스턴스의 예가 아래에 있다.

```
dff d1 (out, /* not used */, in, clock, reset);
```

각 포트의 정확한 위치를 알아야 하는 것은 불편하다. 포트 순서 연결 문법을 사용할 때 의도하지 않은 디자인 에러가 쉽게 발생한다. 복잡한 디자인의 모듈은 수십 개의 포트를 갖는다. 네트가 잘못된 위치에 연결된 경우 네트리스트만 봐서는 에러가 분명하지 않다. 다른 단점으로 순서화된 포트 연결 방법은 디자인 의도를 제대로 문서화 못한다. 포트 순서로 연결된 모듈 인스턴스는 보기에 힘들고 네트가 의도적으로 연결됐는지 알기 힘들다. 이런 단점 때문에 순서화된 포트 연결은 잘 사용되지 않는다.

두 번째 스타일은 각 포트의 이름을 명시하는 것이다. 기본 문법은 다음과 같다.

```
.<port_name>(<net_or_variable_name>)
```

D-플립플롭에 대한 예제가 아래에 있다. 플립플롭의 포트는 이름 지어져 있기 때문에 실제 플립플롭 정의를 보지 않고도 어느 포트 시그널이 연결되는지 알기 쉽다.

```
dff d1 ( .q(out), .qb(/*not used*/),
         .d(in), .clk(clock), .rst(reset));
```

이름 붙여진 포트 연결 스타일을 사용하면 각 모듈 인스턴스의 포트 순서를 지킬 필요가 없다. 이름 붙여진 포트 연결의 사용에 의해 각 포트는 특정 네트에 명확하게 연결되므로 잠재적인 우연한 디자인 에러는 감소하게 된다.

예제 9-3는 MicroChip PIC 8-bit 프로세서를 간략화한 작은 마이크로프로세서를 보여둔다. 모듈이 6개인 작은 디자인이지만 이름 붙여진 포트 연결을 사용하는 것을 보여준다. 예제 9-4와 예제 9-5는 SystemVerilog로 Verilog 네트리스트를 간략화 한 것을 보여준다.

예제 9-3 Verilog의 이름 붙여진 포트 연결을 사용한 간단한 네트리스트

```
module miniPIC (
   inout  wire [7:0] port_a_pins,
   inout  wire [7:0] port_b_pins,
   inout  wire [7:0] port_c_pins,
   input  wire       clk,
   input  wire       resetN
);

   wire [11:0] instruct_reg, program_data;
   wire [10:0] program_counter, program_address;
   wire [ 7:0] tmr0_reg, status_reg, fsr_reg, w_reg, option_reg,
               reg_file_out, port_a, port_b, port_c, trisa,
               trisb, trisc, data_bus, alu_a, alu_b;
   wire [ 6:0] reg_file_addr;
   wire [ 3:0] alu_opcode;
   wire [ 1:0] alu_a_sel, alu_b_sel;
   wire        reg_file_sel, special_reg_sel, reg_file_enable,
               w_reg_enable, zero_enable, carry_enable, skip,
               isoption, istris, polarity, carry, zero;

   pc_stack pcs (  // module instance with .name port connections
      .program_counter(program_counter),
      .program_address(program_address),
      .clk(clk),
      .resetN(resetN),
      .instruct_reg(instruct_reg),
      .data_bus(data_bus),
      .status_reg(status_reg)
   );

   prom prom (
      .dout(program_data),
      .clk,
      .address(program_address)
   );
```

```
instruction_decode decoder (
   .alu_opcode(alu_opcode),
   .alu_a_sel(alu_a_sel),
   .alu_b_sel(alu_b_sel),
   .w_reg_enable(w_reg_enable),
   .reg_file_sel(reg_file_sel),
   .zero_enable(zero_enable),
   .carry_enable(carry_enable),
   .polarity(polarity),
   .option(isoption),
   .tris(istris),
   .instruct_reg(instruct_reg)
);

register_files regs (
   .dout(reg_file_out),
   .tmr0_reg(tmr0_reg),
   .status_reg(status_reg),
   .fsr_reg(fsr_reg),
   .port_a(port_a),
   .port_b(port_b),
   .port_c(port_c),
   .trisa(trisa),
   .trisb(trisb),
   .trisc(trisc),
   .option_reg(option_reg),
   .w_reg(w_reg),
   .instruct_reg(instruct_reg),
   .program_data(program_data),
   .port_a_pins(port_a_poins),
   .data_bus(data_bus),
   .address(reg_file_addr),
   .clk(clk),
   .resetN(resetN),
   .skip(slik),
   .reg_file_sel(reg_file_sel),
   .zero_enable(zero_enable),
   .carry_enable(carry_enable),
   .w_reg_enable(w_reg_enable),
   .reg_file_enable(reg_file_enable),
   .zero(zero),
   .carry(carry),
```

```
      .special_reg_sel(special_reg_sel),
      .isoption(isoption),
      .istris(istris)
   );

   alu alu  (
      .y(data_bus),
      .carry_out(carry),
      .zero_out(zero),
      .a(alu_a),
      .b(alu_b),
      .opcode(alu_opcode),
      .carry_in(status_reg[0])
   );

   glue_logic glue (
      .port_b_pins(port_b_pins),
      .port_c_pins(port_c_pins),
      .alu_a(alu_a),
      .alu_b(alu_b),
      .reg_file_addr(reg_file_addr),
      .reg_file_enable(reg_file_enable),
      .special_reg_sel(special_reg_sel),
      .skip(skip),
      .instruct_reg(instruct_reg),
      .program_counter(program_counter),
      .port_a(port_a),
      .port_b(port_b),
      .port_c(port_c),
      .data_bus(data_bus),
      .fsr_reg(fsr_reg),
      .tmr0_reg(tmr0_reg),
      .status_reg(status_reg),
      .w_reg(w_reg),
      .reg_file_out(reg_file),
      .alu_a_sel(alu_a_sel),
      .alu_b_sel(alu_b_sel),
      .reg_file_sel(reg_file_sel),
      .polarity(polarity),
      .zero(zero)
   );

endmodule
```

이름 붙여진 포트 연결의 이점

이름 붙여진 포트 연결의 이점은 의도하지 않은 디자인 에러에 대한 리스크를 감소시켜준다는 것이다. 추가로 이름 붙여진 포트 연결은 디자인 의도를 더 잘 문서화 해준다. 위의 예제에서 어떤 시그널이 플립플롭의 어느 포트에 연결되도록 하려 했는지 각 모듈의 소스 코드를 보지 않아도 아주 명확하다. 많은 회사에서 내부 모델링 가이드라인에 이름 붙여진 포트 연결을 사용하도록 하고 있다.

이름 붙여진 포트 연결의 단점

이름 붙여진 포트 연결의 단점은 매우 장황하다는 것이다. 네트리스트는 수십 수백 개의 모듈 인스턴스를 가질 수 있고 각 인스턴스마다 수십 개의 포트가 있다. 포트 이름과 연결되는 네트 이름이 모두 열거되어야 한다. 포트와 네트 이름은 1024 글자까지 Verilog에서 지원한다. 긴 설명이 좀 들어간 포트, 네트 이름을 사용하게 되면 장황의 정도가 커지게 되고 유지가 힘들게 된다.

9.4.1 암시적인 .name 포트 연결

SystemVerilog는 네트리스트를 굉장히 간단히 해주는 3개의 개선을 제공한다. `.name`(dot-name으로 부름) 포트 연결, `.*`(dot-start로 부름) 포트 연결, 그리고 interface가 그것이다. `.name`과 `.*` 스타일은 다음 절에서 설명하고 interface는 10장에서 설명한다.

SystemVerilog의 `.name` 포트 연결 문법은 순서화된 포트 연결의 간단함과 이름 붙여진 연결의 문서화와 순서에 상관 없는 것과 같은 이점을 조합해 Verilog 스타일의 단점을 없앤 것이다. 많은 Verilog 네트리스트, 특히 주요 블록을 서로 연결하는 top-level 네트리스트에서 포트 이름과 그 포트에 연결되는 이름을 같이 쓰는 것이 일반적이다. 예를 들어, `data`라는 포트를 가진 모듈에 대해 서로 연결하는 네트는 `data`로 이름을 사용하는 것이다.

Verilog의 이름 붙여진 포트 연결 스타일을 사용할 때는 다른 포트 연결을 위해 `.data(data)`와 같은 식으로 이름을 두 번 반복할 필요가 있다. SystemVerilog는 그냥 포트 이름만 사용해 이름 붙여진 포트 연결의 문법을 간략화 했다. 포트 이름만 주어지는 경우 SystemVerilog는 같은 이름을 가진 변수나 네트가 자동적으로 그 포트에 연결되는 것으로 추론한다. 이 말은 Verilog 스타일의 .data(data)의 장황함을 .data만 사용해 줄일 수 있다는 것이다.

네트의 이름이 포트의 이름과 다른 경우는 Verilog 이름 지어진 포트 연결을 사용해 명확하게 연결해야 한다. Verilog 이름 지어진 포트 연결에서처럼 연결되지 않은 포트는 지정되지 않고 남겨둘 수 있거나 빈 괄호를 사용해 연결이 없음을 명시할 수 있다.

예제 9-4는 예제 9-3을 간략화 한 것이다. .name 문법이 장황함을 줄였고 읽기 쉽고 유지하기 쉽게 되었다.

예제 9-4 SystemVerilog의 .name 포트 연결을 사용한 간단한 네트리스트

```
module miniPIC (
   inout  wire [7:0] port_a_pins,
   inout  wire [7:0] port_b_pins,
   inout  wire [7:0] port_c_pins,
   input  wire       clk,
   input  wire       resetN
);

   wire [11:0] instruct_reg, program_data;
   wire [10:0] program_counter, program_address;
   wire [ 7:0] tmr0_reg, status_reg, fsr_reg, w_reg, option_reg,
               reg_file_out, port_a, port_b, port_c, trisa,
               trisb, trisc, data_bus, alu_a, alu_b;
   wire [ 6:0] reg_file_addr;
   wire [ 3:0] alu_opcode;
   wire [ 1:0] alu_a_sel, alu_b_sel;
   wire        reg_file_sel, special_reg_sel, reg_file_enable,
               w_reg_enable, zero_enable, carry_enable, skip,
               isoption, istris, polarity, carry, zero;

   pc_stack pcs (
      .program_counter,
      .program_address,
      .clk,
      .resetN,
```

```
   .instruct_reg,
   .data_bus,
   .status_reg
);

prom prom (
   .dout(program_data),
   .clk,
   .address(program_address)
);

instruction_decode decoder (
   .alu_opcode,
   .alu_a_sel,
   .alu_b_sel,
   .w_reg_enable,
   .reg_file_sel,
   .zero_enable,
   .carry_enable,
   .polarity,
   .option(isoption),
   .tris(istris),
   .instruct_reg
);

register_files regs (
   .dout(reg_file_out),
   .tmr0_reg,
   .status_reg,
   .fsr_reg,
   .port_a,
   .port_b,
   .port_c,
   .trisa,
   .trisb,
   .trisc,
   .option_reg,
   .w_reg,
   .instruct_reg,
   .program_data,
   .port_a_pins,
   .data_bus,
```

```
      .address(reg_file_addr),
      .clk,
      .resetN,
      .skip,
      .reg_file_sel,
      .zero_enable,
      .carry_enable,
      .w_reg_enable,
      .reg_file_enable,
      .zero,
      .carry,
      .special_reg_sel,
      .isoption,
      .istris
   );

   alu alu  (
      .y(data_bus),
      .carry_out(carry),
      .zero_out(zero),
      .a(alu_a),
      .b(alu_b),
      .opcode(alu_opcode),
      .carry_in(status_reg[0])
   );

   glue_logic glue (
      .port_b_pins,
      .port_c_pins,
      .alu_a,
      .alu_b,
      .reg_file_addr,
      .reg_file_enable,
      .special_reg_sel,
      .skip,
      .instruct_reg,
      .program_counter,
      .port_a,
      .port_b,
      .port_c,
      .data_bus,
      .fsr_reg,
```

```
        .tmr0_reg,
        .status_reg,
        .w_reg,
        .reg_file_out,
        .alu_a_sel,
        .alu_b_sel,
        .reg_file_sel,
        .polarity,
        .zero
    );

endmodule
```

이름 붙여진 포트에 대한 연결을 추론하기 위해 네트나 변수는 포트 이름과 벡터 크기를 맞춰야만 한다. 그리고 타입과 포트의 양측이 호환되어야 한다. 호환되지 않는 타입은 경고나 에러를 발생시킨다. 무엇이 연결되는지에 대한 규칙은 IEEE 1364-2005 Verilog 표준에 정해진 에러나 경고를 발생시킨다. 예를 들어 **tri0** 풀다운에 연결된 **tri1** 풀업 네트는 경고를 발생시킨다. 이런 연결을 .name 문법에 의해 추론되지 않는다.

이런 제약사항은 .name 연결 스타일에 의해 추론되는 의도하지 않은 연결의 리스크를 줄여준다. 벡터 크기나 타입이 맞지 않지만 디자이너가 연결을 의도 했다면 반드시 전체 이름 붙여진 포트 연결 스타일을 사용해야 한다. 이런 불일치는 명확하게 지정되어야 하고 .name 문법에 의해 추론되지 않는다.

9.4.2 암시적인 .* 포트 연결

SystemVerilog는 큰 네트리스트의 스펙을 간략화하는 손쉬운 방법을 추가했다. .* 문법은 같은 이름의 모든 포트와 네트(혹은 변수)는 자동적으로 연결된다는 것을 나타낸다. .name 문법에서처럼 연결이 추론되기 위해 이름과 벡터 크기는 정확하게 맞아야 하고 연결 타입이 호환되어야 한다. .*에 의해 추론되지 않는 연결은 Verilog 이름 붙여진 포트 연결 규칙에 따라 명확하게 연결되어야 한다.

예제 9-5는 SystemVerilog의 .* 포트 연결 문법을 보여준다.

예제 9-5 .* 포트 연결을 사용한 간단한 네트리스트

```
module miniPIC (
  inout  wire [7:0] port_a_pins,
  inout  wire [7:0] port_b_pins,
  inout  wire [7:0] port_c_pins,
  input  wire       clk,
  input  wire       resetN
  );

  wire [11:0] instruct_reg, program_data;
  wire [10:0] program_counter, program_address;
  wire [ 7:0] tmr0_reg, status_reg, fsr_reg, w_reg, option_reg,
              reg_file_out, port_a, port_b, port_c, trisa,
              trisb, trisc, data_bus, alu_a, alu_b;
  wire [ 6:0] reg_file_addr;
  wire [ 3:0] alu_opcode;
  wire [ 1:0] alu_a_sel, alu_b_sel;
  wire        reg_file_sel, special_reg_sel, reg_file_enable,
              w_reg_enable, zero_enable, carry_enable, skip,
              isoption, istris, polarity, carry, zero;

  pc_stack pcs (
    .*
  );

  prom prom (
    .*,
    .dout(program_data),
    .address(program_address)
  );

  instruction_decode decoder (
    .*,
    .option(isoption),
    .tris(istris)
  );

  register_files regs (
    .*,
    .dout(reg_file_out),
    .address(reg_file_addr)
  );
```

```
   alu alu  (
      .y(data_bus),
      .carry_out(carry),
      .zero_out(zero),
      .a(alu_a),
      .b(alu_b),
      .opcode(alu_opcode),
      .carry_in(status_reg[0])
   );

   glue_logic glue (
      .*
   );

endmodule
```

9.5 네트 재명명

SystemVerilog는 같은 네트에 대해 두 개의 다른 이름을 허용하는 **alias** 구문을 추가했다. 예를 들어,

```
wire clock;
wire clk;

alias clk = clock;
```

네트 clk는 clock의 별명이고 clock은 clk의 별명이다. 두 이름 모두 같은 논리 네트를 지칭한다.

네트에 대한 별명을 정의하는 것은 한 네트의 값을 다른 네트에 복사하는 것이 아니다. 앞의 예제에서 clk는 clock의 복사가 아니다. clk는 clock이고 그냥 다른 이름으로 지칭되는 것 뿐이다. clock 상의 값 변화는 둘이 같은 네트이기 때문에 clk로도 볼 수 있다.

alias 대 assign

alias 구문은 **assign** 연속 할당과는 같지 않다. **assign** 구문은 오른편의 표현을 왼편의 변수나 네트를 연속적으로 복사하는 것이다. 이것은 단방향 복사이다. 왼편의 변수나 네트는 오른편의 표현 변경을 반영한다. 그러나 왼편 변수나 네트의 값이 변경되면 변경은 오른편의 표현에 반영되지는 않는다.

alias는 양방향으로 동작한다. alias 구문 양측의 네트 이름에 대한 값 변화는 다른 편의 네트 이름에 반영될 것이다. alias는 다른 이름을 가진 하나의 네트이기 때문에 가능한 것이다.

다중 alias

몇몇 네트는 같이 재명명 될 수 있다. 네트 이름 중 하나에 대한 변경은 같이 재명명된 모든 네트에 반영된다.

```
wire reset, rst, resetN, rstN;

alias rst = reset;
alias reset = resetN;
alias resetN = rstN;
```

위의 alias들은 하나의 구문으로 만들어질 수 있다.

```
alias rst = reset = resetN = rstN;
```

alias 구문에 열거된 네트의 순서는 중요하지 않다. alias는 값을 할당이 아니기 때문에 같은 오브젝트에 대한 이름을 열거해 놓은 것 뿐이다.

9.5.1 alias 규칙

SystemVerilog는 어떤 시그널이 다른 이름으로 재명명되는지에 대해 몇몇 제약 사항을 가지고 있다.

- 네트 타입만이 재명명될 수 있다. 변수는 재명명될 수 없다. Verilog 네트 타입은 **wire**, **uwire**, **wand**, **wor**, **tri**, **triand**, **trior**, **tri0**, **tri1**, **trireg** 이다.

- 재명명된 네트 타입은 재명명하는 네트와 같은 타입이어야 한다. **wire** 타입은 **wire** 타입으로 재명명 가능하다. **wire**가 **wand**로 재명명되는 것은 에러이다.
- 재명명된 네트는 서로 같은 벡터 크기를 가져야 한다. 왼편의 벡터 크기가 오른편의 벡터 크기와 같다면 네트의 비트나 일부 선택은 재명명될 수 있다.

다음 예제는 모두 옳다.

```
wire [31:0] n1;
wire [3:0][7:0] n2;

alias n2 = n1; // n1, n2 모두 32 비트

wire [39:0] d_in;
wire [7:0] crc;
wire [31:0] data;

alias data = d_in[31:0]; // 32 비트 네트
alias crc = d_in[39:32]; // 8 비트 네트
```

9.5.2 잠재적 네트 선언

재명명 구문은 네트 선언을 암시한다. 재명명 내 각각의 네트를 먼저 명확하게 선언할 필요는 없다. 모듈이나 프리미티브 인스턴스의 포트에 연결되어 선언되지 않은 잠재적 네트를 추론하기 위한 Verilog 규칙을 따라 잠재적 네트는 추론된다. 간략한 규칙은 다음과 같다.

- 재명명 구문 양편의 선언되지 않은 식별자 이름은 네트 타입으로 추론된다.
- 기본 잠재적 네트의 타입은 **wire**이다. `` `default_nettype `` 컴파일러 지시자로 변경 가능하다.
- 네트 이름이 모듈의 포트로 열거되어 있으면 잠재적 네트는 포트와 같은 벡터 크기가 된다.
- 네트 이름이 모듈의 포트 리스트에 없으면 1-bit 네트로 추론된다.

다음 예제는 한 비트 네트 `reset`과 `rstN`, 그리고 64비트 네트 `q`와 `d`를 추론한다.

```
module register (output    [63:0] q,
                 input     [63:0] d,
                 input     clock, reset);

  wire [63:0]  out, in;
  alias in = d;         // 64-bit wire로 추론됨
  alias out = q;        // 64-bit wire로 추론됨
  alias rstN = reset;       // 1-bit wire로 추론됨
  ...
```

네트 재명명은 다른 네트의 일부를 나타내는 네트를 정의하는데 쓰일 수도 있다. 예를 들어 lo_byte는 벡터의 하위 바이트를 나타내는 것, hi_byte는 상위 바이트를 나타내는 것으로 사용 가능하다.

```
module (...)
  wire [63:0] data;
  wire [ 7:0] lo_byte, hi_byte;
  alias data[7:0] = lo_byte;
  alias hi_byte = data[63:56];
  ...
endmodule
```

9.5.3 .name과 .*을 사용한 재명명

재명명 구문은 네트리스트를 모델링하는 .name과 .*의 사용을 극대화한다. 이들은 Verilog의 이름 붙여진 포트 연결없이 같은 이름의 포트를 연결하는데 사용된다. 그러나 다음 예제는 각 모듈의 포트 이름이 같지 않아 시그널을 서로 연결하는데 이들을 완전히 사용하지 못하는 것을 보여준다.

그림 9-1 간단한 네트리스트의 다이어그램

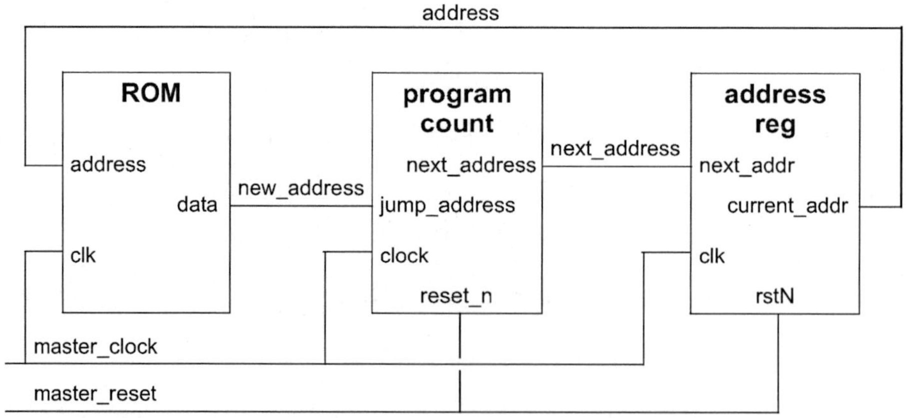

예제 9-6 재명명 없이 SystemVerilog의 .* 포트 연결을 사용한 네트리스트

```
module chip (
  input wire master_clock,
  input wire master_reset
);

  wire [31:0] address, new_address, next_address;

  ROM          i1 ( .*,  // infers .address(address)
                    .data(new_address),
                    .clk(master_clock) );

  program_count  i2 ( .*,   // infers .next_address(next_address)
                    .jump_address(new_address),
                    .clock(master_clock),
                    .reset_n(master_reset) );

  address_reg    i3 ( .*,  // no connections can be inferred
                    .next_addr(next_address),
                    .current_addr(address),
                    .clk(master_clock),
                    .rstN(master_reset) );

endmodule

module ROM (output wire [31:0] data,
            input  wire [31:0] address,
            input  wire        clk);
  ...
endmodule

module program_count (output logic [31:0] next_address,
                      input  wire  [31:0] jump_address,
                      input  wire         clock, reset_n);
  ...
endmodule

module address_reg (output wire [31:0] current_addr,
                    input  wire [31:0] next_addr,
                    input  wire        clk, rstN);
  ...
endmodule
```

master_clock은 모든 모듈과 연결된다. 그러나 모듈의 클록 입력이 master_clock으로 이름 지어져 있지 않다. top-level chip 모듈 내의 master_clock 네트가 다른 모듈의 클록 포트에 연결되려면 다른 모든 클록 포트 이름은 master_clock으로 재명명 되어야 한다. 같은 식으로 리셋도 master_reset 네트에 따라야 한다.

예제 9-7는 이런 alias 구문을 추가해 .*의 이점을 사용한 것이다. 이 예제에서 벡터의 wire는 명확히 선언되었고 다른 클록, 리셋 이름의 wire는 alias 구문을 사용해 잠재적으로 선언되었다.

예제 9-7 SystemVerilog의 .* 연결을 사용한 네트리스트

```
module chip (
  input wire master_clock,
  input wire master_reset,
  ...
);

  wire [31:0] address, data, new_address, jump_address,
              next_address, next_addr, current_addr;

  alias clk = clock = master_clock;
  alias rstN = reset_n = master_reset;
  alias data = new_address = jump_address;
  alias next_address = next_addr;
  alias current_addr = address;

  ROM           i1 ( .* );
  program_count  i2 ( .* );
  address_reg i3 ( .* );

endmodule

module ROM (
  output wire [31:0] data,
  input  wire [31:0] address,
  input  wire        clk
);
  ...
endmodule
```

```
module program_count (
  output logic [31:0] next_address,
  input  wire  [31:0] jump_address,
  input  wire         clock, reset_n
);
  ...
endmodule

module address_reg (
  output wire [31:0] current_addr,
  input  wire [31:0] next_addr,
  input  wire        clk, rstN
);
  ...
endmodule
```

이 예제에서 .*은 모듈 인스턴스의 모듈 포트에 대한 연결을 다음과 같이 추론한다.

```
ROM            i1  (.data(data),
                    .address(address),
                    .clk(clk) );

program_count  i2  (.next_address(next_address),
                    .jump_address(jump_address),
                    .clock(clock),
                    .reset_n(reset_n) );

address_reg    i3  (.current_addr(current_addr),
                    .next_addr(next_addr),
                    .clk(clk),
                    .rstN(rstN) );
```

ROM 모듈의 clk와 program_count 모듈의 clock 다른 네트 이름이 다른 모듈 인스턴스에 연결되더라도 alias 구문은 이들을 같은 네트로 만들고 master_clock과 같은 네트로 만든다.

9.6 모듈 포트를 통한 값 전달

Verilog에서는 모듈 포트를 통해 전달되는 값의 타입에 제약사항을 두었다. 이런 제약사항은 모듈의 정의에 영향을 준다. 다음은 Verilog 모듈 포트 제약사항을 간단히 설명한다.

- 받는 측에서는 **wire**와 같은 네트 타입만 사용 가능하다. 받는 측에 **reg**, **integer**와 같은 변수를 사용하면 안 된다.
- 전송 측에는 네트, **reg**, **integer** 타입 혹은 상수 **integer** 값만 사용 가능하다.
- **$realtobits** 시스템 함수를 사용해 먼저 변환하지 않고 모듈 포트를 통해 **real** 타입을 전달하는 것은 안 된다. 전달 받은 **real** 값은 **$bitstoreal** 시스템 함수를 사용해 **real** 값으로 변환할 수 있다.
- 압축되지 않은 배열을 전달하는 것은 잘 못이다.

9.6.1 모든 타입은 포트를 통해 전달 가능하다

SystemVerilog는 모듈 포트를 통해 전달되는 값의 타입에 대한 모든 제약사항을 거의 다 없앴다.

- 모든 타입의 값이 받는 쪽과 전달하는 쪽에 사용 가능하다.
- 어떤 차원의 압축/비압축 배열도 포트를 통해 전달 가능하다.
- SystemVerilog 구조체와 유니온도 포트를 통해 전달 가능하다.

다음 예제는 SystemVerilog에서 포트를 통해 값을 전달하는 유연성을 보여준다. 이 예제에서 변수가 양쪽에 모두 사용되고 구조체, look-up 테이블을 나타내는 배열이 포트를 통해 전달된다.

예제 9-8 모듈 포트를 통해 구조체와 배열 전달

```
typedef struct packed {
  logic [ 3:0] opcode;
  logic [15:0] operand;
} instruction_t;
```

```
module decoder (
   output logic [23:0]  microcode,
   input  instruction_t instruction,
   input  logic [23:0]  LUT [255:0]
);

   ...
endmodule

module DSP (
   input  logic        clk, resetN,
   input  logic [ 3:0] opcode,
   input  logic [15:0] operand,
   output logic [23:0] data
);

   logic [23:0]  microcode;
   instruction_t instruction;

   logic [23:0] LUT [0:(2**20-1)];

   decoder i1 (microcode, instruction, LUT); // instance of the decoder

   ...
endmodule
```

9.6.2 SystemVerilog의 모듈 포트 제약사항

SystemVerilog 모듈 포트를 통해 전달되는 값에 두 가지 제약사항을 두었다. 이 제약사항은 모듈 포트가 하드웨어 동작을 정확하게 표현하도록 보증하는데 도움을 주고 직관적이게 해준다.

첫 번째, 변수는 주어진 시간 순간에 하나의 소스만이 값을 변경할 수 있다는 것이다. 소스는 다음과 같을 수 있다.

- 하나의 모듈 출력 혹은 입출력 포트
- 하나의 프리미티브 출력 혹은 입출력 포트
- 하나의 연속된 할당

- 여러 프로시저 할당

하나의 소스만이 변수에 값을 쓰도록 하는 이유는 간단히 변수가 마지막에 쓰어진 값을 유지하도록 하기 위한 것이다. 만약 여러 소스가 존재한다면 변수는 마지막 변경한 소스의 값을 반영한다. 실제 하드웨어 로직의 다중 소스 동작은 다르다. 하드웨어에서는 다중 소스 혹은 "drivers"가 하드웨어 기술을 기반으로 해 서로 합쳐진다. 어떤 기술은 드라이버의 힘을 바탕으로 합치고 어떤 기술은 로직 and로 여러 드라이버를 합치고 나머지는 로직 or로 드라이버를 합친다. 이런 하드웨어의 자세한 구현은 **wire**, **wand**, **wor**와 같은 Verilog 네트 타입으로 이루어진다. 그래서 SystemVerilog에서는 여러 드라이버를 갖는 시그널이 사용될 때는 네트 타입이 사용되도록 한다. 변수가 두 개의 드라이버에 연결되어 있으면 에러가 발생한다.

몇 개의 프로시저 할당이든 아직은 변수에 값을 쓰는 것은 하나의 소스라고 여겨진다. 이것은 프로시저 할당이 값을 저장하지만 계속해서 업데이트하지 아는 않는 순간 구문이기 때문이다. 예를 들어, **if...else** 구문에서 브랜치나 다른 것들이 같은 변수 값을 업데이트하는데 사용될 수 있지만 두 브랜치가 동시에 같은 변수에 값을 쓰지는 않는다. 같은 시뮬레이션 시간에 같은 변수에의 다중 프로시저 할당이 변수에 대한 임시 쓰기로 동작하더라도 마지막으로 실행된 할당에 의한 값이 변수에 실제로 저장된다. 연속 할당 또는 출력, 입출력 포트에 연결은 연속된 전기적 소스의 하드웨어 동작을 반영하기 위해 연속적으로 변수를 업데이트할 필요가 있다.

두 번째, 압축되지 않은 타입이 모듈 포트를 통해 전달되는 경우 모듈 포트의 양편에서 배치는 정확하게 일치해야 한다. SystemVerilog는 구조체, 유니온, 배열의 압축/비압축 타입을 모두 지원한다. 구조체, 유니온, 배열이 압축되지 않았을 때는 연결이 포트의 양편에서 정확하게 맞아야 한다.

압축되지 않은 배열의 경우 차원의 수, 각 차원의 크기, 각 요소의 크기가 같아야 정확하게 맞는다.

압축되지 않은 구조체나 유니온은 같은 typedef 정의로 선언되어야 포트의 양쪽이 정확하게 맞게 된다. 다음 예제에서 버퍼의 출력에 구조 연결은 올바르지 않다. 포트와 연결이 모두 구조체로 선언되었고, 구조체가 같은 선언으로 내부가 이루어져 있어도 두 구조체는 같은 사용자 정의 타입에서 선언되지 않았기 때문에 정확히 맞지 않는 것이다. 그러나 이 예제에서 입력 포트로 구조체를 전달하는 것은 합법적이다. 포토와 포트에 연결된 구조체는 모두 같은 사용자 정의 타입으로 선언되어야 두 구조체가 정확히 같은 것이다.

```
typedef struct {
  logic [23:0] short_word;
  logic [63:0] long_word;
} data_t;

module buffer (
  input  data_t in,
  output data_t out
);
  ...
endmodule

module chip (...);
  data_t din;

  struct {
    logic [23:0] short_word;
    logic [63:0] long_word;
  } dout;

  buffer i1  (
    .in(din),  // 합법적인 연결
    .out(dout) // 불법적 연결
  );
  ...
endmodule
```

압축/비압축 배열, 구조체, 유니온은 5장에서 설명되었다.

위의 포트를 통해 값을 전달하는 것의 제약사항은 압축된 값에 대해서는 적용되지 않는다. 압축된 값은 연속된 비트, 연속된 비트의 벡터이고 벡터로 포트를 통해 값이 전달된다. 배열, 구조체, 유니온이 포트의 각 편에서 다른 크기라면 Verilog 표준 규칙에 의해 벡터 크기 틀림이 발생한다.

9.7 레퍼런스 포트

Verilog 모듈은 **input**, **output**, **inout** 포트를 가질 수 있다. 이 포트 타입들은 한 모듈 인스턴스에서 다른 모듈 인스턴스로 네트나 변수의 값을 전달하는데 사용된다.

SystemVerilog는 **ref** 포트로 불리는 4번째 포트 타입을 추가했다. **ref** 포트는 변수의 값 대신 변수에 대한 계층적 레퍼런스를 전달한다. 포트의 이름은 계층적인 레퍼런스에 대한 별명이 된다. 그 포트에 대한 레퍼런스는 실제 소스를 직접 가리킨다.

ref 포트를 통해서는 어떤 타입의 변수 레퍼런스라도 전달 가능하다. 모든 built-in 변수 타입, 구조체, 유니온, 열거형 타입, 그리고 사용자 정의 타입이 포함된다. 포트를 통해 변수의 레퍼런스를 전달하려면 포트는 **input**, **output**, **inout** 대신 **ref**로 선언되어야 한다. **ref** 포트의 타입은 포트에 연결되는 변수의 타입과 같아야 한다.

다음 예제는 **ref** 포트를 사용해 모듈 내로 배열의 레퍼런스를 전달한다.

예제 9-9 ref 포트를 통한 배열의 레퍼런스 전달

```
typedef struct packed {
  logic [ 3:0] opcode;
  logic [15:0] operand;
} instruction_t;

module decode (
  output logic   [23:0] microcode,
  input  instruction_t  instruction,
  ref  logic   [23:0] LUT [0:(2**20)-1]
);
  ...
endmodule

module DSP (
  input  logic          clock, resetN,
  input  logic   [ 3:0] opcode,
```

```
    input  logic  [15:0] operand,
    output logic  [23:0] data
);
    logic [23:0] LUT [0:(2**20)-1];
    instruction_t instruction;
    decoder i1 (microcode, instruction, LUT);

    ...
endmodule
```

9.7.1 공유된 변수로서의 레퍼런스 포트

변수에 대한 레퍼런스를 다른 모듈에 전달하면 같은 변수에 대해 하나 이상의 모듈이 쓰기를 할 수 있다. 이것은 사실상 여러 모듈에 의해 공유되는 하나의 변수를 만들게 된다. 이것은 하나 이상의 모듈 내의 프로시저 블록이 잠재적으로 같은 변수에 값을 쓸 수 있다는 것을 말한다.

하나 이상의 프로시저 블록에 의해 쓰여지는 변수는 다중 소스를 갖는 네트와는 다르게 동작한다. 네트 타입의 여러 소스를 하나의 값으로 합치는 기능이 있다. 예를 들어 **wire** 네트는 강약 레벨에 의해 다중 드라이버를 결정하고 **wand** 네트는 비트끼리의 AND 연산으로 결정한다. 변수는 다중 드라이버 결정 기능을 가지고 있지 않다. 변수는 그냥 마지막으로 쓰여진 값을 저장할 뿐이다. 다중 모듈이 ref 포트를 통해 같은 변수를 공유할 때 주어진 어느 시간에서 변수의 값은 마지막으로 쓰여진 값이고 변수를 공유하는 어느 모듈에서 올 수 있다.

9.7.2 합성 가이드라인

모듈 포트를 통해 전달되는 변수에 대한 레터런스는 합성 불가능하다. **ref**는 합성이 상관없는 추상화 모델링 레벨에서 사용되어야 한다.

9.8 개선된 포트 선언

9.8.1 Verilog-1995 포트 선언

Verilog-1995는 모듈의 포트를 온전히 선언하기 위해 장황한 선언 세트를 필요로 했다. 모듈 구문은 포트의 이름과 순서를 정의한 포트 리스트를 포함한다. 모듈 구문 이후에 포트의 방향을 정하기 위한 구문이 필요하다. 포트 방향 선언 뒤에 포트에 의해 표현된 내부 시그널의 타입을 선언하기 위해 추가 선택적 구문이 온다. 타입이 지정되지 않으면 Verilog-1995 문법은 기본 타입이 **wire**인 네트 타입으로 추론한다. 이 기본 타입은 `` `default_nettype `` 컴파일러 지시어로 변경할 수 있다.

```
module accum (data, result, co, a, b, ci);
  inout   [31:0]  data;
  outpu   [31:0]  result;
  output          co;
  input   [31:0]  a, b;
  input           ci;

  wire    [31:0]  data;
  reg     [31:0]  result;
  reg             co;
  tri1            ci;
  ...
endmodule
```

9.8.2 Verilog-2001 포트 선언

Verilog-2001은 ANSI-C 스타일의 모듈 포트 선언을 선보였고, 포트 이름, 포트 크기, 포트 방향, 포트 선언을 포트 리스트에 합쳤다.

```
module accum (
  input  wire [31:0]   data,
  output reg  [31:0]   result,
  output reg           co,
  input       [31:0]   a, b,
```

```
    input   tri1            ci
  );
    ...
  endmodule
```

Verilog-2001 포트 선언 문법에서는 포트 방향 뒤에 선택적 타입 선언, 선택적 포트 크기 선언이 온다. 선택적 타입이 지정되지 않았으면 기본 타입이 추론되고 **wire** 타입이 `` `default_nettype``으로 바뀌기 전까지 사용된다. 선택적 벡터 크기가 지정되지 않으면 포트는 그 타입의 기본 크기가 된다. 이 뒤에 콤마로 구문된 하나 혹은 여러 포트 이름이 열거된다. 리스트의 각 포트는 방향, 타입, 크기가 지정됐다.

Verilog-2001의 ANSI-C 스타일 선언은 모듈 포트 선언에 대한 Verilog-1995 문법을 크게 간략화 했다. 그러나 Verilog-2001 포트 선언 문법에는 3개의 제약이 있다.

- 모든 포트는 방향이 명확하게 선언되어야 한다.
- 포트 방향을 재지정하지 않고는 다음의 포트 타입은 바꿀 수 없다.
- 포트 방향과 선택적 타입을 재지정하기 않고는 다음 포트의 벡터 크기는 바꿀 수 없다.

앞의 예제에서 선택적 타입은 a와 b 입력 포트를 제외하고는 모두 지정됐다. 이 두 포트는 그들의 기본 타입으로 추론된다. data, result, a, b 포트에 대한 선택적 크기는 지정됐으나 co, ci 포트는 아니다. 크기가 지정되지 않은 포트는 그 타입의 기본 크기로 되고 여기서는 1비트 크기이다. co 포트의 크기를 변경하려면 co의 포트 방향과 타입을 새로 지정해야 한다. 또 입력 a, b에 대해 타입이 지정되지 않았는데 기본 타입인 **wire** 타입이 사용된다. ci 입력 포트의 타입을 바꾸려면 이전 포트와 방향이 같더라도 포트 방향이 재지정되어야 한다.

9.8.3 SystemVerilog 포트 선언

SystemVerilog는 몇 가지 방법으로 모듈 포트 선언을 단순화 한다.

첫 번째, SystemVerilog는 기본 포트 방향으로 **inout**(양방향)을 지정한다. 그래서 기본과 다른 방향이 아니면 방향을 지정할 필요는 없다.

두 번째, 포트 리스트의 다음 포트에 타입이 정의됐으나 방향이 지정되지 않았다면 방향은 리스트의 이전 포트의 방향이 사용된다. 이는 포트 방향을 다시 선언하지 않고도 타입을 바꿀 수 있다는 것이다.

SystemVerilog를 사용해 위의 Verilog-2001로 선언된 어큐뮬레이터를 다음과 같이 간략화 할 수 있다.

```
module accum (
   wire [31:0]  data,
   output  reg   [31:0]      result, reg co,
   input [31:0] a, b, tri1 ci
);
   ...
endmodule
```

리스트의 첫 포트인 data 타입은 지정되어 있으나 방향은 지정되어 있지 않다. 그래서 기본값인 **inout**이 사용된다. co도 타입은 있으나 방향이 없다. co는 이전 포트인 result의 방향을 사용해 **output**이 된다. 포트 a와 b는 방향은 있으나 타입이 없다. Verilog-2001과 Verilog-1995에서처럼 네트 타입이 추론되어 **wire**가 사용된다. 포트 ci는 타입이 선언되어 있으나 방향이 없다. 이 포트는 이전 포트의 방향을 사용해 **input**이 된다.

하위 호환성

SystemVerilog는 Verilog에 규칙을 더해 하위 호환성을 완전히 갖는다. 그 규칙은 만일 첫 번째 포트가 방향이 없고 타입이 지정되지 않았으면 Verilog-1995 포트 리스트 문법이 추론되고 포트 리스트에서 방향과 타입이 필요없을 수도 있다.

```
module accum (data, result, ...);
   // 첫 번째 포트가 방향과 타입이 없으므로 Verilog-1995 스타일

module accum (data, wire [31:0] result, ...);
   // ERROR: Verilog-1995 스타일과
   // Verilog-2001 또는 SystemVerilog 스타일을 섞지 못함
```

9.9 파라미터화된 타입

Verilog는 **parameter**와 **localparam**을 정의하는 기능을 제공하고 이들은 모듈 포트의 벡터 크기를 나타내거나 다른 선언에 사용된다. 파라미터는 상수이고 각 모듈 인스턴스의 합성 시간 동안 재정될 수 있다. 파라미터를 사용해 재정의된 모듈은 보통 parameterized module로 불린다.

SystemVerilog는 재정의 가능한 컨셉과 파라미터화된 모듈에 대한 중요한 확정을 추가했다. SystemVerilog에서 모듈의 네트와 변수 타입은 파라미터화 될 수 있다. 파라미터화 된 타입은 **parameter type**이란 키워드 조합으로 선언된다. 다른 파라미터와 마찬가지로 파라미터화된 타입은 각 모듈 인스턴스에 대해 재정의될 수 있다. 이 능력은 Verilog 모델에 대한 다형성의 추가 레벨을 소개했다. Verilog에서 파라미터 재정의는 각 모듈 인스턴스에서 벡터 크기나 다른 상수 특성을 바꾸는데 사용될 수 있다. SystemVerilog에서는 모듈의 동작이 모듈 인스턴스의 네트와 변수 타입에 기초해 바뀔 수 있다.

파라미터화된 타입은 합성가능하고 제공된 기본이나 재정의된 타입은 합성 가능한 타입이다.

다음 예제에서 adder에 의해 사용되는 변수 타입은 파라미터화 되어 있다. 기본적으로 타입은 **shortint**이다. big_chip 모듈은 3개의 adder 인스턴스를 가지고 있다. i1은 adder의 기본값을 사용해 16-bit 부호있는 adder를 만들고, i2는 변수 타입을 **int**로 재정의해 32-bit 부호 있는 adder를 만든다. i3은 변수 타입을 **int**에서 **unsigned**로 바꿔 32-bit 부호 없는 adder를 만든다.

예제 9-10 파라미터화된 변수 타입을 사용한 다형화된 adder

```
module adder #(parameter type ADDERTYPE = shortint)
        (input  ADDERTYPE a, b,
         output ADDERTYPE sum,
         output logic     carry);

  ADDERTYPE temp;
  ...
```

```
endmodule

module big_chip (...);
   shortint     a, b, r1;
   int          c, d, r2;
   int unsignede, f, r3;
   wire         carry1, carry2, carry3;

   adder           i1(a, b, r1, carry1);

   adder #(.ADDERTYPE(int)  i2(c, d, r2, carry2);

   adder #(.ADDERTYPE(int unsigned)) i3(e, f, r3, carry3);
endmodule
```

9.10 요약

이 장에서는 Verilog 언어에 확장되어 수백만 게이트 디자인과 같은 아주 큰 네트리스트를 모델링할 수 있게 하는 많은 확장을 설명했다. .name과 .* 포트 연결은 네트리스트의 장황함과 중복성을 줄여준다. 네트 재명명, 간략화된 포트 연결, 레터런스 포트 연결, 포트를 통해 전달되는 값의 타입에 대한 완화된 규칙 모두는 복잡한 디자인 계층을 쉽게 모델링하고 유지할 수 있게 해준다.

다음 장에서는 SysremVerilog의 인터페이스에 대해 설명한다. 인터페이스는 큰 네트리스트를 간략화하는 다른 강력한 구문이다.

Chapter 10

SystemVerilog 인터페이스

SystemVerilog는 강력한 인터페이스 구문으로 Verilog 언어를 확장했다. 인터페이스는 추상화 모델링에 새로운 패러다임을 제공한다. 인터페이스를 사용해 모델링의 태스크와 복잡하고 큰 디자인의 검증을 간략화 할 수 있다.

이 장에는 여러 작은 예제가 담겨 있고, 각각 인터페이스의 특정 특징을 보여준다. 이 예제들은 인터페이스의 특정 특징에 초점을 맞추기 위해 상대적으로 간단하고 작게 유지된다. 11장에서 인터페이스를 사용한 좀 더 복잡하고 완전한 디자인을 보여줄 것이다.

이 장에서 다루어질 내용은 다음과 같다.

- 인터페이스 선언
- 인터페이스를 모듈 포트에 연결
- 인터페이스와 모듈의 차이점
- 인터페이스 포트와 방향
- 인터페이스 내의 태스크와 함수
- 인터페이스 메소드 사용
- 인터페이스 내의 프로시저 블록
- 파라미터화된 인터페이스

10.1 인터페이스 컨셉

Verilog 언어는 모듈 포트를 사용해 모듈을 서로 연결한다. 이것은 실제 하드웨어에 존재할 물리적 연결에 직접 매핑하는 디자인 블록 사이의 연결을 나타내는 자세한 방법이다. 그러나 큰 디자인에서 모듈 포트를 사용한 디자인 블록 연결은 장황하고 중복이게 된다. 다음의 예제는 5개의 블록을 main_bus라 불리는 기초적인 버스 아키텍처와 약간의 추가 몇 개의 블록 사이를 연결한다. 그림 10-1은 이 예제의 블록 다이어그램을 보여준다. 예제 10-1은 Verilog 모듈 선언이다.

그림 10-1 간단한 디자인의 블록 다이어그램

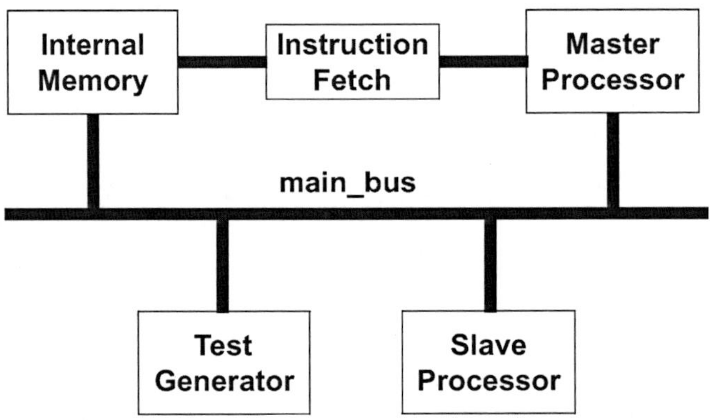

예제 10-1 간단한 디자인의 Verilog 모듈 상호연결

```
/************************ top-level ************************/
module top (input wire clock, resetN, test_mode);
  wire [15:0] data, address, program_address, jump_address;
  wire [ 7:0] instruction, next_instruction;
  wire [ 3:0] slave_instruction;
  wire        slave_request, slave_ready;
  wire        bus_request, bus_grant;
  wire        mem_read, mem_write;
  wire        data_ready;
```

```
processor proc1 (
   // main_bus ports
   .data(data),
   .address(address),
   .slave_instruction(slave_instruction),
   .slave_request(slave_request),
   .bus_grant(bus_grant),
   .mem_read(mem_read),
   .mem_write(mem_write),
   .bus_request(bus_request),
   .slave_ready(slave_ready),
   // other ports
   .jump_address(jump_address),
   .instruction(instruction),
   .clock(clock),
   .resetN(resetN),
   .test_mode(test_mode)
);

slave slave1 (
   // main_bus ports
   .data(data),
   .address(address),
   .bus_request(bus_request),
   .slave_ready(slave_ready),
   .mem_read(mem_read),
   .mem_write(mem_write),
   .slave_instruction(slave_instruction),
   .slave_request(slave_request),
   .bus_grant(bus_grant),
   .data_ready(data_ready),
   // other ports
   .clock(clock),
   .resetN(resetN)
);

instruction_reg ir (
   // main_bus ports
   // other ports
   .program_address(program_address),
   .instruction(instruction),
   .jump_address(jump_address),
```

```
      .next_instruction(next_instruction),
      .clock(clock),
      .resetN(resetN)
   );

   dual_port_ram ram (
      // main_bus ports
      .data(data),
      .data_ready(data_ready),
      .address(address),
      .mem_read(mem_read),
      .mem_write(mem_write),
      // other ports
      .program_address(program_address),
      .data_b(next_instruction)
   );

   test_generator test_gen(
      // main_bus ports
      .data(data),
      .address(address),
      .mem_read(mem_read),
      .mem_write(mem_write),
      // other ports
      .clock(clock),
      .resetN(resetN),
      .test_mode(test_mode)
   );
endmodule

/********************** 모듈 정의 **********************/
module processor (
   // main_bus ports
   inout  wire [15:0] data,
   output reg  [15:0] address,
   output reg  [ 3:0] slave_instruction,
   output reg         slave_request,
   output reg         bus_grant,
   output wire        mem_read,
   output wire        mem_write,
   input  wire        bus_request,
   input  wire        slave_ready,
```

```
   // other ports
   output reg  [15:0] jump_address,
   input  wire [ 7:0] instruction,
   input  wire        clock,
   input  wire        resetN,
   input  wire        test_mode
);
   ...
endmodule

module slave (
   // main_bus ports
   inout  wire [15:0] data,
   inout  wire [15:0] address,
   output reg         bus_request,
   output reg         slave_ready,
   output wire        mem_read,
   output wire        mem_write,
   input  wire [ 3:0] slave_instruction,
   input  wire        slave_request,
   input  wire        bus_grant,
   input  wire        data_ready,
   // other ports
   input  wire        clock,
   input  wire        resetN
);
   ...
endmodule

module dual_port_ram (
   // main_bus ports
   inout  wire [15:0] data,
   output wire        data_ready,
   input  wire [15:0] address,
   input  tri0        mem_read,
   input  tri0        mem_write,
   // other ports
   input  wire [15:0] program_address,
   output reg  [ 7:0] data_b
);
   ...
endmodule
```

```
module instruction_reg (
   // main_bus ports
   // other ports
   output reg  [15:0] program_address,
   output reg  [ 7:0] instruction,
   input  wire [15:0] jump_address,
   input  wire [ 7:0] next_instruction,
   input  wire        clock,
   input  wire        resetN
);
   ...
endmodule

module test_generator (
   // main_bus ports
   output wire [15:0] data,
   output reg  [15:0] address,
   output reg         mem_read,
   output reg         mem_write,
   // other ports
   input  wire        clock,
   input  wire        resetN,
   input  wire        test_mode
);
   ...
endmodule
```

10.1.1 Verilog 모듈 포트의 단점

Verilog의 모듈 포트는 디자인 블록 사이 연결을 설명하는 직관적이고 간단한 방법을 제공한다. 그러나 크고 복잡한 디자인에서는 아래와 같은 단점이 있다.

- 선언은 여러 모듈에서 중복되어야만 한다.
- 통신 프로토콜은 몇몇 모듈에서 중복되어야만 한다.
- 다른 모듈에서 선언이 맞지 않을 위험이 존재한다.
- 디자인 스펙이 변경되면 여러 모듈을 수정할 수도 있다.

Verilog의 모듈 포트로 주요 디자인 블록을 서로 연결하는 것의 단점 중 하나는 위의 예제에서 쉽게 알 수 있다. main_bus를 이루는 시그널들은 디자인들을 서로 연결하는 top-level 네트리스트 뿐만 아니라 버스를 사용하는 각 모듈에서도 선언되어야만 한다. 이 간단한 예제에는 main_bus에 한 움큼의 시그널 밖에 없어 잉여 선언은 그저 불편할 뿐이다. 그러나 큰 디자인에서는 이 과잉이 불편을 넘어서는 큰 것이 된다. 큰 디자인에는 같은 버스에 연결된 수십 개의 모듈이 있고 각 모듈이 수십 개의 중복된 선언을 가지고 있을 수 있다. 만일 하나의 모듈 포트가 실수로 잘못 선언되면 나머지 디자인에서 기능 에러가 발생할 것이고 찾기 힘들 것이다.

복제된 포트 선언은 디자인 프로세스 동안이나 다음 세대 디자인에서 바뀌는 경우 버스를 공유하는 각각과 모든 모듈은 변경되어야만 한다. 버스를 사용하는 모듈에 연결된 모든 네트리스트도 변경되어야만 한다. 이 넓은 영향은 좋은 코딩 스타일을 거스른다. 코딩의 목적 중 하나는 한 곳에서의 작은 변경이 다른 곳에서의 변경을 필요로 하지 않는 것과 같은 방법으로 구조화된 코드를 만드는 것이다. 한 모듈에서의 변경이 다른 모듈의 변경을 수반하는 것이 Verilog 언어의 단점이다.

다음 단점은 모듈 사이의 연결을 사용하는 각 모듈에 통신 프로토콜이 중복되어야 한다는 것이다. 예를 들어, 3개의 모듈이 공유된 메모리 디바이스에서 읽고 쓰기를 한다면 읽고 쓰기 컨트롤 로직은 이 모듈들 각각에 복제되어 있어야만 한다.

다른 단점은 디자인의 자세한 상호 연결이 디자인 사이클 아주 초기에 결정되어야만 한다는 것이다. 이것은 디자인이 먼저 추상화 레벨에서 광대한 디자인 세부사항 없이 씌어지는 top-down 디자인 패러다임을 거스르는 것이다. 추상화 레벨에서 상호 연결 버스는 각각, 그리고 모든 시그널을 정의할 필요는 없다. 사실 디자인 스펙의 매우 초기에 아는 모든 것은 디자인 블록이 어떤 정보를 공유한다는 것이다. 그림 10-1의 블록 다이어그램에 보여진 main_bus는 하나의 연결이다. 그러나 Verilog의 모듈 포트 연결을 사용해서는 추상화 레벨에서와 같은 모델링은 힘들다. 디자인 블록이 모델링되기 전에 먼저 개별 시그널까지 분해해야만 한다.

10.1.2 SystemVerilog 인터페이스의 이점

SystemVerilog는 **interface**라 불리는 강력한 새로운 타입을 Verilog에 더했다. 인터페이스는 여러 시그널이 함께 그룹이 되어 하나의 포트를 나타내는 것이다. 인터페이스를 이루는 시그널 선언은 한 곳에만 담겨져 있다. 이 시그널을 사용하는 모듈은 개별 시그널의 많은 포트 대신에 인터페이스 타입의 한 개의 포트만 가지면 된다.

예제 10-2는 SystemVerilog의 인터페이스가 그림 10-1에 보여진 간단한 디자인을 모델링하는데 필요한 많은 코드를 어떻게 줄이는지 보여준다. main_bus를 이루는 시그널을 인터페이스로 감싸 각 모듈 내의 이 시그널들에 대한 잉여 선언을 없애준다.

예제 10-2 인터페이스를 사용한 SystemVerilog 모듈 상호 연결

```
interface main_bus;
  wire  [15:0] data, address;
  logic [ 7:0] slave_instruction;
  logic        slave_request;
  logic        bus_grant;
  logic        bus_request;
  logic        slave_ready;
  logic        data_ready;
  logic        mem_read;
  logic        mem_write;
endinterface

/********************** Top-level Netlist ********************/
module top (input wire clock, resetN, test_mode);
  wire [15:0] program_address, jump_address;
  wire [ 7:0] instruction, next_instruction;

  main_bus bus ( );

  processor proc1 (
    // main_bus ports
    .bus(bus),  // interface connection
    // other ports
    .jump_address(jump_address),
```

```
    .instruction(instruction),
    .clock(clock),
    .resetN(resetN),
    .test_mode(test_mode)
  );

  slave slave1 (
    // main_bus ports
    .bus(bus),  // interface connection
    // other ports
    .clock(clock),
    .resetN(resetN)
  );

  dual_port_ram ram (
    // main_bus ports
    .bus(bus),  // interface connection
    // other ports
    .program_address(program_address),
    .data_b(next_instruction)
  );

  instruction_reg ir (
    // main_bus ports
    // other ports
    .program_address(program_address),
    .instruction(instruction),
    .jump_address(jump_address),
    .next_instruction(next_instruction),
    .clock(clock),
    .resetN(resetN)
  );

  test_generator test_gen(
    // main_bus ports
    .bus(bus),  // interface connection
    // other ports
    .clock(clock),
    .resetN(resetN),
    .test_mode(test_mode)
  );
endmodule
```

```
/********************** Sub Modules ********************/
module processor (
  // main_bus interface port
  main_bus bus,
  // other ports
  output logic [15:0] jump_address,
  input  wire  [ 7:0] instruction,
  input  wire         clock,
  input  wire         resetN,
  input  wire         test_mode
);
  ...
endmodule

module slave (
  // main_bus ports
  // main_bus interface port
  main_bus bus,
  // other ports
  input  wire         clock,
  input  wire         resetN
);
  ...
endmodule

module dual_port_ram (
  // main_bus interface port
  main_bus bus,
  // other ports
  input  wire  [15:0] program_address,
  output logic [ 7:0] data_b
);
  ...
endmodule

module instruction_reg (
  // main_bus interface port
  // other ports
  output logic [15:0] program_address,
  input  wire  [15:0] jump_address,
  output logic [ 7:0] instruction,
```

```
   input  wire  [ 7:0] next_instruction,
   input  wire         clock,
   input  wire         resetN
);
   ...
endmodule

module test_generator (
   // main_bus interface port
   main_bus bus,
   // other ports
   input  wire         resetN,
   input  wire         clock,
   input  wire         test_mode
);
   ...
endmodule
```

예제 10-2에서 주요 블록을 연결하는 공통 시그널들은 모두 한 위치로 감싸졌고 main_bus라 불리는 인터페이스로 선언됐다. top-level 모듈과 이 블록을 이루는 다른 모든 모듈은 반복적으로 이 공통 시그널을 선언하지 않는다. 대신 이런 모듈들은 서로 연결하기 위해 인터페이스를 사용했다.

한 곳으로 감싸진 공통 시그널들은 Verilog 모듈의 과잉 선언을 없애준다. 사실 clock과 resetN도 모든 모듈에 공통이다. 이런 시그널도 인터페이스를 통해 묶여질 수 있다. 이런 더 나아간 간략화는 예제 10-3에 보여진다.

10.1.3 SystemVerilog 인터페이스 컨셉

SystemVerilog의 인터페이스는 **wire**의 묶음 이상의 것이다. 인터페이스는 디자인 블록 사이의 통신의 모든 세부사항을 감쌀 수 있다. 인터페이스를 사용하면

- 통신을 위한 개별 시그널과 포트들은 한 곳에서 인터페이스로 정의될 수 있다.
- 통신 프로토콜이 인터페이스에서 정의될 수 있다.
- 프로토콜 검사와 다른 검증 루틴이 인터페이스 내에 직접 만들어질 수 있다.

Verilog에서는 통신 세부사항이 버스나 다른 통신 아키텍쳐를 공유하는 각 모듈 내에 중복 선언되어야만 했다. SystemVerilog에서는 통신 아키텍쳐와 아키텍쳐의 사용에 관한 모든 정보가 한 곳의 공통된 위치에 정의된다. 인터페이스는 선언, 태스크, 함수, 프로시저 블록, 프로그램 블록, assertion을 포함할 수 있다. SystemVerilog는 인터페이스의 여러 모습이 정의되도록 허용한다. 예를 들어 인터페이스에 연결된 각 모듈에 대해 `data_bus` 시그널은 **`input`**, **`output`** 또는 양방향 포트가 되도록 선언될 수 있다.

SystemVerilog 인터페이스의 이런 모든 능력은 다음 절에 더 자세히 설명되어 있다.

10.1.4 모듈과 인터페이스 사이의 차이점

인터페이스와 모듈은 3가지 근본적인 차이점이 있다. 첫 번째, 인터페이스는 디자인 계층을 가질 수 없다. 모듈과 달리 인터페이스는 새로운 구현 계층을 만드는 모듈, 프리미티브 인스턴스를 가질 수 없다. 두 번째, 모듈 사이의 통신 채널을 나타내도록 인터페이스를 모듈 포트로 사용할 수 있다. 포트 리스트에 모듈을 사용하는 것은 합법적이다. 세 번째, 인터페이스는 인터페이스에 연결된 각 모듈이 인터페이스를 다르게 보도록 하는 **`modport`**를 가질 수 있다. **`modport`**는 10.6절에 설명된다.

10.2 인터페이스 선언

문법적으로 인터페이스 선언은 모듈 선언과 아주 유사하다. 인터페이스는 모듈이 그렇듯 포트를 가질 수 있다. 이것은 클러, 리셋과 같은 외부 시그널이 인터페이스 내로 들어오고 인터페이스에 의해 표현되는 시그널 묶음의 일부가 되도록 해준다. 인터페이스는 모든 변수 타입, 모든 네트 타입, 사용자 정의 타입을 포함하는 모든 Verilog, SystemVerilog 타입 선언을 담을 수 있다.

예제 10-3은 `main_bus` 인터페이스 정의를 보여준다. `clock`, `resetN`, `test_mode`의 3가지 외부 시그널이 있다. 이 외부 시그널들은 각 모듈에 명시적인 연결없이 각 모듈에 인터페이스를 통해 연결된다.

main_bus 인터페이스 인스턴스가 어떻게 clock, resetN, test_mode 시그널을 갖고 모듈 인스턴스에 시그널을 연결하는데 같은 문법을 사용하는지 눈여겨 보기 바란다.

예제 10-3 외부 입력을 사용한 main_bus용 인터페이스 정의

```
interface main_bus (input wire clock, resetN, test_mode);
  wire  [15:0] data, address;
  logic [ 7:0] slave_instruction;
  logic        slave_request;
  logic        bus_grant;
  logic        bus_request;
  logic        slave_ready;
  logic        data_ready;
  logic        mem_read;
  logic        mem_write;
endinterface

module top (input wire clock, resetN, test_mode);
  wire [15:0] program_address, jump_address;
  wire [ 7:0] instruction, next_instruction;

  main_bus bus (    // instance of an interface
    .clock(clock),
    .resetN(resetN),
    .test_mode(test_mode)
  );

  processor proc1 (
    // main_bus ports
    .bus(bus),  // interface connection
    // other ports
    .jump_address(jump_address),
    .instruction(instruction)
  );

  ...
```

SystemVerilog의 .name, .* 포트 연결 스타일도 인터페이스 포트 연결에 사용될 수 있다. 이전 예제는 .* 포트 연결을 사용해 좀 더 간략화 되어 예제 10-4에 보여지고 있다.

예제 10-4 복잡한 네트리스트를 간략화 하기 위해 .*을 사용한 인터페이스

```
interface main_bus (input wire clock, resetN, test_mode);
  wire  [15:0] data, address;
  logic [ 7:0] slave_instruction;
  logic        slave_request;
  logic        bus_grant;
  logic        bus_request;
  logic        slave_ready;
  logic        data_ready;
  logic        mem_read;
  logic        mem_write;
endinterface

module top (input wire clock, resetN, test_mode);
  logic [15:0] program_address, jump_address;
  logic [ 7:0] instruction, next_instruction;
  alias data_b = next_instruction;

  main_bus       bus     ( .* );   // instance of an interface

  processor      proc1     ( .* );
  slave          slave1  ( .* );
  dual_port_ram    ram     ( .* );
  instruction_reg  ir      ( .* );
  test_generator test_gen    ( .* );
endmodule
```

예제 10-1은 위의 예제의 Verilog 버전인데 top-level 네트리스트인 top 모듈에 65 라인이 필요했다. SystemVerilog의 .*을 사용한 예제 10-4는 10줄의 코드 만이 필요하다.

10.2.1 소스 코드 선언 순서

인터페이스의 이름은 두 가지 문맥으로 언급되어진다. 모듈의 포트, 그리고 인터페이스의 인스턴스가 그것이다. 인터페이스는 파일 순서 의존도 걱정없이 모듈 포트로 사용될 수 있다. 모듈에서처럼 인터페이스 이름은 소프트웨어 툴에 의해 일겨지는 인터페이스 정의를 담고 있는 소스 코드 전에 언급될 수 있다. 이 말은 모듈이 소스 코드가 컴파일되는 순서에 대한 걱정없이 인터페이스를 모듈 포트로 사용할 수 있다는 것이다.

10.2.2 전역, 로컬 인터페이스 정의

인터페이스는 **interface**, **endinterface** 키워드를 사용해 모듈 정의와 개별로 정의될 수 있다. 인터페이스 이름은 모듈 이름과 마찬가지로 전역 모듈 정의 이름 영역 안에 존재하게 될 것이다. 이 말은 인터페이스 정의가 어떤 모듈이든 어떤 디자인 계층에서든 포트로 사용된다는 것이다.

모듈 내로 중첩된 인터페이스 정의는 인터페이스 이름을 그 모듈에 대해 로컬로 만든다. 인터페이스를 가지고 있는 모듈만이 로컬로 선언된 인터페이스를 시작할 수 있다. 이것은 인터페이스의 사용이 IP 모델과 같은 디자인 계층의 일부에 한정되도록 한다.

10.3 모듈 포트로 인터페이스 사용

SystemVerilog에서는 모듈의 포트가 Verilog **input**, **output**, **inout** 포트 방향 대신에 인터페이스 타입으로 선언될 수 있다.

10.3.1 명시적으로 이름 붙여진 인터페이스 포트

모듈 포트는 특정 타입의 인터페이스로 명시적으로 선언될 수 있다. 이것은 포트 타입으로 인터페이스 이름을 사용하면 된다.

```
module <module_name> (<interface_name><port_name>);
```

예를 들어

```
interface chip_bus;
   ...
endinterface

module CACHE (chip_bus pins, input clock);
   ...
endmodule
```

명시적으로 이름 붙여진 인터페이스 포트는 같은 이름의 인터페이스에만 연결될 수 있다. 다른 인터페이스 정의가 그 포트에 연결되면 에러가 발생할 것이다. 명시적으로 이름 붙여진 인터페이스 포트는 잘못된 인터페이스가 실수로 그 포트에 연결되는 것을 막아준다. 명시적으로 이름 붙여진 인터페이스 타입은 스스로 문서화해 포트가 어떻게 사용되도록 의도됐는지를 보여준다.

10.3.2 일반 인터페이스 포트

일반 인터페이스 포트는 특정 인터페이스 이름을 사용하는 대신 **interface** 키워드를 사용해 정의된다. 문법은 다음과 같다.

```
module <module_name> (interface <port_name>);
```

모듈이 시작되면 어떤 인터페이스도 일반 인터페이스 포트에 연결될 수 있다. 이는 같은 모듈이 다른 인터페이스가 모듈에 연결되는 것과 같이 여러 방식으로 사용될 수도 있다는 유연함을 제공한다. 다음 예제에서 모듈 RAM은 일반 인터페이스 포트로 정의되었다.

```
module RAM (interface pins, input clock);
   ...
endmodule
```

10.3.3 합성 가이드라인

인터페이스를 모듈에 연결하는 두 방식 모두 합성 가능하다.

10.4 인터페이스 시작과 연결

인터페이스의 인스턴스는 개별 네트가 모듈 인스턴스 포트에 연결되듯이 포트 연결을 사용해 모듈 인스턴스의 포트에 연결된다.

인터페이스의 인스턴스는 모듈 인스턴스와 같은 문법이다. 인터페이스 정의가 포트를 가지고 있으면 시그널은 인터페이스에 포트 순서 연결이나 이름 붙여진 포트 연결 스타일을 사용해 연결된다.

인터페이스 연결 규칙

모듈 **input**, **output**, **inout** 포트는 모듈 인스턴스에 연결되지 않은 채로 남겨질 수 있다. 인터페이스 포트의 경우는 그렇지 않다. 일반적이든 명시적이든 인터페이스로 선언된 포트는 인터페이스 인스턴스나 다른 인터페이스 포트에 연결되어야 한다. 인터페이스 포트가 연결되지 않으면 에러가 발생한다.

모듈 인스턴스에서 인터페이스로 선언된 모트는 인터페이스 인스턴스나 계층에서 더 상위에 있는 다른 인터페이스 포트에 연결되어야 한다. 만약 포트 선언이 명시적 이름 붙여진 인터페이스 타입이라면 똑같은 타입의 인터페이스 인스턴스에 연결되어야 한다. 만약 포트 선언이 일반 인터페이스 타입이라면 어떤 타입의 인터페이스 인스턴스에도 연결 가능하다.

SystemVerilog `.name`과 `.*` 포트 연결 스타일은 인터페이스 인스턴스와 사용 가능하다. 이런 포트 연결 스타일은 9.4절에서 설명되었다.

인터페이스 인스턴스에 연결된 인터페이스

인터페이스의 포트는 인터페이스로 정의될 수 있다. 이 능력은 한 인터페이스가 다른 인터페이스에 연결될 수 있도록 허용한다. 예를 들어 하나 이상의 하위 버스를 가지는 디자인의 주 버스는 모두 인터페이스로 모델링될 수 있고 하위 버스는 주 버스 인터페이스의 포트로 표현 가능하다.

10.5 인터페이스 내의 시그널 언급

인터페이스 포트를 가진 모듈 내에서 인터페이스 내의 시그널은 포트 이름을 사용해 액세스 되어야만 한다. 다음과 같은 문법을 사용한다.

```
<port_name>.<internal_interface_signal_name>
```

예제 10-3에서 main_bus에 대한 인터페이스 정의는 clock과 resetN 선언을 포함한다. 모듈 slave는 bus라는 이름의 포트와 같은 인터페이스 포트를 갖고 있다. slave 모델은 clock 변수를 인터페이스 내에서 bus.clok과 같은 식으로 언급이 가능하다. 예를 들어,

```
always @(posedge bus.clock, negedge bus.resetN)
  ...
```

예제 10-5는 모듈 slave의 일부 코드를 보여준다. main_bus 인터페이스 내의 시그널에 대한 몇몇 언급을 포함하고 있다.

예제 10-5 인터페이스 내에서 시그널 언급

```
module slave (
    // main_bus interface port
    main_bus bus
    // other ports
  );
  // internal signals
  logic [15:0] slave_data, slave_address;
  logic [15:0] operand_A, operand_B;
  logic        mem_select, read, write;

  assign bus.address = mem_select? slave_address: 'z;
  assign bus.data = bus.slave_ready? slave_data: 'z;

  enum logic [4:0] {RESET    = 5'b00001,
                    START    = 5'b00010,
                    REQ_DATA = 5'b00100,
                    EXECUTE  = 5'b01000,
                    DONE     = 5'b10000} State, NextState;
```

```
   always_ff @(posedge bus.clock, negedge bus.resetN) begin: FSM
      if (!bus.resetN) State <= START;
      else State <= NextState;
   end

   always_comb begin : FSM_decode
      unique case (State)
         START:    if (!bus.slave_request) begin
                     bus.bus_request = 0;
                     NextState = State;
                   end
                   else begin
                     operand_A = bus.data;
                     slave_address = bus.address;
                     bus.bus_request = 1;
                     NextState = REQ_DATA;
                   end
         ...  // decode other states
      endcase
   end: FSM_decode
endmodule
```

인터페이스 내의 시그널은 시그널 이름 앞에 인터페이스 이름을 붙여 액세스하므로 짧은 이름을 인터페이스 포트 이름으로 사용하는 것이 편리하다. 이렇게 해서 인터페이스 포트 이름이 짧고 읽기 쉽게 유지된다. 인터페이스 내의 이름은 설명이 가능하고 의미가 있어야 한다.

10.6 인터페이스 modport

인터페이스는 모듈 사이의 연결을 간략화하는 실용적이고 직관적인 방법을 제공한다. 그러나 인터페이스에 연결된 각 모듈은 인터페이스 내의 연결과는 약간 다른 모습을 보인다. 예를 들어, 버스 상의 slave로의 시그널 interrupt_request는 slave로부터의 출력일 것이고 같은 버스 상의 프로세서에서는

interrupt_reuqest가 입력일 것이다.

SystemVerilog 인터페이스는 각 모듈이 자신의 인터페이스 포트로 보는 인터페이스 시그널의 다른 모습을 정의할 수 있다. 정의는 **modport** 키워드를 사용해 인터페이스 내에 만들어진다. ***modport***는 ***module port***의 약자다. modport는 인터페이스에 의해 표현되는 모듈 포트는 설명한다. 인터페이스는 각각 어떻게 하나 이상의 다른 모듈이 인터페이스 내의 시그널을 보는지 설명하는 modport 정의를 여러 개 가질 수 있다.

modport는 모듈이 인터페이스 내의 시그널을 위해 보는 포트 방향을 정의한다. 두 modport 선언의 예는 다음과 같다.

```
interface chip_bus (input logic clock, resetN);
  logic interrupt_request, grant, ready;
  logic [31:0] address;
  wire  [63:0] data;

  modport master (input   interrupt_request,
                  input   address,
                  output  grant, ready,
                  inout   data,
                  input   clock, resetN);

  modport slave   (output interrupt_request,
                   output address,
                   input  grant, ready,
                   inout  data,
                   input  clock, resetN);
endinterface
```

modport 정의는 벡터 크기나 타입을 갖고 있지 않다. 이 전보는 인터페이스 내에서 시그널 타입 선언의 일부로 정의된다. modport 선언은 연결 모듈이 시그널이 **input**, **output**, **inout**, **ref** 포트인지를 정의한다.

10.6.1 어느 modport가 사용될 지 지정

SystemVerilog는 어느 modport가 모듈 인터페이스 포트를 사용할 것이지 지정하는 두 가지 방법을 제공한다. 두 가지 방법은 다음과 같이 사용되어야 한다.

- 모듈 인스턴스에 대한 인터페이스 연결의 일부로
- 모듈 정의 내에서 모듈 포트 선언의 일부로

두 지정 스타일 모두 합성 가능하다.

모듈 인스턴스 내에서 modport 선택

모듈이 시작되고 인터페이스의 인스턴스가 모듈 인터페이스 포트에 연결된 경우 인터페이스의 특정 modport을 지정 가능하다. modport에 대한 연결은 다음과 같이 지정된다.

```
<interface_instance_name>.<modport_name>
```

예를 들어,

```
chip_bus bus;                // 인터페이스의 인스턴스

primary i1 (bus.master);     // master modport를 사용
```

예제 10-6은 chip_bus 인터페이스에 두 모듈이 함께 연결된 것을 보여준다. primary라는 모듈은 인터페이스의 master 보기에 연결되고 secondary는 slave 보기에 연결된다.

예제 10-6 모듈 인스턴스에 사용할 modport 선정

```
interface chip_bus (input wire clock, resetN);
  modport master (...);
  modport slave  (...);
endinterface

module primary   (interface  pins);
  ...
endmodule

module secondary (chip_bus pins);
  ...
endmodule

module chip (input wire clock, resetN);
```

```
   chip_bus  bus (clock, resetN);

   primary   i1 (bus.master);

   secondary i2 (bus.slave);

endmodule
   ...
```

사용된 modport가 모듈 인스턴스 안에 지정되면 모듈 정의는 일반 인터페이스 포트 타입이거나 명시적 이름 붙여진 인터페이스 포트 타입 어느 것이나 사용될 수 있다. 위의 예제 primary 모듈은 일반적인 인터페이스 포트 정의를 secondary 모듈은 명시적 이름 붙여진 포트 정의를 사용하는 것을 보여준다.

모듈 포트 선언 내에서 modport 선택

사용될 인터페이스의 특정 modport는 모듈 포트 선언의 일부로 직접 지정될 수 있다. 인터페이스에 연결될 modport는 다음과 같이 지정된다.

```
<interface_name>.<modport_name>
```

예를 들어,

```
module secondary (chip_bus.slave pins);
   ...
endmodule
```

modport가 모듈 정의의 일부로 지정되어 사용되면 명확한 인터페이스 이름은 포트 타입에 지정되어야 한다. 모듈의 인스턴스는 모듈 포트에 대한 인터페이스의 인스턴스에 modport의 이름 지정 없이 간단히 연결된다.

예제 10-7은 어느 modport가 모듈에 모듈 정의의 일부로 연결되는지 좀 더 완전한 문맥으로 보여준다.

예제 10-7 모듈 정의에 사용할 modport 선정

```
interface chip_bus (input wire clock, resetN);
  modport master (...);
  modport slave  (...);
endinterface

module primary   (chip_bus.master pins);
  ...
endmodule

module secondary (chip_bus.slave pins);
  ...
endmodule

module chip (input wire clock, resetN);

  chip_bus  bus (clock, resetN);

  primary   i1 (bus);

  secondary i2 (bus);

endmodule
  ...
```

모듈이 사용할 modport 보기는 모듈 인스턴스나 모듈 정의의 일부 중 한 곳에서만 지정되어질 수 있다. 두 곳 모두에서 사용될 modport를 선택하는 것은 에러이다.

modport 지정 없이 인터페이스 연결

인터페이스가 modport와 함께 정의되었더라도 모듈은 특정 modport를 지정하지 않고 완전한 인터페이스에 연결될 수 있다. 그러나 인터페이스 내에서 시그널의 포트 방향은 modport 보기의 일부로만 정의될 수 있다. 인터페이스에 대한 연결의 일부로 modport가 정의되지 않았다면 인터페이스 내의 모든 네트는 **inout**으로 간주되고 모든 변수는 **ref** 타입으로 간주된다. **ref** 포트는 값을 레퍼런스로 넘긴다. 이는 변수의 복사가 아니라 인터페이스 내에서 모듈이 변

수를 액세스할 수 있다는 것이다. 모듈 레퍼런스 포트는 9.7절에서 다루어졌다.

합성 가이드라인

합성은 어느 modport가 모듈과 사용될지 지정하는 스타일 모두를 지원한다. 대부분의 합성 컴파일러는 모듈의 인터페이스 포트는 modport 정의 내에 표현된 개개의 포트로 확장한다. 다른 코드는 합성 전후 모듈 정의를 보여준다.

인터페이스 포트를 사용하는 합성 이전 모델,

```
module primary (chip_bus.master pins);
  ...
endmodule

interface chip_bus (input wire clock, resetN);
  logic interrupt_request, grant, ready;
  logic [31:0] address;
  wire  [63:0]  data;

  modport master  (input   interrupt_request,
                   input   address,
                   output  grant, ready,
                   inout   data,
                   input   clock, resetN);
endinterface
```

합성 이후 모델,

```
module primary (interrupt_request, address,
                grant, rady, data,
                clock, resetN);
  input   interrupt_request,
  input   [31:0]  address,
  output  grant, ready,
  inout   [63:0]  data,
  input   clock, resetN;
  ...
endmodule
```

합성 컴파일러는 위의 예제에 나타난 이름과는 다른 이름을 만들어 낼 것이다.

모델이 합성될 때 modport가 지정되지 않았다면 인터페이스 내의 모든 시그널은 **inout** 포트가 될 것이다.

10.6.2 다른 연결 세트를 정의하기 위해 modport 사용하기

몇 개의 다른 모듈 사이의 더 복잡한 인터페이스에서 모든 모듈이 인터페이스 내의 같은 시그널 세트를 볼 필요는 없다. modport는 각 모듈 연결을 위한 사용자 정의 보기를 만들 수 있다.

인터페이스 시그널에 대한 제한된 모듈 액세스

모듈은 **modport** 정의에 열거된 시그널만을 직접 액세스할 수 있다. 이는 보기로부터 어떤 모듈까지 완전히 감추어진 인터페이스 내에 시그널을 가질 수 있도록 만들어준다. 예를 들어, 인터페이스가 master modport를 통해 인터페이스에 연결되지만 slave modport를 통해서는 연결되지 않는 test_clock 이란 네트를 가지고 있을 수 있다.

modport는 인터페이스 내의 어떤 오브젝트든 액세스하기 위한 전체 계층 패스의 사용을 막지는 않는다. 그러나 전체 계층 패스는 합성 불가능하고 기본적으로 검증을 위해 쓰인다.

modport 보기를 통해 보이지 않는 인터페이스 내부에 내부 시그널을 가지는 것도 가능하다. 이 내부 시그널은 프로토콜 체커나 다른 인터페이스의 기능에 의해 사용될 수 있다. 모듈이 modport 지정 없이 인터페이스에 연결되면 모듈은 인터페이스 내에 정의된 모든 시그널을 액세스할 것이다.

예제 10-8은 main_bus에 modport를 더했다. 프로세스 모듈, slave 모듈, RAM 모듈은 모두 main_bus 인터페이스 내의 다른 modport를 이용한다. 그리고 각각의 모듈에 의해 액세스될 수 있는 인터페이스 내의 시그널은 다르다. 테스트 블록은 main_bus에 modport 지정없이 연결되어 있다. 테스트 블록은 인터페이스 내의 모든 시그널을 제한없이 액세스할 수 있게 한다.

예제 10-8 modport와 인터페이스를 사용한 간단한 디자인

```
interface main_bus (input wire clock, resetN, test_mode);
   wire  [15:0] data, address;
   logic [ 7:0] slave_instruction;
   logic        slave_request;
   logic        bus_grant;
   logic        bus_request;
   logic        slave_ready;
   logic        data_ready;
   logic        mem_read;
   logic        mem_write;

   modport master (inout  data,
                   output address,
                   output slave_instruction,
                   output slave_request,
                   output bus_grant,
                   output mem_read,
                   output mem_write,
                   input  bus_request,
                   input  slave_ready,
                   input  data_ready,
                   input  clock,
                   input  resetN,
                   input  test_mode
                   );

   modport slave  (inout  data,
                   inout  address,
                   output mem_read,
                   output mem_write,
                   output bus_request,
                   output slave_ready,
                   input  slave_instruction,
                   input  slave_request,
                   input  bus_grant,
                   input  data_ready,
                   input  clock,
                   input  resetN
                   );

   modport mem    (inout  data,
```

```
                  output data_ready,
                  input  address,
                  input  mem_read,
                  input  mem_write
                  );

endinterface

/********************** Top-level Netlist ********************/
module top (input wire clock, resetN, test_mode);
  wire [15:0] program_address, jump_address;
  wire [ 7:0] instruction, next_instruction;
  alias data_b = next_instruction;

  main_bus         bus     ( .* );

  processor        proc1   (.bus(bus.master), .* );
  slave            slave1  (.bus(bus.slave), .* );
  dual_port_ram    ram     (.bus(bus.mem), .* );
  instruction_reg  ir      ( .* );
  test_generator   test_gen(.bus(bus), .* );
endmodule
  ...
```

10.7 인터페이스 내의 태스크와 함수 사용

인터페이스는 모듈 사이의 통신 프로토콜의 자세한 것을 모두 감쌀 수 있다. 예를 들어, 이전 예제의 main_bus 프로토콜은 master 프로세서와 slave 프로세서 사이의 시그널 핸드쉐이킹을 포함한다. 보통 Verilog에서 master 프로세서 모듈은 제시간에 핸드쉐이크 시그널을 assert, de-assert하기 위한, 그리고 slave 핸드쉐이크 입력을 모니터링하기 위한 프로시저 코드를 가지고 있을 필요가 있다. 반대로 slave 프로세서는 핸드쉐이크 시그널을 assert, de-assert하기 위한, 그리고 master 프로세서나 RAM으로부터 오는 핸드쉐이크 입력을 모니터링하기 위한 프로시저 코드를 가지고 있을 필요가 있다.

버스를 사용하는 각 모듈 내의 버스 프로토콜을 설명하는 것은 코드 중복을 만든다.

10.7.1 인터페이스 메소드

SystemVerilog는 태스크와 함수의 인터페이스 내의 선언을 허용한다. 이 태스크와 함수는 ***인터페이스 메소드***라 부른다. 인터페이스 내의 태스크와 함수는 모듈 내에 있고 모듈 내의 구문과 같은 타입을 가질 수 있다면 같은 문법을 사용해 쓰여진다. 이런 인터페이스 메소드는 인터페이스 내의 어떤 시그널에 대해서도 동작할 수 있다. 값은 입력 인수로 인터페이스 외부로부터 인터페이스 메소드로 전달될 수 있다. 값은 인터페이스 메소드로부터 출력 인수나 함수의 반환으로 값을 되돌려 쓸 수 있다.

인터페이스 메소드는 큰 디자인을 모델링하는데 여러 이점을 준다. 인터페이스 메소드를 사용해 모듈 간의 통신의 세부사항은 인터페이스로 옮겨질 수 있다. 모듈 간의 통신을 위한 코드는 각 모듈에 반복될 필요가 없다. 대신 코드는 인터페이스 메소드로 한 번만 쓰여진다. 그리고 코드는 인터페이스를 사용해 연결된 각 모듈에 의해 공유된다. 각 모듈 내에서 인터페이스 메소드는 모듈 내의 통신 프로토콜 기능을 구현하는 것 대신에 불려진다. 그래서 인터페이스는 모듈을 연결하는 데이터뿐만 아니라 모듈 간의 통신 프로토콜을 감싸는 데 쓰일 수도 있다.

10.7.2 인터페이스 메소드 불러들이기

인터페이스가 modport를 통해 연결되면 메소드는 **import** 키워드를 사용해 지정되어야 한다. 불러들이기 정의는 modport 정의의 일부로 인터페이스 내에서 지정된다. modport는 모듈의 관점에서 인터페이스 정보를 지정한다. 그래서 modport 내의 불러들이기 선언은 모듈이 태스크나 함수를 불러들이는 중이란 것을 나타낸다.

불러들이기 선언은 두 가지 방식으로 사용될 수 있다.

- 그냥 태스크나 함수 이름을 사용한 불러들이기
- 태스크나 함수의 전체 프로토타입을 사용한 불러들이기

태스크나 함수 이름을 사용한 불러들이기

태스크나 함수를 불러들이는 가장 간단한 방법은 태스크나 함수의 이름을 그냥 지정하는 것이다. 기본 문법은 다음과 같다.

```
modport (import <task_function_name>);
```

이 스타일 사용의 예는 다음과 같다.

```
modport in    (import Read,
               import parity_gen,
               input  clock, resetN
);
```

태스크나 함수 프로토타입을 사용한 불러들이기

import 선언의 두 번째 스타일은 태스크나 함수 인수의 전체 프로토타입을 지정하는 것이다. 이 스타일은 **task**나 **function** 키워드가 **import** 키워드 뒤에 나와야 한다. 그리고 태스크나 함수는 괄호가 따라와야 한다. 괄호는 태스크나 함수의 인수를 담고 있는다. 이 스타일의 기본 문법은 다음과 같다.

```
modport (import task <task_name>(<task_formal_arguments>));

modport (import function <function_name>(<formal_args>));
```

예제는 다음과 같다.

```
modport in (
   import  task Read
              (input [63:0] data, output [31:0] address),
   import function parity_gen
              (input [63:0] data),
   input clock, resetN
);
```

전체 프로토타입은 태스크나 함수의 인수를 modport 선언의 일부로 문서화 해준다. 이 추가 코드 문서화는 실제 태스크나 함수가 패키지 내에 정의되어 있다면 편리할 수 있다. 그래서 정의가 쉬운 비주얼 레퍼런스를 위한 패키지 소스 코드 안에 있지 않는다.

전체 프로토타입은 태스크나 함수가 다른 모듈로부터 export될 때나 함수가 SystemVerilog의 Direct Programming Interface(DPI)를 사용해 외부에서 정의될 때 필요하다.

불러들여진 인터페이스 메소드 부르기

태스크나 함수를 modport를 통해 불러들이는 것은 모듈에게 인터페이스 메소드에 대한 modport 액세스 사용을 제공한다. 태스크나 함수는 이름 앞에 인터페이스 이름이 붙여져 인터페이스 내의 시그널이 액세스될 때와 똑같이 불린다.

```
<interface_port_name>.<method_name>
```

인터페이스 내의 다른 메소드

modport는 같은 인터페이스 내의 다른 메소드나 프로토콜을 사용하는 방법을 제공한다. 인터페이스는 다른 프로토콜이나 타입을 사용하는 여러 다른 메소드를 가질 수 있다.

다음 코드는 math_bus를 부르는 인터페이스 예제이다. 인터페이스 내에서 인터페이스를 통해 정수 데이터나 부동소수점 데이터를 읽어내는 각기 다른 읽기 함수가 정의되어 있다. 두 모듈 integer_math_unit과 floating_point_unit이 정의되었고 모두 같은 math_bus를 사용한다. 각 모듈은 모듈의 시작에서 사용된 modport를 기반으로 다른 타입의 정보를 액세스한다.

예제 10-9 인터페이스 내에서 다른 메소드를 선택하기 위해 modport 사용

```
/******************* Interface Definitions *******************/
interface math_bus (input wire clock, resetN);
  int   a_int, b_int, result_int;
  real  a_real, b_real, result_real;
  ...
  task IntegerRead (output int a_int, b_int);
    ...
  endtask
```

```
  task FloatingPointRead (output real  a_real, b_real);
    ...
  endtask

  modport int_io (import  IntegerRead,
                  input   clock, resetN,
                  output  ref  result_int);
                  output  result_int);

  modport fp_io  (import  FloatingPointRead,
                  input   clock, resetN,
                  output  ref  result_real);
                  output  result_real);
endinterface

/********************** Top-level Netlist ********************/
module top (input wire clock, resetN, test_mode);
  math_bus bus_a (clock, resetN);
  math_bus bus_b (clock, resetN);

  integer_math_unit   i1 (bus_a.int_io);

  floating_point_unit i2 (bus_b.fp_io);
endmodule

/********************* Module Definitions ********************/
module integer_math_unit (interface  io);

  int a_reg, b_reg;

  always @(posedge clock)
  begin
    io.IntegerRead(a_reg, b_reg);
    ...
  end
endmodule

module floating_point_unit (interface  io);

  real a_reg, b_reg;
```

```
    always @(posedge clock)
    begin
      io.FloatingPointRead(a_reg, b_reg);
      ...
    end
endmodule
```

10.7.3 인터페이스 메소드를 위한 합성 가이드라인

인터페이스에 의해 불러들여진 태스크나 함수를 사용하는 모듈은 합성 가능하다. 합성은 모듈 내에 불러들여진 태스크나 함수의 로컬 복사본을 추론한다. 모듈의 합성 후 버전은 태스크나 함수의 로직을 가질 것이고 더 이상 그 기능을 위해 인터페이스를 참조하지 않을 것이다.

자동 태스크나 함수는 불릴 때마다 새로운 저장소를 할당한다. 모듈이 불러들여진 태스크나 함수를 부를 때 새로운 복사본이 할당된다. 이것은 합성이 태스크나 함수를 모듈 내의 로컬 복사본으로 다루도록 허용한다.

10.7.4 태스크나 함수 내보내기

SystemVerilog 인터페이스와 modport는 한 모듈 내의 태스크나 함수를 정의하고 다른 모듈로 인터페이스를 통해 내보내는 메커니즘을 제공한다.

인터페이스 내의 태스크나 함수를 내보내는 것은 합성 불가능하다. 이 모델링 스타일은 추상화 모델을 위해 준비된 것으로 합성 가능하도록 의도된 것이 아니다.

인터페이스 modport내의 내보내기 선언은 태스크나 함수 인수의 전체 프로토타입을 필요로 하지 않는다. 태스크나 함수 이름만 modport 선언 내에 열거되면 된다.

내보내진 태스크나 함수가 인수의 기본값을 가지고 있으면 그 태스크나 함수의 각각 불러들이기 선언은 태스크/함수 인수의 완전한 프로토타입을 가지고 있어야만 한다. 불러들이기 선언의 전체 프로토타입은 태스크나 함수가 위치를 넘기는 대신 이름 붙여진 인수 전달을 사용해 부르는 경우에도 필요하다.

예제 10-10은 CPU 모듈에 선언된 check 함수를 부르는 예이다. 이 함수는 chip_bus 인터페이스의 master modport를 통해 CPU에서 내보내졌다. 같은 함수가 인터페이스의 slave modport를 사용하는 모든 모듈에 불러들여졌다. slave modport에 연결된 모든 모듈에 check 함수는 인터페이스로부터 불러들여진 다른 함수들과 마찬가지로 인터페이스의 일부로 보인다. slave modport를 사용하는 모듈은 check 함수의 실제 정의가 어디에 있는지 알 필요는 없다.

예제 10-10 인터페이스 modport를 통해 모듈에서 함수 export

```
interface chip_bus (input logic clock, resetN);
  logic        request, grant, ready;
  logic [63:0] address, data;

  modport master (output request, ...
                  export check  );

  modport slave  (input  request, ...
                  import check  );
endinterface

module CPU (chip_bus.master io);

  function check (input parity, input [63:0] data);
    ...
  endfunction
  ...
endmodule
```

export 선언은 모듈이 태스크나 함수를 인터페이스의 특정 modport를 통해 인터페이스로 내보내도록 허용한다. 태스크나 함수는 modport를 사용하지 않고 인터페이스로 내보내질 수도 있다. 이것은 인터페이스 내에서 태스크나 함수의 **extern** 프로토타입을 선언함으로써 가능하다.

예제 10-11 모듈에서 인터페이스로 함수 export

```
interface chip_bus (input logic clock);
  logic        request, grant, ready;
  logic [63:0] address, data;

  extern function check(input logic parity,
                        input logic [63:0] data);

  modport master (output request, ...);

  modport slave  (
    input  request, ...
    import function check (
           input logic parity,
           input logic [63:0] data
    )
  );
endinterface

module CPU (chip_bus.master io);

  function check (input logic parity, input logic [63:0] data);
    ...
  endfunction
  ...
endmodule
```

태스크나 함수 내보내기의 제약사항

SystemVerilog는 인터페이스를 통해 함수를 내보내는데 제약사항을 두었다. 다른 두 모듈이나 같은 모듈의 두 인스턴스에서 같은 함수 이름을 같은 인터페이스로 내보내는 것은 잘못이다. 예를 들어, 모듈 A와 모듈 B는 check라는 함수를 같은 인터페이스로 내보내지 못한다.

SystemVerilog는 인터페이스를 통해 태스크를 내보내는데 제약사항을 두었다. 다른 두 모듈이나 다른 모듈의 두 인스턴스에서 같은 인터페이스로 태스크 이름을 내보내는 것은 **extern forkjoin** 선언이 사용돼도 괜찮다. 태스크의 다중 내보내기는 동시에 실행될 수 있고 각각 구문을 실행하는 시간의 양이 서로 다르고 출력으로 서로 다른 값을 반환한다. task1이라는 태스크를 가지고 있는 모듈 A와 B의 동시 실행 응답은 다음과 같은 개념적으로 모델링 된다.

```
fork
  <hierarchical_name_of_module_A>.task1(q, r);
  <hierarchical_name_of_module_B>.task1(q, r);
join
```

인터페이스는 연결된 모듈의 계층 이름을 담고 있지 않기 때문에 태스크는 위 예제의 **fork...join** 블록의 동작을 추론하는 **extern forkjoin**으로 선언된다. 태스크에 출력이 있으면 태스크의 마지막 인스턴스가 최종 출력을 결정한다.

이 구문은 각각의 slave가 시그널 방송에 대한 자신만은 응답을 하는 slave를 갖는 버스의 추상화 레벨, 합성 불가능한 트랜잭션 레벨 모델에 유용하다. **extern forkjoin**은 인터페이스에 연결된 모듈의 개수를 세는 것과 같은 설정 목적으로 사용될 수 있다. 각 모듈은 인터페이스 내의 카운터를 증가시키는 같은 태스크 이름을 내보낸다.

10.8 인터페이스에서 프로시저 블록 사용하기

메소드(태스크와 함수)에 더해 인터페이스는 Verilog 프로시저 블록과 연속 할당을 가질 수 있다. 이는 인터페이스가 **always**, **always_comb**, **always_ff**, **always_latch**, **initial**, **final** 프로시저 블록과 **assign** 구문을 사용해 설명될 수 있는 기능을 가질 수 있도록 허용한다. 인터페이스는 프로그램 블록 검증을 담을 수도 있다.

인터페이스 내의 프로시저 블록의 한 사용처는 디자인의 검증을 용이하게 하는 것이다. 인터페이스 내에서 프로시저 구문 사용의 한 어플리케이션은 인터페이스 내에 프로토콜 체커를 만드는 것이다. 인터페이스를 통해 모듈이 값을 전달할 때마다 내장 프로토콜 체커는 디자인 프로토콜이 맞는지 검증할 수 있다. 프로시저 코드를 인터페이스 내에서 사용하는 예제는 *SystemVerilog for Verification* 책에 있다.

10.9 재설정 가능한 인터페이스

인터페이스는 파라미터 재설정을 할 수 있고 모듈과 같은 방식으로 구문 생성을 할 수 있다. 이는 인터페이스 모델이 인터페이스가 시작될 때마다 재설정 허용한다.

인수화된 인터페이스

파라미터는 인터페이스 내의 벡터 크기나 Verilog의 파라미터 재설정 구문을 사용해 재설정할 수 있는 것을 만들기 위해 사용된다. SystemVerilog는 9.9절에 설명된 타입을 파라미터화 하는 기능을 더했다.

예제 10-12는 예제 10-9의 인수화된 것이다. 같은 인터페이스를 통해 정수와 부동소수점 값을 전달하기 위해 다른 modport 사용 예제에서 인터페이스의 변수 타입이 인수화되어 인터페이스의 인스턴스는 정수나 부동소수점을 사용해 설정될 수 있다.

위의 예제는 모듈 내의 파라미터 정의와 파라미터 재정의에 Verilog-2001 스타일을 사용했다. 파라미터 정의와 파라미터 재정의를 하는 예전 Verilog-1995 스

예제 10-12 인터페이스에서 파라미터 사용하기

```
interface math_bus #(parameter type DTYPE = int)
                    (input logic clock);

  DTYPE a, b, result; // parameterized data types
  ...

  task Read (output DTYPE   a, b);
    ... // a와 b 값을 얻기 위해 핸드쉐이크
  endtask

  modport int_io (import Read,
                  input  clock,
                  output result);
```

```
  modport fp_io (import Read,
                 input  clock,
                 output result);
endinterface

module top (input logic clock, resetN, test_mode);
  math_bus                 bus_a (clock);//int 데이터를 사용하는 인터페이스
  math_bus #(.DTYPE(real)) bus_b (clock);//real 데이터를 사용하는 인터페이스

  integer_math_unit   i1 (bus_a.int_io);
    // int 데이터 타입을 사용해 인터페이스에 연결

  floating_point_unit i2 (bus_b.fp_io);
    // real 데이터 타입을 사용해 인터페이스에 연결
endmodule
```

타일은 인터페이스와 사용될 수 있다.

블록 생성 사용하기

Verilog-2001 생성 구문은 재설정 가능한 인터페이스를 만들어내는데 사용될 수도 있다. 생성 블록은 연속 할당 구문이나 인터페이스 내의 프로시저 블록을 몇번이든 반복하는데 사용될 수 있다.

10.10 인터페이스를 사용해 검증

인터페이스 없이 Verilog 스타일 모듈 포트만을 사용한 일반적인 디자인과 검증 패러다임은 개발을 위한 것이고, 디자인의 다른 모듈과 독립적인 각 모듈을 테스트하기 위한 것이다. 각 모듈이 개별적으로 검증된 후 모듈은 서로 연결되어 모듈 간의 통신을 테스트한다. 통신 프로토콜에 문제가 있으면 여러 모듈에 변경이 가해질 필요가 있을 수도 있다.

인터페이스는 검증의 다른 패러다임을 가능하게 한다. 인터페이스를 사용해 통신 채널은 다른 모듈과 독립적으로 개발될 수 있다. 인터페이스는 통신 프로토콜을 위한 메소드를 가질 수 있으므로 인터페이스는 디자인의 나머지를 독립적으로 테스트하고 검증할 수 있다. 인터페이스를 사용하는 모듈은 이미 검증된 모듈 간의 통신을 사용해 쓰여질 수 있다.

인터페이스를 사용하는 디자인의 검증은 *SystemVerilog for Verification* 책에 더 자세하게 나와 있다.

10.11 요약

이 장에서는 아주 큰 디자인을 모델링하기 위한 Verilog 언어에 더해진 더 강력한 기능인 인터페이스를 설명했다. 인터페이스는 주요 블록 사이의 통신을 감추어준다. 인터페이스를 사용해 자세하고 중복된 모듈 포트와 네트리스트 선언이 크게 간략화 된다. 자세한 사항은 많은 다른 모듈에서 정의되는 대신 한 번만 정의되는 한 모델링 블록으로 옮겨진다. 인터페이스는 전역으로 정의 가능해 디자인 계층의 어디에 있는 모듈이라도 사용 가능하다. 인터페이스는 계층 영역에 대해 로컬로 정의될 수도 있어 그 영역만 인터페이스를 사용할 수 있다.

인터페이스는 시그널들을 함께 묶는 방법을 제공하는 것 이상의 많은 것을 한다. 인터페이스 `modport`는 각 모듈에 대한 인터페이스를 사용자화하는 강력한 방법을 제공한다. 인터페이스 내에 태스크 함수를 넣을 수 있는 기능은 편리한 위치에서 시뮬레이션 모델을 드라이브할 수 있게 해준다.

Chapter 11

SystemVerilog를 사용해 모델링된 디자인

이 장에서는 이전 장들에서 나온 많은 컨셉들을 사용해 어떻게 SystemVerilog가 Verilog를 개선해 표준 Verilog HDL로 작성하는 것보다 굉장이 효과적으로 큰 디자인을 모델링하는지 보여준다. 이 장의 예제는 SystemVerilog가 어떻게 Verilog보다 더 높은 레벨의 데이터 추상화에서 모델링을 하는지 보여준다.

11.1 SystemVerilog ATM 예제

이 장에서 예제로 사용된 디자인은 Jnick Bergeron의 Verification Guild[2]의 예제를 기반으로 했다. 원래 예제는 합성 불가능한 동작 모델로 Verilog-1995로 쓰여졌다. 이 예제는 4개의 Asynchronous Transfer Mode(ATM) user-to-network 인터페이스와 포워딩 노드에 대해 설명한다. 이 책에서 예제는 3가지 주요한 방법으로 수정되었다. 첫째, 코드는 SystemVerilog 구문을 많이 사용하도록 재작성되었다. 둘째, 합성 불가능한 동작 모델은 SystemVerilog의 합성 가능한 하위 세트를 사용해 쓰여졌다. 셋째, 모델은 재설정 가능하도록 만들어져 4×4 스위치를 16×16이나 다른 원하는 설정으로 스위치를 쉽게 스케일 할 수 있다.

2) Verification Guild는 독립된 e-mail newsletter로 하드웨어 검증에 대한 포럼이다. 이 책의 예제로 사용된 Verification Guild의 예제에 대한 정보는 http://verificationguild.com/dload/vg_project/spec.pdf에서 얻을 수 있다.

이 장의 예제는 복잡한 디자인 데이터 표현을 아주 간단하게 만드는 SystemVerilog 구조체, 유니온, 배열을 어떻게 사용하는지 보여준다. 인터페이스와 인터페이스 메소드의 사용은 디자인 블록 사이의 복잡한 통신을 더 간략화 해 준다.

SystemVerilog 코딩 스타일이 예제에 사용됐고 어떻게 하나의 소스 코드로 디자인이 자동으로 크기 변경되고 설정되는지 보여준다. `+define` 옵션을 사용해 디자인의 아키텍처는 어떤 양수라도 가능한 N과 P에 대해 NxP 포트 포워딩 노드로 설정될 수 있다. 4×4로 고정된 디자인을 만들어내는 것보다 SystemVerilog를 사용한 이 버전은 128×128, 16×128, 128×16과 같은 설정을 만들어 낼 수 있다. 모듈의 크기와 시작, 데이터 선언은 함축적으로 다루어진다.

11.2 데이터 추상화

SystemVerilog는 디자이너로 하여금 데이터 표현의 추상화 레벨을 올릴 수 있도록 허용한다. Verilog에서는 타입 세트가 SystemVerilog에 비해 제한적이었다. 디자인을 자연스럽게 반영하기 위해서는 더 많은 타입 세트가 필요하다.

두 ATM 포맷이 이 ATM 예제에서 사용된다. **UNI**와 **NNI** 포맷이 그 것이다.

ATM 셀은 53바이트 데이터로 이루어져 있다. 이는 Verilog에서 바이트의 배열

그림 11-1 UNI, NNI 셀 포맷

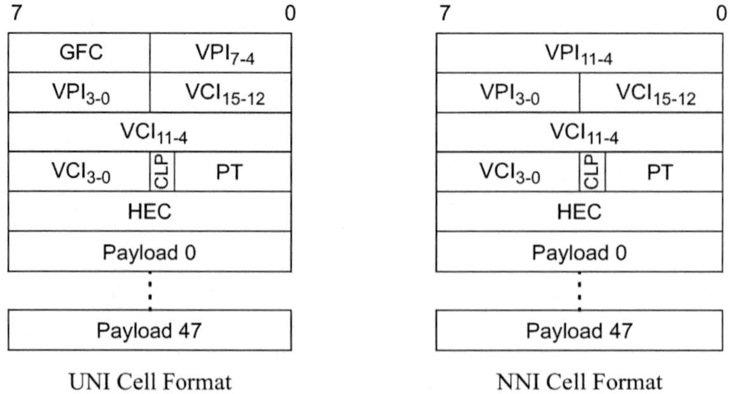

로 모델링할 수 있다. 그러나 Verilog와 같은 식으로 모델링되면 셀 내의 의미가 사라지게 된다. 압축된 구조체 정의를 사용해 SystemVerilog에서는 쉽게 해결되고 각 셀 요소를 쉽게 구별할 수 있다.

UNI 셀 구조체

```
typedef struct packed {
    logic          [ 3:0]     GFC;
    logic          [ 7:0]     VPI;
    logic          [15:0]     VCI;
    logic                     CLP;
    logic          [ 2:0]     PT;
    logic          [ 7:0]     HEC;
    logic [0:47]   [ 7:0]     Payload;
} uniType;
```

NNI 셀 구조체

```
typedef struct packed {
    logic          [11:0]     VPI;
    logic          [15:0]     VCI;
    logic                     CLP;
    logic          [ 2:0]     PT;
    logic          [ 7:0]     HEC;
    logic [0:47]   [ 7:0]     Payload;
} nniType;
```

데이터 추상화 레벨의 중요한 이점은 53바이트 배열이 위와 같은 포맷이나 간단한 배열로도 취급될 수 있다는 것이다. 이는 압축된 유니온을 사용해 이루어진다.

UNI/NNI/바이트 스트림 유니온

```
typedef union packed {
    uniType   uni;
    nniType   nni;
    logic [0:52][7:0] Mem;
} ATMCellType;
```

오브젝트가 ATMCellType으로 선언되면 uniType, nniType 모두 필요한 방식에 따라 액세스 가능하다.

이런 데이터 추상화 표현에 대한 유용한 확장은 테스트벤치의 일부로 데이터 태깅에 사용된다. 셀 타입에 대해 48바이트는 payload이다. 이 필드는 스위치를 통해 테스트 데이터를 나르기 위해 테스트 프로시저의 일부로 사용될 수도 있다. 이 특정 예에서 payload는 어느 입력 포트에 데이터가 도착했는지와 그 포트에 모든 패킷이 순서대로 도착했는지 기록하는데 사용될 수도 있다. 이는 다른 구조체를 정의하는 것으로 쉽게 된다. 이는 테스트벤치에서만 사용된다.

테스트 뷰 셀 포맷(payload section)

```
typedef struct packed {
  logic [0:4]   [7:0]   Header;
  logic [0:3]   [7:0]   PortID;
  logic [0:3]   [7:0]   PacketID;
  logic [0:39]  [7:0]   Padding;
} tstType;
```

모든 5바이트 UNI/NNI 헤더는 Header라는 하나의 필드로 캡슐화됐다. PortID와 PacketID는 데이터 태깅에 사용된다. 이 구조체는 압축된 유니온에 더해질 수 있다.

UNI/NNI/테스트 뷰/바이트 스트림 유니온

```
typedef union packed {
  uniType   uni;
  nniType   nni;
  tstType   tst;
  logic [0:52] [7:0] Mem;
} ATMCellType;
```

53 바이트의 데이터는 이제 다음과 같은 4 가지 다른 방식으로 표현된다.

- UNI 셀
- NNI 셀
- 테스트벤치 태그드 패킷

• 53 바이트 데이터 배열

배열, 유니온, 구조체가 압축되었기 때문에 한 포맷으로 쓰고 다른 포맷으로 읽는 것을 보장한다.

11.3 인터페이스 캡슐화

이 장의 예제는 ATM Forum Technical Committe의 UTOPIA 인터페이스 스펙을 기반으로 했다. 이 인터페이스는 SystemVerilog 인터페이스 정의 `Utopia`로 캡슐화되었다. 이 정의는 인터페이스 시그널, `ATMCellType`의 인스턴스, `modport`, `UtopiaMethod`의 인스턴스인 Method라는 중첩된 인터페이스를 가지고 있다.

중첩된 `UtopiaMethod` 인터페이스는 테스트벤치 트랜잭션 레벨 인터페이스 루틴을 가지고 있고 합성 불가능하다. 인터페이스의 나머지에서 이를 분리하는 것에 의해 디자인을 혼란스럽게 하지는 않는다. 이 테스트벤치 인터페이스의 인스턴스는 합성 on/off pragma를 사용해 합성에서 쉽게 제외될 수 있다.

예제 11-1 SystemVerilog 인터페이스로 모델링 된 Utopia ATM 인터페이스

```
interface Utopia;
  parameter int IfWidth = 8;

  logic clk_in;
  logic clk_out;
  logic [IfWidth-1:0] data;
  logic soc;
  logic en;
  logic clav;
  logic valid;
  logic ready;
  logic reset;
  logic selected;
```

```
  ATMCellType ATMcell; // ATM 셀의 유니온

  modport TopReceive(
    input  clk_in, data, soc, clav, ready, reset,
    output clk_out, en, ATMcell, valid
  );

  modport TopTransmit (
    input  clk_in, clav, ATMcell, valid, reset,
    output clk_out, data, soc, en, ready
  );

  modport CoreReceive (
    input  clk_in, data, soc, clav, ready, reset,
    output clk_out, en, ATMcell, valid
  );

  modport CoreTransmit (
    input  clk_in, clav, ATMcell, valid, reset,
    output clk_out, data, soc, en, ready
  );

  `ifndef SYNTHESIS // 합성은 이 코드를 무시할 것이다
    UtopiaMethod Method ();
  `endif
endinterface
```

Utopia 인터페이스에 더해 관리 인터페이스인 CPU, 룩업 테이블 인터페이스 LookupTable이 있다. LookupTable 인터페이스는 squat라는 코어 디바이스에 래치 기반 룩업 테이블 읽고/쓰기를 위해 사용된다. 이 룩업 테이블의 저장 변수 타입은 dType이라는 타입 파라미터를 통해 전의된다. 이 말은 어떤 내장 타입 혹은 사용자 정의 타입으로든 시작될 수 있다는 말이다.

예제 11-2 셀 재작성과 포워딩 설정

```
typedef struct packed {
  logic [`TxPorts-1:0] FWD;
  logic [11:0] VPI;
} CellCfgType;

interface CPU;
  logic        BusMode;
  logic [11:0] Addr;
  logic        Sel;
  CellCfgType  DataIn;
  CellCfgType  DataOut;
  logic        Rd_DS;
  logic        Wr_RW;
  logic        Rdy_Dtack;

  modport Peripheral (
    input  BusMode, Addr, Sel, DataIn, Rd_DS, Wr_RW,
    output DataOut, Rdy_Dtack
  );

  `ifndef SYNTHESIS // synthesis ignores this code
    CPUMethod Method ();  // interface with testing methods
  `endif
endinterface

interface LookupTable;
  parameter int  Asize  = 8;
  parameter int  Arange = 1<<Asize;
  parameter type dType  = logic;

  dType Mem [0:Arange-1];

  // Function to perform write
  function void write (
    input [Asize-1:0] addr,
    input dType data
  );
    Mem[addr] = data;
  endfunction

  // Function to perform read
```

```
  function dType read (input logic [Asize-1:0] addr);
    return (Mem[addr]);
  endfunction
endinterface
```

위의 모든 정의는 definitions.sv라는 파일에 담겨져 있다. 이 파일은 다음과 같은 문장으로 감싸져 있다.

```
`ifndef _INCL_DEFINITIONS
`define _INCL_DEFINITIONS
  ...
`endif
```

조건 컴파일 구문 때문에 definitions.sv는 여러 파일에 에러없이 포함되어질 수 있다.

11.4 top-level 디자인 : squat

디자인의 탑 레벨은 squat라고 한다. 이 모듈은 Utopia 인터페이스의 리시버와 트랜스미터 배열을 처리하고 프로그래머블 CPU 인터페이스를 제공한다.

그림 11-2 top-level 구조 다이어그램 디자인

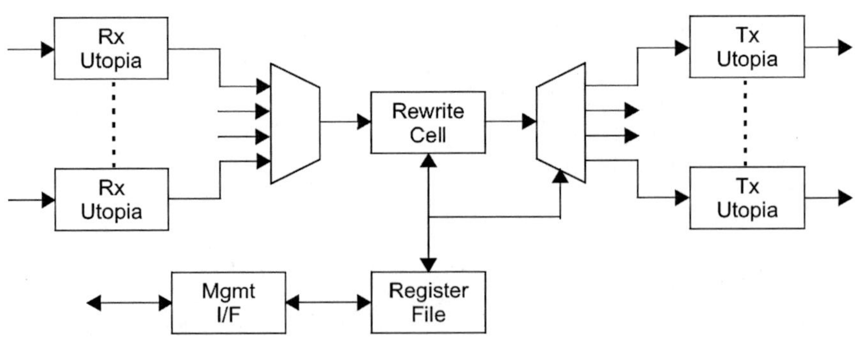

Utopia 리시버 인터페이스 개수는 모듈 파라미터 NumRx에 의해 정의된다. 트랜스미터의 개수도 NumTx 파라미터에 의해 정의된다.

LookupTable 인터페이스 인스턴스는 사용자 정의 타입 CellCfgType을 저장 타입 dType으로 사용한다. LookupTable 인터페이스는 **always_latch** 블록에 의해 LookupTable 인터페이스 내의 write 메소드인 lut.write를 메소드에 쓰여진다.

같은 인터페이스는 **always_comb** 블록으로부터 LookupTable 인터페이스의 read 메소드인 lut.read를 사용해 읽혀진다.

만들어진 블록은 Utopia 리시브와 트랜스미트 인터페이스 개수만큼 반복하는데 사용되고 해당 utopia 리시브와 트랜스미트 모듈의 인스턴스를 만들기 위해 인터페이스들을 서로 연결한다.

rst 리셋 입력은 가능한 레이스 조건을 없애기 위해 클록에 동기화되어 있다.

squat 모듈 내의 상태 변수 SquatState는 열거형을 사용해 정의됐다. 그 변수의 폭은 합성에 사용되는 레지스터 크기를 나타낸다.

```
typedef enum logic [0:1] {
  wait_rx_valid,
  wait_rx_not_valid,
  wait_tx_ready,
  wait_tx_not_read } StateType;
StateType SquatState;
```

이 변수는 트랜스미트에 앞서 들어오는 포트 패킷을 처리할 때 머신 상태를 저장하는데 사용된다. 상태 머신은 들어오는 패킷의 우위를 균형있게 맞추기 위해 라운드 로빈 인디케이터를 사용한다. 각 입력 포트는 포워딩 루틴에 의해 처리되는 우선순위가 같다.

예제 11-3 ATM squat top-level 모듈

```
`include "definitions.sv"

module squat
  #(parameter int NumRx = 4, parameter int NumTx = 4)
  (// NumRx x Level 1 Utopia ATM layer Rx Interfaces
  Utopia /* .TopReceive */ Rx[0:NumRx-1],

  // NumTx x Level 1 Utopia ATM layer Tx Interfaces
  Utopia /* .TopTransmit */ Tx[0:NumTx-1],

  // Utopia Level 2 parallel management interface
  // Intel-style Utopia parallel management interface
  CPU.Peripheral mif,

  // Miscellaneous control interfaces
  input logic rst, clk
);

  // Register file
  LookupTable #(.Asize(8), .dType(CellCfgType)) lut();

  //
  // Hardware reset
  //
  logic reset;
  always_ff @(posedge clk) begin
    reset <= rst;
  end

  const logic [2:0] WriteCycle = 3'b010;
  const logic [2:0] ReadCycle = 3'b001;
  always_latch begin  // configure look-up table
    if (mif.BusMode == 1'b1) begin
      unique case ({mif.Sel, mif.Rd_DS, mif.Wr_RW})
        WriteCycle: lut.write(mif.Addr, mif.DataIn);
      endcase
    end
  end

  always_comb begin
    mif.Rdy_Dtack <= 1'bz;
```

```
    mif.DataOut <= 8'hzz;
    if (mif.BusMode == 1'b1) begin
      unique case ({mif.Sel, mif.Rd_DS, mif.Wr_RW})
        WriteCycle: mif.Rdy_Dtack <= 1'b0;
        ReadCycle: begin
                     mif.Rdy_Dtack <= 1'b0;
                     mif.DataOut <= lut.read(mif.Addr);
                   end
      endcase
    end
  end

  //
  // ATM-layer Utopia interface receivers
  //
  genvar RxIter;
  generate
    for (RxIter=0; RxIter<NumRx; RxIter+=1) begin: RxGen
      assign Rx[RxIter].clk_in = clk;
      assign Rx[RxIter].reset  = reset;
      utopia1_atm_rx atm_rx(Rx[RxIter].CoreReceive);
    end
  endgenerate

  //
  // ATM-layer Utopia interface transmitters
  //
  genvar TxIter;
  generate
    for (TxIter=0; TxIter<NumTx; TxIter+=1) begin: TxGen
      assign Tx[TxIter].clk_in = clk;
      assign Tx[TxIter].reset  = reset;
      utopia1_atm_tx atm_tx(Tx[TxIter].CoreTransmit);
    end
  endgenerate

  //
  // Function to compute the HEC value
  //
  function logic [7:0] hec (input logic [31:0] hdr);
    logic [7:0] syndrom[0:255];
    logic [7:0] RtnCode;
```

```
    logic [7:0] sndrm;

    // Generate the CRC-8 syndrom table
    for (int unsigned i=0; i<256; i+=1) begin
      sndrm = i;
      repeat (8) begin
        if (sndrm[7] == 1'b1)
          sndrm = (sndrm << 1) ^ 8'h07;
        else
          sndrm = sndrm << 1;
      end
      syndrom[i] = sndrm;
    end

    RtnCode = 8'h00;
    repeat (4) begin
      RtnCode = syndrom[RtnCode ^ hdr[31:24]];
      hdr = hdr << 8;
    end
    RtnCode = RtnCode ^ 8'h55;
    return RtnCode;
  endfunction

  //
  // Rewriting and forwarding process
  //

  logic [0:NumTx-1] forward;

  typedef enum logic [0:1] {
    wait_rx_valid,
    wait_rx_not_valid,
    wait_tx_ready,
    wait_tx_not_ready
  } StateType;
  StateType SquatState;

  logic [0:NumTx-1] Txvalid;
  logic [0:NumTx-1] Txready;
  logic [0:NumTx-1] Txsel_in;
  logic [0:NumTx-1] Txsel_out;
  logic [0:NumRx-1] Rxvalid;
```

```
logic [0:NumRx-1] Rxready;
logic [0:NumRx-1] RoundRobin;
ATMCellType [0:NumRx-1] RxATMcell;
ATMCellType [0:NumTx-1] TxATMcell;

generate
  for (TxIter=0; TxIter<NumTx; TxIter+=1) begin: GenTx
    assign Tx[TxIter].valid    = Txvalid[TxIter];
    assign Txready[TxIter]     = Tx[TxIter].ready;
    assign Txsel_in[TxIter]    = Tx[TxIter].selected;
    assign Tx[TxIter].selected = Txsel_out[TxIter];
    assign Tx[TxIter].ATMcell  = TxATMcell[TxIter];
  end
endgenerate
generate
  for (RxIter=0; RxIter<NumRx; RxIter+=1) begin: GenRx
    assign Rxvalid[RxIter]   = Rx[RxIter].valid;
    assign Rx[RxIter].ready  = Rxready[RxIter];
    assign RxATMcell[RxIter] = Rx[RxIter].ATMcell;
  end
endgenerate

ATMCellType ATMcell;
always_ff @(posedge clk, posedge reset) begin: FSM
   logic breakVar;
  if (reset) begin: reset_logic
    Rxready <= '1;
    Txvalid <= '0;
    Txsel_out <= '0;
    SquatState <= wait_rx_valid;
    forward <= 0;
    RoundRobin = 1;
  end: reset_logic
  else begin: FSM_sequencer
    unique case (SquatState)
      wait_rx_valid: begin: rx_valid_state
        Rxready <= '1;
        breakVar = 1;
        for (int j=0; j<NumRx; j+=1) begin: loop1
          for (int i=0; i<NumRx; i+=1) begin: loop2
            if (Rxvalid[i] && RoundRobin[i] && breakVar)
            begin: match
```

```
            ATMcell <= RxATMcell[i];
            Rxready[i] <= 0;
            SquatState <= wait_rx_not_valid;
            breakVar = 0;
          end: match
        end: loop2
        if (breakVar)
          RoundRobin={RoundRobin[1:$logics(RoundRobin)-1],
          RoundRobin[0]};
    end: loop1
  end: rx_valid_state

  wait_rx_not_valid: begin: rx_not_valid_state
    if (ATMcell.uni.HEC != hec(ATMcell.Mem[0:3])) begin
      SquatState <= wait_rx_valid;
      `ifndef SYNTHESIS // synthesis ignores this code
        $write("Bad HEC: ATMcell.uni.HEC(0x%x) != ",
        ATMcell.uni.HEC);
        $display("ATMcell.Mem[0:3](0x%x)",
        hec(ATMcell.Mem[0:3]));
      `endif
    end
    else begin
      // Get the forward ports & new VPI
      {forward, ATMcell.nni.VPI} <=
        lut.read(ATMcell.uni.VPI);
      // Recompute the HEC
      ATMcell.nni.HEC <= hec(ATMcell.Mem[0:3]);
      SquatState <= wait_tx_ready;
    end
  end: rx_not_valid_state

  wait_tx_ready: begin: tx_valid_state
    if (forward) begin
      for (int i=0; i<NumTx; i+=1) begin
        if (forward[i] && Txready[i]) begin
          TxATMcell[i] <= ATMcell;
          Txvalid[i] <= 1;
          Txsel_out[i] <= 1;
        end
      end
      SquatState <= wait_tx_not_ready;
```

```
          end
          else begin
            SquatState <= wait_rx_valid;
          end
        end: tx_valid_state

        wait_tx_not_ready: begin: tx_not_valid_state
          for (int i=0; i<NumTx; i+=1) begin
            if (forward[i] && !Txready[i] && Txsel_in[i]) begin
              Txvalid[i] <= 0;
              Txsel_out[i] <= 0;
              forward[i] <= 0;
            end
          end
          if (forward)
            SquatState <= wait_tx_ready;
          else
            SquatState <= wait_rx_valid;
        end: tx_not_valid_state

        default: begin: unknown_state
          SquatState <= wait_rx_valid;
          `ifndef SYNTHESIS // synthesis ignores this code
            $display("Unknown condition"); $finish();
          `endif
        end: unknown_state
      endcase
    end: FSM_sequencer
  end: FSM
endmodule
```

11.5 리시버와 트랜스미터

11.5.1 리시버 상태 머신

generate 루프 내의 리시버는 8개 상태의 상태 머신을 갖는다.

그림 11-3 리시버 상태 흐름 다이어그램

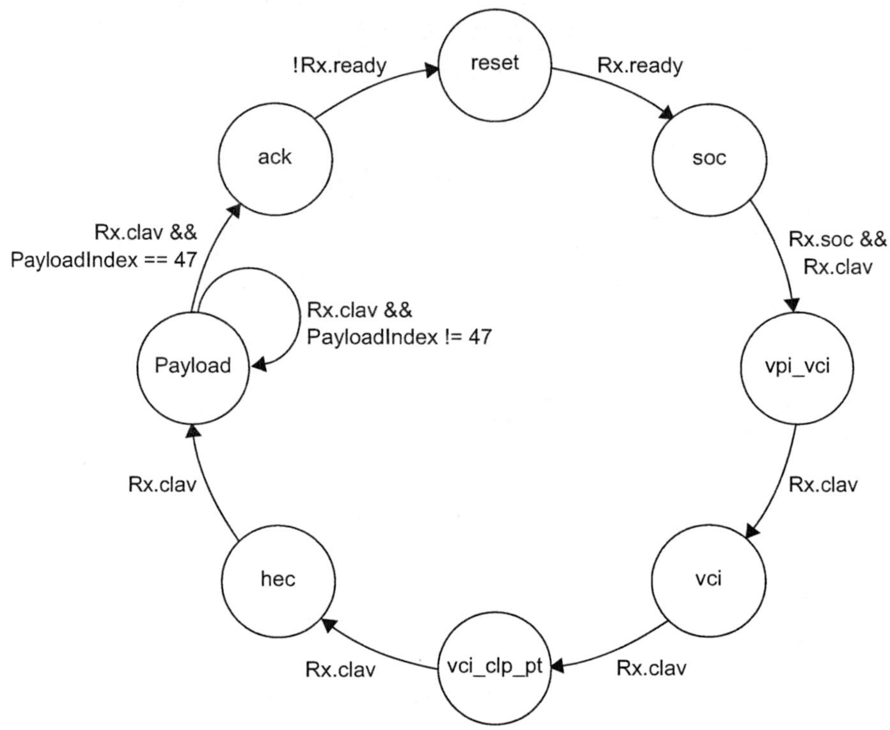

예제 11-4 Utopia ATM 리시버

```
module utopia1_atm_rx ( Utopia.CoreReceive Rx );

  // 25MHz Rx clk out
  assign Rx.clk_out = Rx.clk_in;

  // Listen to the interface, collecting byte.
  // A complete cell is then copied to the cell buffer
```

```
logic [0:5] PayloadIndex;
enum logic [0:2] { reset, soc, vpi_vci, vci, vci_clp_pt, hec,
            payload, ack } UtopiaStatus;

always_ff @(posedge Rx.clk_in, posedge Rx.reset) begin: FSM
  if (Rx.reset) begin
    Rx.valid <= 0;
    Rx.en <= 1;
    UtopiaStatus <= reset;
  end
  else begin: FSM_sequencer
    unique case (UtopiaStatus)
      reset: begin: reset_state
        if (Rx.ready) begin
          UtopiaStatus <= soc;
          Rx.en <= 0;
        end
      end: reset_state

      soc: begin: soc_state
        if (Rx.soc && Rx.clav) begin
          {Rx.ATMcell.uni.GFC,
          Rx.ATMcell.uni.VPI[7:4]} <= Rx.data;
          UtopiaStatus <= vpi_vci;
        end
      end: soc_state

      vpi_vci: begin: vpi_vci_state
        if (Rx.clav) begin
          {Rx.ATMcell.uni.VPI[3:0],
          Rx.ATMcell.uni.VCI[15:12]} <= Rx.data;
          UtopiaStatus <= vci;
        end
      end: vpi_vci_state

      vci: begin: vci_state
        if (Rx.clav) begin
          Rx.ATMcell.uni.VCI[11:4] <= Rx.data;
          UtopiaStatus <= vci_clp_pt;
        end
      end: vci_state
```

```
        vci_clp_pt: begin: vci_clp_pt_state
          if (Rx.clav) begin
            {Rx.ATMcell.uni.VCI[3:0], Rx.ATMcell.uni.CLP,
            Rx.ATMcell.uni.PT} <= Rx.data;
            UtopiaStatus <= hec;
          end
        end: vci_clp_pt_state

        hec: begin: hec_state
          if (Rx.clav) begin
            Rx.ATMcell.uni.HEC <= Rx.data;
            UtopiaStatus <= payload;
            PayloadIndex = 0;  /* Blocking Assignment, due to
                                  blocking increment in
                                  payload state */
          end
        end: hec_state

        payload: begin: payload_state
          if (Rx.clav) begin
            Rx.ATMcell.uni.Payload[PayloadIndex] <= Rx.data;
            if (PayloadIndex==47) begin
              UtopiaStatus <= ack;
              Rx.valid <= 1;
              Rx.en <= 1;
            end
            PayloadIndex++;
          end
        end: payload_state

        ack: begin: ack_state
          if (!Rx.ready) begin
            UtopiaStatus <= reset;
            Rx.valid <= 0;
          end
        end: ack_state

        default: UtopiaStatus <= reset;
      endcase
    end: FSM_sequencer
  end: FSM
endmodule
```

11.5.1 트랜스미터 상태 머신

generate 루프 내의 트랜스미터는 9개 상태의 상태 머신을 갖는다.

그림 11-4 트랜스미터 상태 흐름 다이어그램

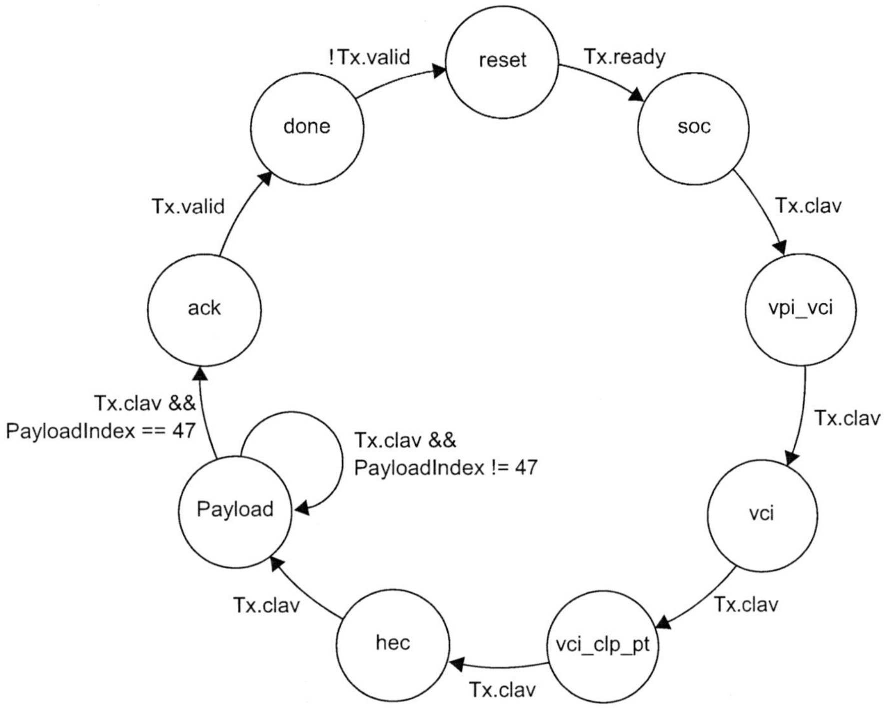

예제 11-5 Utopia ATM 트랜스미터

```
module utopia1_atm_tx ( Utopia.CoreTransmit Tx );

  assign Tx.clk_out = Tx.clk_in;

  logic [0:5] PayloadIndex;  // 0 to 47
  enum logic [0:3] { reset, soc, vpi_vci, vci, vci_clp_pt, hec,
                     payload, ack, done } UtopiaStatus;

  always_ff @(posedge Tx.clk_in, posedge Tx.reset) begin: FSM
    if (Tx.reset) begin
      Tx.soc <= 0;
      Tx.en <= 1;
      Tx.ready <= 1;
```

```
      UtopiaStatus <= reset;
    end
    else begin: FSM_sequencer
      unique case (UtopiaStatus)
        reset: begin: reset_state
          Tx.en <= 1;
          Tx.ready <= 1;
          if (Tx.valid) begin
            Tx.ready <= 0;
            UtopiaStatus <= soc;
          end
        end: reset_state

        soc: begin: soc_state
          if (Tx.clav) begin
            Tx.soc <= 1;
            Tx.data <= Tx.ATMcell.nni.VPI[11:4];
            UtopiaStatus <= vpi_vci;
          end
          Tx.en <= !Tx.clav;
        end: soc_state

        vpi_vci: begin: vpi_vci_state
          Tx.soc <= 0;
          if (Tx.clav) begin
            Tx.data <= {Tx.ATMcell.nni.VPI[3:0],
                        Tx.ATMcell.nni.VCI[15:12]};
            UtopiaStatus <= vci;
          end
          Tx.en <= !Tx.clav;
        end: vpi_vci_state

        vci: begin: vci_state
          if (Tx.clav) begin
            Tx.data <= Tx.ATMcell.nni.VCI[11:4];
            UtopiaStatus <= vci_clp_pt;
          end
          Tx.en <= !Tx.clav;
        end: vci_state

        vci_clp_pt: begin: vci_clp_pt_state
          if (Tx.clav) begin
```

```
            Tx.data <= {Tx.ATMcell.nni.VCI[3:0],
            Tx.ATMcell.nni.CLP, Tx.ATMcell.nni.PT};
            UtopiaStatus <= hec;
          end
          Tx.en <= !Tx.clav;
        end: vci_clp_pt_state

        hec: begin: hec_state
          if (Tx.clav) begin
            Tx.data <= Tx.ATMcell.nni.HEC;
            UtopiaStatus <= payload;
            PayloadIndex = 0;
          end
          Tx.en <= !Tx.clav;
        end: hec_state

        payload: begin: payload_state
          if (Tx.clav) begin
            Tx.data <= Tx.ATMcell.nni.Payload[PayloadIndex];
            if (PayloadIndex==47) UtopiaStatus <= ack;
            PayloadIndex++;
          end
          Tx.en <= !Tx.clav;
        end: payload_state

        ack: begin: ack_state
          Tx.en <= 1;
          if (!Tx.valid) begin
            Tx.ready <= 1;
            UtopiaStatus <= done;
          end
        end: ack_state

        done: begin: done_state
          if (!Tx.valid) begin
            Tx.ready <= 0;
            UtopiaStatus <= reset;
          end
        end: done_state
      endcase
    end: FSM_sequencer
  end: FSM
endmodule
```

11.6 테스트벤치

Utopia 인터페이스를 위한 테스트벤치 send, receive 메소드는 UtopiaMethod 인터페이스 내에 캡슐화 되어 있다.

예제 11-6 UtopiaMethod 인터페이스

```
interface UtopiaMethod;
  task automatic Initialise ();
  endtask

  task automatic Send (input ATMCellType Pkt, input int PortID);
    static int PacketID;
    PacketID++;

    Pkt.tst.PortID = PortID;
    Pkt.tst.PacketID = PacketID;

    // iterate through bytes of packet, deasserting
    // Start Of Cell indicater
    @(negedge Utopia.clk_out);
    Utopia.clav <= 1;
    for (int i=0; i<=52; i++) begin
      // If not enabled, loop
      while (Utopia.en === 1'b1) @(negedge Utopia.clk_out);

      // Assert Start Of Cell indicater, assert enable,
      // send byte 0 (i==0)
      Utopia.soc <= (i==0) ? 1'b1 : 1'b0;
      Utopia.data <= Pkt.Mem[i];
      @(negedge Utopia.clk_out);
    end
    Utopia.data <= 8'bx;
    Utopia.clav <= 0;
  endtask

  task automatic Receive (input int PortID);
     ATMCellType Pkt;

     Utopia.clav = 1;
```

```
      while (Utopia.soc!==1'b1 && Utopia.en!==1'b0)
        @(negedge Utopia.clk_out);
       for (int i=0; i<=52; i++) begin
        // If not enabled, loop
        while (Utopia.en!==1'b0) @(negedge Utopia.clk_out);

        Pkt.Mem[i] = Utopia.data;
        @(negedge Utopia.clk_out);
      end

      Utopia.clav = 0;
      // Write Rxed data to logfile
      `ifdef VERBOSE
        $write("Received packet at port %0d from port %0d PKT(%0d)\n",
        PortID, Pkt.tst.PortID, Pkt.tst.PacketID);
        //PortID, Pkt.nni.Payload[0], Pkt.nni.Payload[1:4]);
      `endif
    endtask
  endinterface
```

CPU 인터페이스용 테스트벤치 HostWrite와 HostRead 메소드는 CPUMethod 인터페이스에 캡슐화 되어 있다.

예제 11-7 CPUMethod 인터페이스

```
interface CPUMethod;
  task automatic Initialise_Host ();
    CPU.BusMode <= 1;
    CPU.Addr <= 0;
    CPU.DataIn <= 0;
    CPU.Sel <= 1;
    CPU.Rd_DS <= 1;
    CPU.Wr_RW <= 1;
  endtask

  task automatic HostWrite (int a, CellCfgType d); // configure
    #10 CPU.Addr <= a; CPU.DataIn <= d; CPU.Sel <= 0;
    #10 CPU.Wr_RW <= 0;
```

```
      while (CPU.Rdy_Dtack!==0) #10;
      #10 CPU.Wr_RW <= 1; CPU.Sel <= 1;
      while (CPU.Rdy_Dtack==0) #10;
   endtask

   task automatic HostRead (int a, output CellCfgType d);
      #10 CPU.Addr <= a; CPU.Sel <= 0;
      #10 CPU.Rd_DS <= 0;
      while (CPU.Rdy_Dtack!==0) #10;
      #10 d = CPU.DataOut; CPU.Rd_DS <= 1; CPU.Sel <= 1;
      while (CPU.Rdy_Dtack==0) #10;
   endtask
endinterface
```

주 테스트벤치 모듈은 위에 열거된 캡슐화된 메소드를 사용한다.

예제 11-8 Utopia ATM 테스트벤치

```
`include "definitions.sv"

module test;
   parameter int NumRx = `RxPorts;
   parameter int NumTx = `TxPorts;

   // NumRx x Level 1 Utopia Rx Interfaces
   Utopia Rx[0:NumRx-1] ();

   // NumTx x Level 1 Utopia Tx Interfaces
   Utopia Tx[0:NumTx-1] ();

   // Intel-style Utopia parallel management interface
   //CPU mif;
   CPU mif ();

   // Miscellaneous control interfaces
   logic rst;
   logic clk;
   logic Initialised;
```

```
  initial begin
    $display("\n*** Expected simulation results are in
\"10.00.00_example_top.log\" ***\n");
    $display("\nSimulation was run with conditional compilation
settings of:");
    $display("`define TxPorts %0d", `TxPorts);
    $display("`define RxPorts %0d", `RxPorts);
    `ifdef VERBOSE
      $display("`define VERBOSE");
    `endif
    `ifdef FWDALL
      $display("`define FWDALL");
    `endif
    `ifdef SYNTHESIS
      $display("`define SYNTHESIS");
    `endif
    $display(" ");
  end

  `include "./testbench_instance.sv"
  squat #(NumRx, NumTx) squat(Rx, Tx, mif, rst, clk);

  task automatic RandomPkt (inout ATMCellType Pkt, inout seed);
    Pkt.uni.GFC = $random(seed);
    Pkt.uni.VPI = $random(seed) & 8'hff;
    Pkt.uni.VCI = $random(seed);
    Pkt.uni.CLP = $random(seed);
    Pkt.uni.PT  = $random(seed);
    Pkt.uni.HEC = hec(Pkt.Mem[0:3]);
    for (int i=0; i<=47; i++) begin
      Pkt.uni.Payload[i] = 47-i; //$random(seed);
    end
  endtask

  logic [7:0] syndrom[0:255];
  initial begin: gen_syndrom
    int i;
    logic [7:0] sndrm;
    for (i = 0; i < 256; i = i + 1 ) begin
      sndrm = i;
      repeat (8) begin
        if (sndrm[7] === 1'b1)
```

```
          sndrm = (sndrm << 1) ^ 8'h07;
        else
          sndrm = sndrm << 1;
      end
      syndrom[i] = sndrm;
    end
  end

  // Function to compute the HEC value
  function automatic logic [7:0] hec (logic [31:0] hdr);
    logic [7:0] rtn;
    rtn = 8'h00;
    repeat (4) begin
      rtn = syndrom[rtn ^ hdr[31:24]];
      hdr = hdr << 8;
    end
    rtn = rtn ^ 8'h55;
    return rtn;
  endfunction

  // System Clock and Reset
  initial begin
    #0 rst = 0; clk = 0;
    #5 rst = 1;
    #5 clk = 1;
    #5 rst = 0; clk = 0;
    forever begin
      #5 clk = 1;
      #5 clk = 0;
    end
  end

  CellCfgType lookup [255:0]; // copy of look-up table

  function logic [0:NumTx-1] find (logic [11:0] VPI);
    for (int i=0; i<=255; i++) begin
      if (lookup[i].VPI == VPI) begin
        return lookup[i].FWD;
      end
    end
    return 0;
  endfunction
```

```
// Stimulus
initial begin
  automatic int seed=1;
  CellCfgType CellFwd;

  $display("Configuration RxPorts=%0d TxPorts=%0d",
    `RxPorts, `TxPorts);
  mif.Method.Initialise_Host();

  // Configure through Host interface
  repeat (10) @(negedge clk);
  $display("Loading Memory");
  for (int i=0; i<=255; i++) begin
    CellFwd.FWD = i;
    `ifdef FWDALL
      CellFwd.FWD = '1;
    `endif
    CellFwd.VPI = i;
    mif.Method.HostWrite(i, CellFwd);
    lookup[i] = CellFwd;
  end

  // Verify memory
  $display("Verifying Memory");
  for (int i=0; i<=255; i++) begin
    mif.Method.HostRead(i, CellFwd);
    if (lookup[i] != CellFwd) begin
      $display("Error, Mem Location 0x%x contains 0x%x, expected 0x%x",
        i, lookup[i], CellFwd);
    $stop;
    end
  end
  $display("Memory Verified");

 Initialised=1;
 repeat (5000000) @(negedge clk);
 $display("Error Timeout");
 $finish;
end

 int TxPktCtr [0:NumTx-1];
```

```
logic [0:NumRx-1] RxGenInProgress;
genvar RxIter;
genvar TxIter;
generate // replicate access to ports
  for (RxIter=0; RxIter<NumRx; RxIter++) begin: RxGen
    initial begin: Sender
      int seed;
      logic [0:NumTx-1] TxPortTarget;
      ATMCellType Pkt;

      Rx[RxIter].data=0;
      Rx[RxIter].soc=0;
      Rx[RxIter].en=1;
      Rx[RxIter].clav=0;
      Rx[RxIter].ready=0;

      RxGenInProgress[RxIter] = 1;
      wait (Initialised === 1'b1);
      seed=RxIter+1;
      Rx[RxIter].Method.Initialise();
      repeat (200) begin
        RandomPkt(Pkt, seed);
        TxPortTarget = find(Pkt.uni.VPI);

        // Increment counter if output packet expected
        for (int i=0; i<NumTx; i++) begin
          if (TxPortTarget[i]) begin
            TxPktCtr[i]++;
            //$display("port %0d ->> %0d", RxIter, i);
          end
        end

        Rx[RxIter].Method.Send(Pkt, RxIter);
        //$display("Port %d sent packet", RxIter);
        repeat ($random(seed)%200) @(negedge clk);
      end
      RxGenInProgress[RxIter] = 0;
    end
  end
endgenerate

// Response - open files for response
```

```
  generate
    for (TxIter=0; TxIter<NumTx; TxIter++) begin: TxGen
      initial begin: Receiver
        wait (Tx[TxIter].reset===1);
        wait (Tx[TxIter].reset===0);
        forever begin
          Tx[TxIter].Method.Receive(TxIter);
          TxPktCtr[TxIter]--;
        end
      end
    end
  endgenerate

  // Check for all detected packets
  logic [0:NumTx-1] TxDetectEnd;
  generate
    for (TxIter=0; TxIter<NumTx; TxIter++) begin: TxDetect
      initial begin
        TxDetectEnd[TxIter] = 1'b1;
        wait (Initialised === 1'b1);
        wait (RxGenInProgress === 0);
        wait (TxPktCtr[TxIter] == 0)
        TxDetectEnd[TxIter] = 1'b0;
        $display("TxPktCtr[%0d] == %d",
                 TxIter, TxPktCtr[TxIter]);
      end
    end
  endgenerate

  initial begin
    wait (Initialised === 1'b1);
    wait (RxGenInProgress === 0);
    wait (TxDetectEnd === 0);
    $finish;
  end
endmodule
```

디자인의 테스트벤치 인스턴스는 여러 파일에 담겨져 있어 합성 전/후 버전이 사용될 수 있다.

```
squat #(NumRx, NumTx) squat(Rx, Tx, mif, rst, clk);
```

11.7 요약

이 장에서는 SystemVerilog로 모델링된 큰 예제를 보였다. NNI와 UNI 패킷과 관련된 모든 변수를 캡슐화 하기 위해 구조체가 사용됐다. 이는 많은 개별 시그널이 각각 언급되는게 아니라 구조체 이름으로 언급되도록 허용한다. 이 캡슐화는 복잡한 정보의 세트를 표현하기 위해 필요한 코드 양을 줄여준다. 이런 간결한 코드는 읽기 쉽고 테스트하기 쉽고 유지하기 쉽다.

NNI와 UNI 구조체는 유니온으로 묶여 하나의 저장소로 다른 타입의 패킷을 표현할 수 있게 해준다. 유니온이 압축되어 있기 때문에 값은 한 패킷 타입으로 저장될 수 있고 다른 타입으로 읽혀질 수 있다. 이는 한 포맷에서 다른 포맷으로 패킷을 전송할 필요가 있을 때 코드를 간략화 해준다.

주요 블록 사이의 통신은 인터페이스로 캡슐화되었다. 이는 디자인의 각 모듈의 여러 포트 정의를 중심 위치로 옮긴다. 각 모듈 내의 포트 선언은 하나의 인터페이스 포트로 최소화된다. 같은 포트를 선언하는 중복은 없어진다.

SystemVerilog 구문은 또 디자인을 검증하기 위한 코드를 간략화한다. NNI와 UNI 패킷을 저장하기 위한 같은 유니온은 바이트 배열로 테스트 값을 저장한다. 테스트벤치는 바이트로 유니온 변수를 적재할 수 있고 그 값은 NNI, UNI 패킷으로 디자인에 의해 읽혀질 수 있다. 패킷을 만들기 위해 각 변수에 테스트 값을 복사할 필요가 없다.

Chapter 12

동작 모델링과 트랜잭션 레벨 모델링

이 장은 동작 모델링의 부속으로 트랜잭션 레벨 모델링(TLM)을 정의하고 TLM이 어떻게 쓰일 수 있는 지와 SystemVerilog가 TLM에 어떻게 적합한지 보여준다.

동작 모델링은 RTL 코드와 테스트벤치 모두의 개발을 위한 상위 레벨 실행 가능 스펙을 제공하기 위해 사용될 수 있다. 트랜잭션 레벨 모델링은 시스템 실행 가능 스펙이 하위 시스템의 실행 가능 스펙으로 나누어지도록 한다.

실행 가능 스펙은 보통 합성 가능하도록 고려되지 않는다. 그러나 상위 레벨 또는 동작 합성 툴은 특정 카테고리의 동작과 트랜잭션 레벨 모델링을 다룰 수 있다.

이 장에서 다루어질 내용은 다음과 같다.

- 트랜잭션의 정의
- 버스의 트랜잭션 레벨 모델
- 다중 슬레이브
- 다중 마스터 사이의 중재
- 세마포어
- 트랜잭션 레벨과 레지스터 전송 레벨 모델 간의 인터페이스

12.1 동작 모델링

동작 모델링은 컨트롤 로직의 상태 머신이 명확하게 코딩되지 않은 스타일이다.

함시적 상태 머신은 한 개 이상의 이벤트 컨트롤을 가지고 있는 **always** 블록이다. 다음 코드는 리셋 후 1 펄스를 만들어낸다.

```
always begin
   do @(posedge clock) while (reset);
   @(posedge clock) a = 1;
   @(posedge clock) a = 0;
end
```

RTL 설명은 다음과 같이 명확한 상태 레지스터를 가질 것이다.

```
logic [1:0] state;

always_ff @(posedge clock)
   if (reset) state = 0;
   else if (state == 0)
   begin state = 1; a = 1; end
   else if (state == 1)
   begin state = 2; a = 0; end
   else state 0;
```

사이클이 정확하지 않은 동작 모델의 좀 더 추상적이 스타일이 있고 실행 가능한 스펙인 디자인의 자세한 스케쥴링 전에 사용될 수 있다. 예로는 하드웨어로 구현될 이미지 프로세싱 알고리듬이 있다.

12.2 트랜잭션은 무엇인가?

일상생활에서 트랜잭션은 두 사람이나 조직 사이에 정보, 돈 등을 전달하는 상호작용이다. 디지털 시스템에서 트랜잭션은 두 하위시스템 간에 데이터와 컨트롤을 전달하는 것이다. 이는 보통 요청과 응답을 의미한다. 트랜잭션은 타입, 데이터, 시작 시간, 기간, 상태와 같은 속성을 갖는다. 트랜잭션은 하위 트랜잭션을 가질 수도 있다.

TLM의 중요 컨셉은 통신의 관심없는 부분을 억제하는 것이다. 예를 들어, 구매자가 책가게에서 $20을 지불해야 한다면 그는 많은 레벨에서 트랜잭션을 수행할 수 있다.

가장 낮은 레벨 -20 트랜잭션

"$20 주세요"
　　"여기 $1 있습니다", $1 건넴
"감사합니다"
　　"여기 $1 있습니다", $1 건넴
"감사합니다"
　　"여기 $1 있습니다", $1 건넴
"감사합니다"
... (17회의 $1 트랜잭션)
"$20이군요. 책 여기 있습니다"
　"감사합니다"

약간 높은 레벨 -4 트랜잭션

"$20 주세요"
　　"여기 $5 있습니다", $5 건넴
"감사합니다"
　　"여기 $5 있습니다", $5 건넴
"감사합니다"
　　"여기 $5 있습니다", $5 건넴
"감사합니다"
　　"여기 $5 있습니다", $5 건넴
"$20이군요, 책 여기 있습니다"
　　"감사합니다"

높은 레벨 -1 트랜잭션

"$20 주세요"

"여기 $20 있습니다", $20 건넴

"$20이군요, 책 여기 있습니다"

"감사합니다"

이 예는 효과적인 TLM의 중요 이점을 보여준다. 엔지니어는 관심있는 레벨만 모델링하면 된다. TLM 사용에서 중요 동기 중 하나는 자세한 것을 감추는 것이다. 그래서 콜러는 트랜잭션의 자세한 사항을 모른다. 이는 블록 간의 인터페이스에 대한 아주 높은 레벨 표현을 제공한다.

데이터를 추상화하는 것뿐만 아니라 컨트롤을 없애서 TLM 추상화를 높이고 잠재적인 시뮬레이션 성능 향상을 이끌어내는 것을 주목하기 바란다. 최상위 레벨에서 책 구매자는 $20을 지불하는 것에만 관심이 있고 $1이든 $5이든 $20이든 상관없다. 자세한 사항을 숨기는 것은 콜러가 어느 레벨이 사용되는지 알고 있거나 알아야 하는 것 없이 빠져 나가기 위한 프로토콜의 다른 구현을 허용한다. 그래서 필요에 따라 다른 TLM을 바꿔 쓸 수 있다. 다른 TLM을 바꾸는 것은 덜 자세하고 더 효과적인 TLM을 사용하기 위해 행해질 수 있다. 혹은 프로젝트 기간 중 시작에는 상위 레벨 자세함만 정의되고 나중에 더 자세한 것들이 프로젝트 기간에 걸쳐 더해진다.

12.3 SystemVerilog에서 트랜잭션 레벨 모델링

동작 레벨 모델링이 블록 기능의 추상화를 만들지만 트랜잭션 레벨 모델링은 블록과 하위 블록 사이 통신의 추상화 레벨을 컨트롤과 데이터 흐름의 자세한 사항을 숨기는 것에 의해 만든다.

SystemVerilog에서는 **`interface`** 구문의 사용이 모듈의 기능 설명과 그들 사이의 통신을 분리하게 해준다.

트랜잭션 레벨 모델링은 컨셉이고 특정 언어의 특징은 아니다. 그러나 몇몇 언어 구문은 트랜잭션 레벨 모델을 작성하는데 유용하다. 다음과 같은 것들을 포함한다.

- 구조적 계층
- 계층 경계를 넘어 함수와 태스크 콜
- 레코드 또는 구조체
- 함수/태스크 콜에 패키지 데이터가 쓰이는 기능
- 데이터를 병렬화 하거나 직렬화 하는 기능
- 공유 리소스를 제어하기 위한 세마포어

TLM에 필요한 근본적인 능력은 정보 교환의 낮은 레벨 세부사항을 인터페이스를 넘는 함수와 태스크 콜로 캡슐화 하는 것이다. 콜러는 어떤 데이터가 보내지고 반환되는지만 알면 된다. 전송의 세부사항은 함수/태스크 콜에 숨겨진다.

트랜잭션 요청은 태스크나 함수를 부르는 것에 의해 만들어진다. SystemVerilog의 **interface**와 함수/태스크 콜링 메커니즘은 SystemVerilog에서 TLM이 만들어지는 것을 아주 간단하게 해준다. 메소드는 객체지향 언어의 메소드와 비슷하기 때문에 함수/태스크 콜을 설명하는데 쓰인다.

12.3.1 메모리 하위 시스템 예제

예제 12-1은 간단한 메모리 하위 시스템을 나타낸다. 초기에 이 코드는 하나의 테스트벤치에서 read, write 태스크를 부르도록 코딩됐다. 테스트벤치는 주소 범위를 시도하고 에러 플래그를 테스트한다.

예제 12-1 read, write 태스크를 사용한 간단한 메모리 하위 시스템

```
module TopTasks;

  logic [20:0] A;
  logic [15:0] D;
  logic        E;
  parameter    LOWER = 20'h00000;
  parameter    UPPER = 20'h7ffff;
  logic [15:0] Mem[LOWER:UPPER];

  task ReadMem(input  logic [19:0] Address,
```

```
            output logic [15:0] Data,
            output logic        Error);
    if (Address >= LOWER && Address <= UPPER) begin
      Data = Mem[Address];
      Error = 0;
    end
    else Error = 1;
  endtask

  task WriteMem(input  logic [19:0] Address,
                input  logic [15:0] Data,
                output logic        Error);
    if (Address >= LOWER && Address <= UPPER) begin
      Mem[Address] = Data;
      Error = 0;
    end
    else Error = 1;
  endtask

  initial begin
    $display("\nExpect 2 write/read transactions with no errors, ");
    $display("followed by 2 write/read transactions with bus errors...\n");
    for (A = 0; A < 21'h100000; A = A + 21'h40000) begin
      fork
        #1000;
        WriteMem(A[19:0], 0, E);
      join
      if (E) $display ("%t bus error on write %h", $time, A);
        else $display ("%t write OK %h", $time, A);

      fork
        #1000;
        ReadMem(A[19:0], D, E);
      join
      if (E) $display ("%t bus error on read %h", $time, A);
        else $display ("%t read OK %h", $time, A);
    end
    $display(" ");
    $finish;
  end
endmodule : TopTasks
```

이 예제는 다음과 같은 출력을 보여줄 것이다.

```
1000 write OK 000000
2000 read OK 000000
3000 write OK 040000
4000 read OK 040000
5000 bus error on write 080000
6000 bus error on read 080000
7000 bus error on write 0c0000
8000 bus error on write 0c0000
```

12.4 인터페이스를 통한 트랜잭션 레벨 모델

다음 예제는 메모리 하위시스템을 3개의 모듈로 나눈다. 둘은 메모리 유닛이고 나머지 하나는 테스트벤치다. 모듈은 인터페이스에 의해 연결된다. 이 디자인에서는 주소 범위가 메모리 유닛에 연결되어 있다. 하나의 메모리만 각각의 읽기/쓰기에 반응해야 한다. 아무 유닛도 응답하지 않으면 버스 에러가 발생한다.

이 하나의 응답 요청 방송은 SystemVerilog 인터페이스 내에서 **extern forkjoin** 구문으로 편리하게 모델링된다. 이것은 여러 태스크 호출을 담고 있는 **fork...join**과 비슷하게 동작한다. 차이점은 호출의 개수가 정의되지 않았다는 것이고 같은 인터페이스 코드가 어떤 개수의 메모리 유닛에도 사용될 수 있다는 것이다. 출력 값은 각 태스크 호출에 대한 실제 인수로 쓰여진다. 올바른 태스크 호출은 자신의 응답을 지연시키고 그래서 잘못된 것을 엎어쓴다.

예제 12-2 인터페이스로 연결된 두 메모리 하위 시스템

```
module TopTLM;

  Membus Mbus();
  Tester T(Mbus);
  Memory #(.Lo(20'h00000), .Hi(20'h3ffff))
         M1(Mbus);  // lower addrs
  Memory #(.Lo(20'h40000), .Hi(20'h7ffff))
         M2(Mbus);  // higher addrs
```

```
endmodule : TopTLM


// Interface header
interface Membus;

  extern forkjoin task ReadMem  (input  logic [19:0]    Address,
                                 output logic [15:0]    Data,
                                 bit                    Error);

  extern forkjoin task WriteMem (input  logic [19:0]    Address,
                                 input  logic [15:0]    Data,
                                 output bit             Error);

  extern task Request();
  extern task Relinquish();

endinterface

module Tester (interface Bus);

  logic [15:0] D;
  logic E;

  int A;

  initial begin
    $display("\nExpect 2 write/read transactions with no errors, ");
    $display("followed by 2 write/read transactions with bus errors...\n");
    for (A = 0; A < 21'h100000; A = A + 21'h40000) begin
      fork
        #1000;
        Bus.WriteMem(A[19:0], 0, E);
      join
      if (E) $display ("%t bus error on write %h", $time, A);
      else $display ("%t write OK %h", $time, A);

      fork
        #1000;
        Bus.ReadMem(A[19:0], D, E);
      join
```

```
        if (E) $display ("%t bus error on read %h", $time, A);
        else $display ("%t read OK %h", $time, A);
      end
      $display(" ");
      $finish;
  end
endmodule


// Memory Modules
// forkjoin task model delays if OK (last wins)
module Memory(interface Bus);

  parameter Lo = 20'h00000;
  parameter Hi = 20'h3ffff;
  logic [15:0] Mem[Lo:Hi];

  task Bus.ReadMem(input  logic [19:0] Address,
                   output logic [15:0] Data,
                   output bit          Error);

    if (Address >= Lo && Address <= Hi) begin
      #100 Data = Mem[Address];
      Error = 0;
    end
    else Error = 1;
  endtask

  task Bus.WriteMem(input  logic  [19:0]  Address,
                    input  logic [15:0]   Data,
                    output bit            Error);

    if (Address >= Lo && Address <= Hi) begin
      #100 Mem[Address] = Data;
      Error = 0;
    end
    else Error = 1;
  endtask

endmodule
```

이 예제는 다음과 같은 출력을 보여줄 것이다.

```
1000 write OK 000000
2000 read OK 000000
3000 write OK 040000
4000 read OK 040000
5000 bus error on write 080000
6000 bus error on read 080000
7000 bus error on write 0c0000
8000 bus error on write 0c0000
```

12.5 버스 중재

두 버스 마스터가 존재한다면 동시에 둘이 액세스하는 것을 막을 필요가 있다. 리소스 공유과 같은 모델링의 추상화 메커니즘은 세마포어다. SystemVerilog는 내장 세마포어 클래스 오브젝트를 가지고 있다. 그러나 이 장에서는 인터페이스 모델이 사용된다. 이는 어떻게 클래스 동작이 설명되는지 인터페이스와 인터페이스 메소드를 사용해 설명된다.

다음 예제의 Semaphore 인터페이스는 리소스에 대해 몇 가지 키를 가지고 있다. 기본은 하나다. get 태스크는 사용 가능한 키를 기다리고 그를 제거한다. put 태스크는 키를 교체한다.

아래 나타나 있는 모델은 세마포어를 가지고 있는 arbiter 모듈을 담고 있다. 다른 것이 인터페이스에 세마포어를 넣을 수도 있지만 RTL 구현 계층과는 다르다.

예제 12-3 세마포어를 사용한 버스 중재 TLM 모델

```
module TopArbTLM;

  Membus Mbus();
  Tester T1(Mbus);
  Tester T2(Mbus);
  Arbiter A(Mbus);
  Memory #(.Lo(20'h00000), .Hi(20'h3ffff)) M1(Mbus);
  Memory #(.Lo(20'h40000), .Hi(20'h7ffff)) M2(Mbus);

endmodule : TopArbTLM


interface Membus; // repeated from previous example

  extern forkjoin task ReadMem  (input logic [19:0] Address,
                                 output logic [15:0] Data,
                                        bit         Error);

  extern forkjoin task WriteMem (input logic [19:0] Address,
                                 input  logic [15:0] Data,
                                 output bit          Error);

  extern task Request();
  extern task Relinquish();

endinterface


interface Semaphore #(parameter int unsigned initial_keys = 1);
  int unsigned keys = initial_keys;

  task get(int unsigned n = 1);
    wait (n <= keys);
    keys -= n;
  endtask

  task put (int unsigned n = 1);
    keys += n;
  endtask

endinterface
```

```
module Arbiter (interface Bus);
  Semaphore s ();  // built-in type would use semaphore s = new;

  task Bus.Request();
    s.get();
  endtask

  task Bus.Relinquish();
    s.put();
  endtask

endmodule


module Tester (interface Bus);
  logic [15:0] D;
  logic        E;
  int          A;

  initial begin : test_block
    $display("\nExpect 2 sets of double-write/double-read transactions
with no errors, ");
    $display("followed by 2 sets of double-write/double-read
transactions with bus errors...\n");
    for (A = 0; A < 21'h100000; A = A + 21'h40000)
    begin : loop
      fork
        #1000;
        begin
          Bus.Request;
          Bus.WriteMem(A[19:0], 0, E);
          if (E) $display("%t bus error on write %h", $time, A);
          else $display ("%t write OK %h", $time, A);
          Bus.Relinquish;
        end
      join
      fork
        #1000;
        begin
          Bus.Request;
```

```
            Bus.ReadMem(A[19:0], D, E);
            if (E) $display("%t bus error on read %h", $time, A);
            else $display ("%t read OK %h", $time, A);
            Bus.Relinquish;
          end
        join
      end : loop
      $display(" ");
      $finish;
    end : test_block

endmodule
```

이 예제는 다음과 같은 출력을 보여줄 것이다.

```
100 write OK 00000000
200 write OK 00000000
1100 read OK 00000000
1200 read OK 00000000
2100 write OK 00040000
2200 write OK 00040000
3100 read OK 00040000
3200 read OK 00040000
4000 bus error on write 00080000
4000 bus error on write 00080000
5000 bus error on read 00080000
5000 bus error on read 00080000
6000 bus error on write 000c0000
6000 bus error on write 000c0000
7000 bus error on read 000c0000
7000 bus error on read 000c0000
```

12.6 트랜잭터, 어댑터 그리고 버스 함수 모델

TLM이 하드웨어 디자인에 유용하기 위해 TLM을 RTL 모델에 트랜잭터, 어댑터, 버스 함수 모델(BFM)과 같은 코드를 통해 연결되어야 한다. 이들은 컨트롤의 방향에 따라 마스터 또는 슬레이브 어댑터가 될 수 있다.

마스터 어댑터는 마스터 하위 시스템 TLM이라 불리는 태스크를 가지고 있다. 이는 프로토콜을 캡슐화하고 슬레이브 하위 시스템의 RTL 모델과의 통신을 위한 시그널을 조종한다.

슬레이브 어댑터는 마스터 하위 시스템의 RTL 모델로부터 시그널을 모니터링하고 슬레이브 하위 시스템의 TLM에 있는 태스크나 함수를 부르는 프로세스를 가지고 있다.

12.6.1 모듈로서의 마스터 어댑터

어댑터를 코딩하는 한 가지 방식은 트랜잭션 레벨 인터페이스를 핀 레벨 인터페이스로 번역하거나 반대로 하는 모듈을 만드는 것이다. 어댑터는 두 인터페이스 포트를 가지고 있다. 트랜잭션 레벨과 핀 레벨이다.

예제 12-4 모듈로 모델링된 어댑터

```
module TopTLMPLM;

   Multibus TLMbus();
   Multibus PLMbus();

   Tester T(TLMbus);
   MultibusMaster MM (TLMbus, PLMbus);
   MultibusArbiter MA (PLMbus);
   Clock Clk(PLMbus);
   MultibusMonitor MO(PLMbus);

   MemoryPIN  #(.Lo(20'h00000), .Hi(20'h3ffff))
   M1 (PLMbus.ADR, PLMbus.DAT, PLMbus.MRDC, PLMbus.MWTC,
       PLMbus.XACK, PLMbus.BCLK);
```

```
  MemoryPIN  #(.Lo(20'h40000), .Hi(20'h7ffff))
  M2 (PLMbus.ADR, PLMbus.DAT, PLMbus.MRDC, PLMbus.MWTC,
      PLMbus.XACK, PLMbus.BCLK);

endmodule : TopTLMPLM
```

아래 예제는 인텔 멀티버스(IEEE 796)의 간략화된 버전이다. 이는 다중 마스터와 다중 슬레이브를 허용한다. 각 마스터는 요청 와이어 BREQ와 우선순위 와이어 BPRN을 가지고 있다.

예제 12-5 간략화된 인텔 멀티버스

```
// Interface header
interface Multibus;
  parameter int MASTERS = 1; // number of bus masters

  // structural communication
  tri [19:0]                       ADR;  // address bus (inverted)
  tri [15:0]                       DAT;  // data bus (inverted)
  wand /*active0*/         MRDC, MWTC; // mem read/write commands
  wand /*active0*/                 XACK; // transfer acknowledge
  wand /*active0*/  [1:MASTERS] BREQ; // bus request
  wand /*active0*/                 CBRQ; // common bus request
  wire /*active0*/                 BUSY; // bus busy
  wire /*active0*/  [1:MASTERS] BPRN; // bus priority to master
  logic                            BCLK; // bus clock; driven
                                         // by only one master
  logic                            CCLK; // constant clock
  wand                             INIT; // initialize


  // Tasks - Behavioral communication

  extern task Request (input int n);
  extern task Relinquish (input int n);
  extern forkjoin task ReadMem  (input  logic [19:0] Address,
                                 output logic [15:0] Data,
                                        bit          Error);
```

```
   extern forkjoin task WriteMem (input  logic [19:0] Address,
                                  input  logic [15:0] Data,
                                  output bit          Error);
endinterface


module Clock (Multibus Bus);

   always begin  // clock
      #50 Bus.CCLK = 0;
      #50 Bus.CCLK = 1;
   end

endmodule : Clock
```

마스터 어댑터는 와이어를 드라이브하고 트랜잭션 레벨 슬레이브와 같은 타입을 갖는 태스로 코딩되어 있다. 하나의 드라이버만이 하나의 와이어에 허용된다면 로직 변수가 직접 사용될 수 있다. 만약 여러 드라이버가 허용된다면 어탭터는 와이어에 대한 버퍼링을 모델링하기 위한 연속 할당을 사용해야 한다.

만약 마스터가 버스의 컨트롤을 가지고 있지 않다면 마스터는 중재자로부터 그것을 요청하고 허가되는 우선순위를 기다리고 이전 마스터가 버스를 양도하기를 기다린다. 이런 행동은 GetBus 태스크 내에 캡슐화 되어 있다.

만약 해당 주소에 대해 어떤 슬레이브도 반응하지 않으면 타임 아웃이 발생하고 읽기, 쓰기 태스크는 에러 플래그를 세트해서 리턴한다.

예제 12-6 마스터 어댑터가 모듈인 간단한 멀티버스 TLM

```
module MultibusMaster (interface Tasks, interface Wires);
   parameter int Number = 1;    // number of masters for
                                // request/grant


   enum {IDLE, READY, READ, WRITE} Master_State;

   logic [19:0] adr  = 'z;  assign Wires.ADR = adr;
```

```
logic [15:0] dat  = 'z;  assign Wires.DAT = dat;
logic        mrdc = 1;   assign Wires.MRDC = mrdc;
logic        mwtc = 1;   assign Wires.MWTC = mwtc;
logic        breq = 1;   assign Wires.BREQ[Number] = breq;
logic        cbrq = 1;   assign Wires.CBRQ = cbrq;
logic        busy = 1;   assign Wires.BUSY = busy;

assign Wires.BCLK = Wires.CCLK;

task Tasks.ReadMem (input  logic [19:0] Address,
                    output logic [15:0] Data,
                    output bit          Error);

  if (Master_State == IDLE) GetBus();
    else assert (Master_State == READY);
  Master_State = READ;
  Data = 'x; Error = 1;  // default if no slave responds
  adr = ~Address;
  #50 mrdc = 0;  //min delay
  fork
    begin: ok
      @(negedge Wires.XACK) Data = ~ Wires.DAT;
      EndRead();
      @(posedge Wires.XACK) Error = 0;
      disable timeout;
    end
    begin: timeout  // Timeout if no acknowledgement
      #900 Error = 1;
      EndRead();
      disable ok;
    end
  join
  FreeBus();
endtask

task Tasks.WriteMem (input  logic [19:0] Address,
                     input  logic [15:0] Data,
                     output bit          Error);
  if (Master_State == IDLE) GetBus();
    else assert (Master_State == READY);
  Master_State = WRITE;
  Error = 1;  // default if no slave responds
```

```
    GetBus();
    adr = ~Address;
    dat = ~Data;
    #50 mwtc = 0;
    fork
      begin: ok
        @(negedge Wires.XACK) EndWrite();
        @(posedge Wires.XACK) Error = 0;
        disable timeout;
      end

      begin: timeout  // Timeout if no acknowledgement
        #900 Error = 1;
        EndWrite();
        disable ok;
      end
    join
    FreeBus();
  endtask

  task EndRead();
    mrdc = 1;
    #50 adr = 'z;
  endtask

  task EndWrite();
    mwtc = 1;
    #60 adr = 'z;
    dat = 'z;
  endtask

  task GetBus();
    @(negedge Wires.BCLK) breq = 0;
    cbrq = 0;
    @(negedge Wires.BPRN[Number]);
    @(negedge Wires.BCLK iff !Wires.BPRN[Number]);
    #50 busy = 0;
    cbrq = 1;
  endtask

  task FreeBus();
    breq = 1;
```

```
      if (Wires.CBRQ) Master_State = READY;
      else begin
        Master_State = IDLE;
        busy = 1;  // relinquish the bus if CBRQ asserted
      end
    endtask

endmodule: MultibusMaster

module Tester (interface Bus);
    logic [15:0] D;
    logic E;
    int A;

    initial begin
      $display("\n*** Expected results are in \"11.06.02_example_11-7.log\" ***\n");
    end

    initial begin
      for (A = 0; A < 21'h100000; A = A + 21'h40000)
      begin
        fork
          #1000;
          Bus.WriteMem(A[19:0], 0, E);
        join
        if (E) $display ("%t bus error on write %h", $time, A);
        else $display ("%t write OK %h", $time, A);
        fork
          #1000;
          Bus.ReadMem(A[19:0], D, E);
        join
        if (E) $display ("%t bus error on read %h", $time, A);
        else $display ("%t read OK %h", $time, A);
      end
    end
endmodule

module MultibusArbiter #(parameter MASTERS = 1)(interface Bus);
    logic [1:MASTERS] bprn = '1; assign Bus.BPRN = bprn;
    int last = 0;
    int i;
```

```
   always @(negedge Bus.BCLK)
      if (Bus.CBRQ == 0) begin // request
         i = last+1;
         forever begin
            if (i > MASTERS) i = 1;
            if (Bus.BREQ[i] == 0) break;
            assert (i != last); else $fatal(0, "no bus master");
            i++;
            if (i > MASTERS) i = 1;
         end
         last = i;
         #50 bprn [i] = 0; //$display("bprn[%b] = %b", i, bprn);
      end
      else if (Bus.BUSY == 0) begin // relinquish
         #50 bprn [last] = 1;
      end
endmodule : MultibusArbiter

module MultibusMonitor (interface Bus);

   initial $monitor(
      "ADR=%h DAT=%h MRDC=%b MWTC=%b XACK=%b BREQ=%b CBRQ=%b BUSY=%b BPRN=%b",
      Bus.ADR, Bus.DAT, Bus.MRDC, Bus.MWTC, Bus.XACK, Bus.BREQ,
      Bus.CBRQ, Bus.BUSY, Bus.BPRN);

endmodule


// Memory Module with pin level interface
module MemoryPIN (
   input  [19:0]              ADR,     // address bus
   inout  [15:0]              DAT,     // data bus
   input  /*active0*/         MRDC,    // memory read
   input  /*active0*/         MWTC,    // memory write
   output logic /*active0*/   XACK,    // acknowledge
   input                      CCLK
);

   parameter Lo = 20'h00000;
   parameter Hi = 20'h3ffff;
   logic [15:0] Mem[Lo:Hi];
   logic [15:0] Bufdat;
```

```
  logic         Bufena = 0;  //default disables buffers

  initial XACK = 1;  // default disables

  assign DAT = Bufena ? Bufdat : 'z;

  always @(posedge CCLK) begin
    automatic logic [19:0] Address = ~ADR;
    if ( MRDC == 0 && Address >= Lo && Address <= Hi)    // read
    begin
      Bufdat <= ~Mem[Address];
      Bufena <= 1;
      XACK <= 0;
    end
    else if (MWTC == 0 && Address >= Lo && Address <= Hi)
    begin                                               // write
      Mem[Address] = ~DAT;
      XACK <= 0;
    end
    else begin
      XACK <= 1;
      Bufena <= 0;
    end
  end

endmodule: MemoryPIN
```

12.6.2 인터페이스 내의 어댑터

어댑터를 코딩하는 다른 방법은 인터페이스 내에 어댑터를 넣는 것이다. 이는 하나의 어댑터에는 직접적이지만 다중 어댑터에는 이름이 충돌하기 때문에 안 된다.

이는 인터페이스의 수정된 버전을 필요로 한다. 사용되지 않는 태스크는 모델에 영향을 주지 않기 때문에 마스터 어댑터를 위한 수정은 꽤 쉽다. 슬레이브 어댑터는 슬레이브 TLM 내의 태스크나 함수를 부른기 때문에 슬레이브 TLM이 없으면 복잡한 에러가 발생한다. 그래서 다른 버전의 인터페이스가 필요한 것이다. 다음 예제는 마스터 어댑터를 보여준다.

예제 12-7 인터페이스로 마스터 어댑터를 사용한 간단한 멀티버스 TLM

```
module TopInterfaceAdapter;

   Multibus Mbus();

   Tester T(Mbus);
   MultibusArbiter MA(Mbus);
   Clock Clk(Mbus);
   MultibusMonitor MO(Mbus);

   /* MemoryPIN  #(.Lo(20'h00000), .Hi(20'h3ffff)) M1 (Mbus);
    MemoryPIN  #(.Lo(20'h40000), .Hi(20'h7ffff)) M2 (Mbus); */

   MemoryPIN  #(.Lo(20'h00000), .Hi(20'h3ffff)) M1 (Mbus.ADR,
     Mbus.DAT, Mbus.MRDC, Mbus.MWTC, Mbus.XACK, Mbus.BCLK);
   MemoryPIN  #(.Lo(20'h40000), .Hi(20'h7ffff)) M2 (Mbus.ADR,
     Mbus.DAT, Mbus.MRDC, Mbus.MWTC, Mbus.XACK, Mbus.BCLK);

endmodule : TopInterfaceAdapter


// Interface header
interface Multibus;
   parameter int MASTERS = 1;  // number of bus masters
   parameter int Number = 1;

   // structural communication
   tri  [19:0]                     ADR;  // address bus
   tri  [15:0]                     DAT;  // data bus
   wand /*active0*/          MRDC, MWTC; // mem read/write commands
   wand /*active0*/                XACK; // acknowledge
   wand /*active0*/ [1:MASTERS] BREQ;
   wand /*active0*/                CBRQ;
   wire /*active0*/                BUSY;
   wire /*active0*/ [1:MASTERS] BPRN;
   logic                           BCLK;
   logic                           CCLK;
   wand                            INIT;

   // Master Adapter converts ReadMem/WriteMem calls into waveforms
   enum {IDLE, READ, WRITE} Master_State;
```

```
logic [19:0] adr  = 'z;  assign ADR = adr;
logic [15:0] dat  = 'z;  assign DAT = dat;
logic        mrdc = 1;   assign MRDC = mrdc;
logic        mwtc = 1;   assign MWTC = mwtc;
logic        breq = 1;   assign BREQ[Number] = breq;
logic        cbrq = 1;   assign CBRQ = cbrq;
logic        busy = 1;   assign BUSY = busy;

task ReadMem (input  logic [19:0] Address,
              output logic [15:0] Data,
              output bit          Error);
  assert (Master_State == IDLE);
  Master_State = READ;
  Data = 'x;
  Error = 1;  // default if no slave responds
  GetBus();
  adr = ~Address;
  #50 mrdc = 0;  //min delay
  fork
    begin: ok
      @(negedge XACK) Data = ~ DAT;
      EndRead();
      @(posedge XACK) Error = 0;
      disable timeout;
    end
    begin: timeout  // Timeout if no acknowledgement
      #900 Error = 1;
      EndRead();
      disable ok;
    end
  join
  FreeBus();
  Master_State = IDLE;
endtask

task WriteMem (input  logic [19:0] Address,
               input  logic [15:0] Data,
               output bit          Error);
  assert (Master_State == IDLE);
  Master_State = WRITE;
  Error = 1;  // default if no slave responds
```

```
    GetBus();
    adr = ~Address;
    dat = ~Data;
    #50 mwtc = 0;
    fork
      begin: ok
        @(negedge XACK) EndWrite();
        @(posedge XACK) Error = 0;
        disable timeout;
      end
      begin: timeout  // Timeout if no acknowledgement
        #900 Error = 1;
        EndWrite();
        disable ok;
      end
    join
    FreeBus();
    Master_State = IDLE;
  endtask

  task EndRead();
    mrdc = 1;
    #50 adr = 'z;
  endtask

  task EndWrite();
    mwtc = 1;
    #60 adr = 'z;
    dat = 'z;
  endtask

  task GetBus();
    breq = 0;
    cbrq = 0;
    @(negedge BCLK iff !BPRN[Number]);
    #50 busy = 0;
    cbrq = 1;
  endtask

  task FreeBus();
    breq = 1;
    busy = 1;
```

```
   endtask

endinterface


module Clock (Multibus Bus);

   always begin  // clock
      #50 Bus.BCLK = 0;
      #50 Bus.BCLK = 1;
   end

   initial # 10000 $finish;

endmodule : Clock


module Tester (interface Bus);
   logic [15:0] D;
   logic E;
   int A;

   initial begin
      $display("\n*** Expected results are in \"11.06.02_example_11-7.log\" ***\n");
   end

   initial begin
      for (A = 0; A < 21'h100000; A = A + 21'h40000)
      begin
         fork
            #1000;
            Bus.WriteMem(A[19:0], 0, E);
         join
         if (E) $display ("%t bus error on write %h", $time, A);
            else $display ("%t write OK %h", $time, A);
         fork
            #1000;
            Bus.ReadMem(A[19:0], D, E);
         join
         if (E) $display ("%t bus error on read %h", $time, A);
            else $display ("%t read OK %h", $time, A);
      end
```

```
   end
endmodule

module MultibusArbiter #(parameter MASTERS = 1)(interface Bus);
   logic [1:MASTERS] bprn = '1; assign Bus.BPRN = bprn;
   int last = 0;
   int i;

   always @(negedge Bus.BCLK)
      if (Bus.CBRQ == 0) begin // request
         i = last+1;
         forever begin
            if (i > MASTERS) i = 1;
            if (Bus.BREQ[i] == 0) break;
            assert (i != last); else $fatal(0, "no bus master");
            i++;
            if (i > MASTERS) i = 1;
         end
         last = i;
         #50 bprn [i] = 0; //$display("bprn[%b] = %b", i, bprn);
      end
      else if (Bus.BUSY == 0) begin // relinquish
         #50 bprn [last] = 1;
      end
endmodule : MultibusArbiter

module MultibusMonitor (interface Bus);

   initial $monitor(
      "ADR=%h DAT=%h MRDC=%b MWTC=%b XACK=%b BREQ=%b CBRQ=%b BUSY=%b BPRN=%b",
      Bus.ADR, Bus.DAT, Bus.MRDC, Bus.MWTC, Bus.XACK, Bus.BREQ,
      Bus.CBRQ, Bus.BUSY, Bus.BPRN);

endmodule


// Memory Module with pin level interface
module MemoryPIN (
   input  [19:0]          ADR,     // address bus
   inout  [15:0]          DAT,     // data bus
   input  /*active0*/     MRDC,    // memory read
   input  /*active0*/     MWTC,    // memory write
```

```
   output logic /*active0*/ XACK,     // acknowledge
   input                    CCLK
);

   parameter Lo = 20'h00000;
   parameter Hi = 20'h3ffff;
   logic [15:0] Mem[Lo:Hi];
   logic [15:0] Bufdat;
   logic        Bufena = 0;  //default disables buffers

   initial XACK = 1;  // default disables

   assign DAT = Bufena ? Bufdat : 'z;

   always @(posedge CCLK) begin
      automatic logic [19:0] Address = ~ADR;
      if ( MRDC == 0 && Address >= Lo && Address <= Hi)   // read
      begin
         Bufdat <= ~Mem[Address];
         Bufena <= 1;
         XACK <= 0;
      end
      else if (MWTC == 0 && Address >= Lo && Address <= Hi)
      begin                                                // write
         Mem[Address] = ~DAT;
         XACK <= 0;
      end
      else begin
         XACK <= 1;
         Bufena <= 0;
      end
   end

endmodule: MemoryPIN
```

12.7 더 복잡한 트랜잭션

예제에 있는 트랜잭션 들은 한 번에 하나만 존재해 간단하다. 이는 트랜잭션의 일생이 트랜잭션을 시작한 태스크 콜의 일생과 일치하도록 해준다. 태스크는 시작 시간과 같은 트랜잭션과 관련 있는 데이터를 가질 수 있다.

다른 시스템은 트랜잭션이 이전 트랜잭션이 끝나기 전에 시작되도록 허용한다. 또 순차적이지 않은 완료를 허용하기도 한다. 이런 경우 트랜잭션에 대한 데이터는 하나의 태스크에 담겨져 있을 수 없다. 새로운 프로세스는 컨트롤을 만들어야만 하거나 트랜잭션을 모니터하거나 관련 데이터를 유지하기 위해 동적 데이터 오브젝트를 만들어야만 한다.

이는 더 복잡한 트랜잭션 모델이고 이런 구문들은 보통 검증을 위해 사용된다. SystemVerilog for Verification 책을 참조하기 바란다.

12.8 요약

트랜잭션은 전통적으로 시스템 모델링과 하드웨어 검증에 사용됐다. TLM은 하드웨어 디자이너에 의해 많이 사용되지 않는다. 이유 중 하나는 Verilog-2005와 VHDL-2000은 메소드가 있는 인터페이스를 정의하는 기능이 없기 때문이다. 반면에 다른 프로그래밍, 검증 언어는 클래스를 가지고 있어 비슷한 방식으로 사용될 수 있다.

SystemVerilog는 인터페이스와 메소드 구문을 HDL 내로 가져와서 하드웨어 디자이너가 TLM 기술의 이점을 취하고 시스템 전체를 좀 더 추상 레벨에서 표현할 수 있도록 했다. 이렇게 해서 간략화를 이룰 수 있고 시뮬레이션 성능을 향상시킬 수 있다.

Appendix A

SystemVerilog 일반 정의(BNF)

부록 A는 SystemVerilog 표준의 일반 정의를 담고 있다. 이 정의는 IEEE 1800-2005 SystemVerilog Language Reference Manual(SystemVerilog LRM)[3]에서 바로 발췌된 것이다.

일반 정의는 Backus-Naur Form(BNF)으로 서술되어 있다. 이 부록에서의 BNF의 변형은 다음과 같이 사용됐다.

- 굵은 글씨는 문자 단어 자체를 나타낸다. 예: **module**.
- 굵지 않은 글씨는 문장 카테고리를 나타낸다. 예: port_identifier
- 문장 카테고리는 다음과 같은 형태를 사용해 정의된다.
  syntactic_category ::= definition
- 수직 바(|)는 구분하는데 사용된다.
- 대괄호는 옵션 아이템을 나타낼 때 쓴다.
- 중괄호는 여러 회 반복될 수 있는 것을 나타낸다.

---

3) 부록 A는 Annex A of the IEEE Std. 1800-2005 SystemVerilog: Unified Hardware Design, Specification and Verification Language by IEEE Annex A of the IEEE Std. 1800-2005 System-Verilog: Unified Hardware Design, Specification and Verification Language by IEEE의 허가 하에 사용됐다.

A.1 Source text

A.1.1 Library source text

library_text ::= { library_descriptions }
library_descriptions ::=
library_declaration
| include_statement
| config_declaration
| ;
library_declaration ::=
library library_identifier file_path_spec { , file_path_spec }
[**-incdir** file_path_spec { , file_path_spec }] ;
include_statement ::= **include** file_path_spec ;

A.1.2 Configuration source text

config_declaration ::=
config config_identifier ;
design_statement
{ config_rule_statement }
endconfig [: config_identifier]
design_statement ::= design { [library_identifier .] cell_identifier } ;
config_rule_statement ::=
default_clause liblist_clause
| inst_clause liblist_clause
| inst_clause use_clause
| cell_clause liblist_clause
| cell_clause use_clause
| ;
default_clause ::= **default**
inst_clause ::= **instance** inst_name
inst_name ::= topmodule_identifier { . instance_identifier }
cell_clause ::= **cell** [library_identifier .] cell_identifier
liblist_clause ::= liblist {library_identifier}
use_clause ::= **use** [library_identifier .] cell_identifier [: **config**]

A.1.3 Module and primitive source text

source_text ::= [timeunits_declaration] { description }

```
description ::=
   module_declaration
   | udp_declaration
   | interface_declaration
   | program_declaration
   | package_declaration
   | { attribute_instance } package_item
   | { attribute_instance } bind_directive
module_nonansi_header ::=
   { attribute_instance } module_keyword [ lifetime ] module_identifier [ parameter_port_list ]
   list_of_ports ;
module_ansi_header ::=
   { attribute_instance } module_keyword [ lifetime ] module_identifier [ parameter_port_list ]
   [ list_of_port_declarations ] ;
module_declaration ::=
   module_nonansi_header [ timeunits_declaration ] { module_item }
      endmodule [ : module_identifier ]
   module_ansi_header [ timeunits_declaration ] { non_port_module_item }
      endmodule [ : module_identifier ]
   | { attribute_instance } module_keyword [ lifetime ] module_identifier ( .* ) ;
   [ timeunits_declaration ] { module_item } endmodule [ : module_identifier ]
   | extern module_nonansi_header
   | extern module_ansi_header
module_keyword ::= module | macromodule
interface_nonansi_header ::=
   { attribute_instance } interface [ lifetime ] interface_identifier
   [ parameter_port_list ] list_of_ports ;
interface_ansi_header ::=
   {attribute_instance } interface [ lifetime ] interface_identifier
   [ parameter_port_list ] [ list_of_port_declarations ] ;
interface_declaration ::=
   interface_nonansi_header [ timeunits_declaration ] { interface_item }
      endinterface [ : interface_identifier ]
   | interface_ansi_header [ timeunits_declaration ] { non_port_interface_item }
      endinterface [ : interface_identifier ]
   | { attribute_instance } interface interface_identifier ( .* ) ;
   [ timeunits_declaration ] { interface_item }
      endinterface [ : interface_identifier ]
   | extern interface_nonansi_header
   | extern interface_ansi_header
program_nonansi_header ::=
   { attribute_instance } program [ lifetime ] program_identifier
```

```
   [ parameter_port_list ] list_of_ports ;
program_ansi_header ::=
   {attribute_instance } program [ lifetime ] program_identifier
   [ parameter_port_list ] [ list_of_port_declarations ] ;
program_declaration ::=
   program_nonansi_header [ timeunits_declaration ] { program_item }
      endprogram [ : program_identifier ]
   | program_ansi_header [ timeunits_declaration ] { non_port_program_item }
      endprogram [ : program_identifier ]
   | { attribute_instance } program program_identifier ( .* ) ;
   [ timeunits_declaration ] { program_item }
      endprogram [ : program_identifier ]
   | extern program_nonansi_header
   | extern program_ansi_header
class_declaration ::=
   [ virtual ] class [ lifetime ] class_identifier [ parameter_port_list ]
   [ extends class_type [ ( list_of_arguments ) ] ];
   { class_item }
      endclass [ : class_identifier]
package_declaration ::=
   { attribute_instance } package package_identifier ;
   [ timeunits_declaration ] { { attribute_instance } package_item }
      endpackage [ : package_identifier ]
timeunits_declaration ::=
   timeunit time_literal ;
   | timeprecision time_literal ;
   | timeunit time_literal ;
   timeprecision time_literal ;
   | timeprecision time_literal ;
   timeunit time_literal ;
```

A.1.4 Module parameters and ports

```
parameter_port_list ::=
   # ( list_of_param_assignments { , parameter_port_declaration } )
   | # ( parameter_port_declaration { , parameter_port_declaration } )
   | #( )
parameter_port_declaration ::=
   parameter_declaration
   | data_type list_of_param_assignments
   | type list_of_type_assignments
list_of_ports ::= ( port { , port } )
```

```
list_of_port_declarations ::=
   ( [ { attribute_instance} ansi_port_declaration { , { attribute_instance} ansi_port_dec-
laration } ] )
port_declaration ::=
   { attribute_instance } inout_declaration
   | { attribute_instance } input_declaration
   | { attribute_instance } output_declaration
   | { attribute_instance } ref_declaration
   | { attribute_instance } interface_port_declaration
port ::=
   [ port_expression ]
   | . port_identifier ( [ port_expression ] )
port_expression ::=
   port_reference
   | { port_reference { , port_reference } }
port_reference ::=
   port_identifier constant_select
port_direction ::= input | output | inout | ref
net_port_header ::= [ port_direction ] net_port_type
variable_port_header ::= [ port_direction ] variable_port_type
interface_port_header ::=
   interface_identifier [ . modport_identifier ]
   | interface [ . modport_identifier ]
ansi_port_declaration ::=
   [ net_port_header | interface_port_header ] port_identifier { unpacked_dimension }
   | [ variable_port_header ] port_identifier variable_dimension [ = constant_expression ]
   | [ net_port_header | variable_port_header ] . port_identifier ( [ expression ] )
```

A.1.5 Module items

```
module_common_item ::=
   module_or_generate_item_declaration
   | interface_instantiation
   | program_instantiation
   | concurrent_assertion_item
   | bind_directive
   | continuous_assign
   | net_alias
   | initial_construct
   | final_construct
   | always_construct
   | loop_generate_construct
```

| conditional_generate_construct
module_item ::=
 port_declaration ;
 | non_port_module_item
module_or_generate_item ::=
 { attribute_instance } parameter_override
 | { attribute_instance } gate_instantiation
 | { attribute_instance } udp_instantiation
 | { attribute_instance } module_instantiation
 | { attribute_instance } module_common_item
module_or_generate_item_declaration ::=
 package_or_generate_item_declaration
 | genvar_declaration
 | clocking_declaration
 | **default clocking** clocking_identifier ;
non_port_module_item ::=
 generate_region
 | module_or_generate_item
 | specify_block
 | { attribute_instance } specparam_declaration
 | program_declaration
 | module_declaration
 | interface_declaration
 | timeunits_declaration
parameter_override ::= **defparam** list_of_defparam_assignments ;
bind_directive ::=
 bind bind_target_scope [: bind_target_instance_list] bind_instantiation ;
 | **bind** bind_target_instance bind_instantiation ;
bind_target_scope ::=
 module_identifier
 | interface_identifier
bind_target_instance ::=
 hierarchical_identifier constant_bit_select
bind_target_instance_list ::=
 bind_target_instance {, bind_target_instance }
bind_instantiation ::=
 program_instantiation
 | module_instantiation
 | interface_instantiation

A.1.6 Interface items

```
interface_or_generate_item ::=
   { attribute_instance } module_common_item
   | { attribute_instance } modport_declaration
   | { attribute_instance } extern_tf_declaration
extern_tf_declaration ::=
   extern method_prototype ;
   | extern forkjoin task_prototype ;
interface_item ::=
   port_declaration ;
   | non_port_interface_item
non_port_interface_item ::=
   generate_region
   | { attribute_instance } specparam_declaration
   | interface_or_generate_item
   | program_declaration
   | interface_declaration
   | timeunits_declaration
```

A.1.7 Program items

```
program_item ::=
   port_declaration ;
   | non_port_program_item
non_port_program_item ::=
   { attribute_instance } continuous_assign
   | { attribute_instance } module_or_generate_item_declaration
   | { attribute_instance } specparam_declaration
   | { attribute_instance } initial_construct
   | { attribute_instance } concurrent_assertion_item
   | { attribute_instance } timeunits_declaration
```

A.1.8 Class items

```
class_item ::=
   { attribute_instance } class_property
   | { attribute_instance } class_method
   | { attribute_instance } class_constraint
   | { attribute_instance } type_declaration
   | { attribute_instance } class_declaration
   | { attribute_instance } timeunits_declaration
```

```
    | { attribute_instance } covergroup_declaration
    | ;
class_property ::=
    { property_qualifier } data_declaration
    | const { class_item_qualifier } data_type const_identifier [ = constant_expression ] ;
class_method ::=
    { method_qualifier } task_declaration
    | { method_qualifier } function_declaration
    | extern { method_qualifier } method_prototype ;
    | { method_qualifier } class_constructor_declaration
    | extern { method_qualifier } class_constructor_prototype
class_constructor_prototype ::=
    function new ( [ tf_port_list ] ) ;
class_constraint ::=
    constraint_prototype
    | constraint_declaration
class_item_qualifier ::=
    static
    | protected
    | local
property_qualifier ::=
    rand
    | randc
    | class_item_qualifier
method_qualifier ::=
    virtual
    | class_item_qualifier
method_prototype ::=
    task_prototype
    | function_prototype
class_constructor_declaration ::=
    function [ class_scope ] new [ ( [ tf_port_list ] ) ] ;
        { block_item_declaration }
        [ super . new [ ( list_of_arguments ) ] ; ]
        { function_statement_or_null }
    endfunction [ : new ]
```

A.1.9 Constraints

```
constraint_declaration ::= [ static ] constraint constraint_identifier constraint_block
constraint_block ::= { { constraint_block_item } }
constraint_block_item ::=
```

```
   solve identifier_list before identifier_list ;
   | constraint_expression
constraint_expression ::=
   expression_or_dist ;
   | expression ?> constraint_set
   | if ( expression ) constraint_set [ else constraint_set ]
   | foreach ( array_identifier [ loop_variables ] ) constraint_set
constraint_set ::=
   constraint_expression
   | { { constraint_expression } }
dist_list ::= dist_item { , dist_item }
dist_item ::= value_range [ dist_weight ]
dist_weight ::=
   := expression
   | :/ expression
constraint_prototype ::= [ static ] constraint constraint_identifier ;
extern_constraint_declaration ::=
   [ static ] constraint class_scope constraint_identifier constraint_block
identifier_list ::= identifier { , identifier }
```

A.1.10 Package items

```
package_item ::=
   package_or_generate_item_declaration
   | specparam_declaration
   | anonymous_program
   | timeunits_declaration18
package_or_generate_item_declaration ::=
   net_declaration
   | data_declaration
   | task_declaration
   | function_declaration
   | dpi_import_export
   | extern_constraint_declaration
   | class_declaration
   | class_constructor_declaration
   | parameter_declaration ;
   | local_parameter_declaration
   | covergroup_declaration
   | overload_declaration
   | concurrent_assertion_item_declaration
   | ;
```

anonymous_program ::= program ; { anonymous_program_item } endprogram
anonymous_program_item ::=
  task_declaration
  | function_declaration
  | class_declaration
  | covergroup_declaration
  | class_constructor_declaration
  | ;

A.2 Declarations

A.2.1 Declaration types

A.2.1.1 Module parameter declarations

local_parameter_declaration ::=
  localparam data_type_or_implicit list_of_param_assignments ;
parameter_declaration ::=
  parameter data_type_or_implicit list_of_param_assignments
  | **parameter type** list_of_type_assignments
specparam_declaration ::=
  specparam [packed_dimension] list_of_specparam_assignments ;

A.2.1.2 Port declarations

inout_declaration ::=
  inout net_port_type list_of_port_identifiers
input_declaration ::=
  input net_port_type list_of_port_identifiers
  | **input** variable_port_type list_of_variable_identifiers
output_declaration ::=
  output net_port_type list_of_port_identifiers
  | **output** variable_port_type list_of_variable_port_identifiers
interface_port_declaration ::=
  interface_identifier list_of_interface_identifiers
  | interface_identifier . modport_identifier list_of_interface_identifiers
ref_declaration ::= **ref** variable_port_type list_of_port_identifiers

A.2.1.3 Type declarations

data_declaration15 ::=
  [**const**] [**var**] [lifetime] data_type_or_implicit list_of_variable_decl_assignments ;
  | type_declaration
  | package_import_declaration
  | virtual_interface_declaration
package_import_declaration ::=
  import package_import_item { , package_import_item } ;
package_import_item ::=
  package_identifier :: identifier
  | package_identifier :: *
genvar_declaration ::= **genvar** list_of_genvar_identifiers ;
net_declaration ::=
  net_type [drive_strength | charge_strength] [**vectored** | **scalared**]
  data_type_or_implicit [delay3] list_of_net_decl_assignments ;
type_declaration ::=
  typedef data_type type_identifier variable_dimension ;
  | **typedef** interface_instance_identifier . type_identifier type_identifier ;
  | **typedef** [**enum** | **struct** | **union** | **class**] type_identifier ;
lifetime ::= **static** | **automatic**

A.2.2 Declaration data types

A.2.2.1 Net and variable types

casting_type ::= simple_type | constant_primary | signing
data_type ::=
  integer_vector_type [signing] { packed_dimension }
  | integer_atom_type [signing]
  | non_integer_type
  | struct_union [**packed** [signing]] { struct_union_member { struct_union_member } }
  { packed_dimension }
  | **enum** [enum_base_type] { enum_name_declaration { , enum_name_declaration } }
  | **string**
  | **chandle**
  | **virtual** [**interface**] interface_identifier
  | [class_scope | package_scope] type_identifier { packed_dimension }
  | class_type
  | **event**
  | ps_covergroup_identifier

data_type_or_implicit ::=
  data_type
  | [signing] { packed_dimension }
enum_base_type ::=
  integer_atom_type [signing]
  | integer_vector_type [signing] [packed_dimension]
  | type_identifier [packed_dimension]
enum_name_declaration ::=
  enum_identifier [[integral_number [: integral_number]]] [= constant_expression]
class_scope ::= class_type ::
class_type ::=
  ps_class_identifier [parameter_value_assignment]
  { :: class_identifier [parameter_value_assignment] }
integer_type ::= integer_vector_type | integer_atom_type
integer_atom_type ::= **byte** | **shortint** | **int** | **longint** | **integer** | **time**
integer_vector_type ::= **bit** | **logic** | **reg**
non_integer_type ::= **shortreal** | **real** | **realtime**
net_type ::= **supply0** | **supply1** | **tri** | **triand** | **trior** | **trireg** | **tri0** | **tri1** | **uwire** | **wire** | **wand** | **wor**
net_port_type ::=
  [net_type] data_type_or_implicit
variable_port_type ::= var_data_type
var_data_type ::= data_type | **var** data_type_or_implicit
signing ::= **signed** | **unsigned**
simple_type ::= integer_type | non_integer_type | ps_type_identifier | ps_parameter_identifier
struct_union_member ::=
  { attribute_instance } data_type_or_void list_of_member_identifiers ;
data_type_or_void ::= data_type | **void**
struct_union ::= **struct** | **union** [**tagged**]

A.2.2.2 Strengths

drive_strength ::=
  (strength0 , strength1)
  | (strength1 , strength0)
  | (strength0 , **highz1**)
  | (strength1 , **highz0**)
  | (**highz0** , strength1)
  | (**highz1** , strength0)
strength0 ::= **supply0** | **strong0** | **pull0** | **weak0**
strength1 ::= **supply1** | **strong1** | **pull1** | **weak1**
charge_strength ::= (**small**) | (**medium**) | (**large**)

A.2.2.3 Delays

```
delay3 ::= # delay_value | # ( mintypmax_expression [ , mintypmax_expression [ ,
mintypmax_expression
] ] )
delay2 ::= # delay_value | # ( mintypmax_expression [ , mintypmax_expression ] )
delay_value ::=
   unsigned_number
   | real_number
   | ps_identifier
   | time_literal
```

A.2.3 Declaration lists

```
list_of_defparam_assignments ::= defparam_assignment { , defparam_assignment }
list_of_genvar_identifiers ::= genvar_identifier { , genvar_identifier }
list_of_interface_identifiers ::= interface_identifier { unpacked_dimension }
      { , interface_identifier { unpacked_dimension } }
list_of_member_identifiers ::=
      member_identifier variable_dimension { , member_identifier variable_dimension }
list_of_net_decl_assignments ::= net_decl_assignment { , net_decl_assignment }
list_of_param_assignments ::= param_assignment { , param_assignment }
list_of_port_identifiers ::= port_identifier { unpacked_dimension }
      { , port_identifier { unpacked_dimension } }
list_of_udp_port_identifiers ::= port_identifier { , port_identifier }
list_of_specparam_assignments ::= specparam_assignment { , specparam_assignment }
list_of_tf_variable_identifiers ::= port_identifier variable_dimension [ = expression ]
      { , port_identifier variable_dimension [ = expression ] }
list_of_type_assignments ::= type_assignment { , type_assignment }
list_of_variable_decl_assignments ::= variable_decl_assignment { , variable_decl_assign-
ment }
list_of_variable_identifiers ::= variable_identifier variable_dimension
      { , variable_identifier variable_dimension }
list_of_variable_port_identifiers ::= port_identifier variable_dimension [ =
constant_expression ]
      { , port_identifier variable_dimension [ = constant_expression ] }
list_of_virtual_interface_decl ::=
   variable_identifier [ = interface_instance_identifier ]
   { , variable_identifier [ = interface_instance_identifier ] }
```

A.2.4 Declaration assignments

defparam_assignment ::= hierarchical_parameter_identifier = constant_mintypmax_expression
net_decl_assignment ::= net_identifier { unpacked_dimension } [= expression]
param_assignment ::= parameter_identifier { unpacked_dimension } = constant_param_expression
specparam_assignment ::=
  specparam_identifier = constant_mintypmax_expression
  | pulse_control_specparam
type_assignment ::=
  type_identifier = data_type
  | type_identifier = **$typeof** (expression)
  | type_identifier = **$typeof** (data_type)
pulse_control_specparam ::=
  PATHPULSE$ = (reject_limit_value [, error_limit_value])
  | **PATHPULSE$**specify_input_terminal_descriptor$specify_output_terminal_descriptor
  = (reject_limit_value [, error_limit_value])
error_limit_value ::= limit_value
reject_limit_value ::= limit_value
limit_value ::= constant_mintypmax_expression
variable_decl_assignment ::=
  variable_identifier variable_dimension [= expression]
  | dynamic_array_variable_identifier **[ ]** [= dynamic_array_new]
  | class_variable_identifier [= class_new]
  | [covergroup_variable_identifier] **= new** [(list_of_arguments)]
class_new20 ::= **new** [(list_of_arguments) | expression]
dynamic_array_new ::= **new [** expression **]** [(expression)]

A.2.5 Declaration ranges

unpacked_dimension ::= **[** constant_range **]**
  | **[** constant_expression **]**
packed_dimension ::=
  [constant_range **]**
  | unsized_dimension
associative_dimension ::=
  [data_type **]**
  | **[*]**
variable_dimension ::=
  { sized_or_unsized_dimension }
  | associative_dimension
  | queue_dimension
queue_dimension ::= **[$** [: constant_expression] **]**

```
unsized_dimension ::= [ ]
sized_or_unsized_dimension ::= unpacked_dimension | unsized_dimension
```

A.2.6 Function declarations

```
function_data_type ::= data_type | void
function_data_type_or_implicit ::=
   function_data_type
   | [ signing ] { packed_dimension }
function_declaration ::= function [ lifetime ] function_body_declaration
function_body_declaration ::=
   function_data_type_or_implicit
      [ interface_identifier . | class_scope ] function_identifier ;
      { tf_item_declaration }
      { function_statement_or_null }
   endfunction [ : function_identifier ]
      | function_data_type_or_implicit
       [ interface_identifier . | class_scope ] function_identifier ( [ tf_port_list ] ) ;
      { block_item_declaration }
      { function_statement_or_null }
   endfunction [ : function_identifier ]
function_prototype ::= function function_data_type function_identifier ( [ tf_port_list ] )
dpi_import_export ::=
   import dpi_spec_string [ dpi_function_import_property ] [ c_identifier = ] dpi_func-
   tion_proto ;
   | import dpi_spec_string [ dpi_task_import_property ] [ c_identifier = ] dpi_task_proto ;
   | export dpi_spec_string [ c_identifier = ] function function_identifier ;
   | export dpi_spec_string [ c_identifier = ] task task_identifier ;
dpi_spec_string ::= "DPI-C" | "DPI"
dpi_function_import_property ::= context | pure
dpi_task_import_property ::= context
dpi_function_proto ::= function_prototype
dpi_task_proto9 ::= task_prototype
```

A.2.7 Task declarations

```
task_declaration ::= task [ lifetime ] task_body_declaration
task_body_declaration ::=
   [ interface_identifier . | class_scope ] task_identifier ;
      { tf_item_declaration }
      { statement_or_null }
   endtask [ : task_identifier ]
```

| [interface_identifier . | class_scope] task_identifier ([tf_port_list]) ;
{ block_item_declaration }
{ statement_or_null }
endtask [: task_identifier]
tf_item_declaration ::=
block_item_declaration
| tf_port_declaration
tf_port_list ::=
tf_port_item { , tf_port_item }
tf_port_item ::=
{ attribute_instance }
[tf_port_direction] [**var**] data_type_or_implicit
[port_identifier variable_dimension [= expression]]
tf_port_direction ::= port_direction | **const ref**
tf_port_declaration ::=
{ attribute_instance } tf_port_direction [**var**] data_type_or_implicit list_of_tf_variable_identifiers
;
task_prototype ::= **task** task_identifier ([tf_port_list])

A.2.8 Block item declarations

block_item_declaration ::=
{ attribute_instance } data_declaration
| { attribute_instance } local_parameter_declaration
| { attribute_instance } parameter_declaration ;
| { attribute_instance } overload_declaration
overload_declaration ::=
bind overload_operator **function** data_type function_identifier (overload_proto_formals) ;
overload_operator ::= **+** | **++** | **?** | **? ?** | ***** | ****** | **/** | **%** | **==** | **!=** | **<** | **<=** | **>** | **>=** | **=**
overload_proto_formals ::= data_type {, data_type}

A.2.9 Interface declarations

virtual_interface_declaration ::=
virtual [**interface**] interface_identifier list_of_virtual_interface_decl ;
modport_declaration ::= **modport** modport_item { , modport_item } ;
modport_item ::= modport_identifier (modport_ports_declaration { , modport_ports_declaration })
modport_ports_declaration ::=
{ attribute_instance } modport_simple_ports_declaration
| { attribute_instance } modport_hierarchical_ports_declaration
| { attribute_instance } modport_tf_ports_declaration

```
   | { attribute_instance } modport_clocking_declaration
modport_clocking_declaration ::= clocking clocking_identifier
modport_simple_ports_declaration ::=
port_direction modport_simple_port { , modport_simple_port }
modport_simple_port ::=
   port_identifier
   | . port_identifier ( [ expression ] )
modport_hierarchical_ports_declaration ::=
   interface_instance_identifier [ [ constant_expression ] ] . modport_identifier
modport_tf_ports_declaration ::=
   import_export modport_tf_port { , modport_tf_port }
modport_tf_port ::=
   method_prototype
   | tf_identifier
import_export ::= import | export
```

A.2.10 Assertion declarations

```
concurrent_assertion_item ::= [ block_identifier : ] concurrent_assertion_statement
concurrent_assertion_statement ::=
   assert_property_statement
   | assume_property_statement
   | cover_property_statement
assert_property_statement::=
   assert property ( property_spec ) action_block
assume_property_statement::=
   assume property ( property_spec ) ;
cover_property_statement::=
   cover property ( property_spec ) statement_or_null
expect_property_statement ::=
   expect ( property_spec ) action_block
property_instance ::=
   ps_property_identifier [ ( [ list_of_arguments ] ) ]
concurrent_assertion_item_declaration ::=
   property_declaration
   | sequence_declaration
property_declaration ::=
   property property_identifier [ ( [ tf_port_list ] ) ] ;
      { assertion_variable_declaration }
      property_spec ;
   endproperty [ : property_identifier ]
property_spec ::=
```

```
   [clocking_event ] [ disable iff ( expression_or_dist ) ] property_expr
property_expr ::=
   sequence_expr
   | ( property_expr )
   | not property_expr
   | property_expr or property_expr
   | property_expr and property_expr
   | sequence_expr |-> property_expr
   | sequence_expr |=> property_expr
   | if ( expression_or_dist ) property_expr [ else property_expr ]
   | property_instance
   | clocking_event property_expr
sequence_declaration ::=
   sequence sequence_identifier [ ( [ tf_port_list ] ) ] ;
      { assertion_variable_declaration }
      sequence_expr ;
endsequence [ : sequence_identifier ]
sequence_expr ::=
   cycle_delay_range sequence_expr { cycle_delay_range sequence_expr }
   | sequence_expr cycle_delay_range sequence_expr { cycle_delay_range sequence_expr }
   | expression_or_dist [ boolean_abbrev ]
   | ( expression_or_dist {, sequence_match_item } ) [ boolean_abbrev ]
   | sequence_instance [ sequence_abbrev ]
   | ( sequence_expr {, sequence_match_item } ) [ sequence_abbrev ]
   | sequence_expr and sequence_expr
   | sequence_expr intersect sequence_expr
   | sequence_expr or sequence_expr
   | first_match ( sequence_expr {, sequence_match_item} )
   | expression_or_dist throughout sequence_expr
   | sequence_expr within sequence_expr
   | clocking_event sequence_expr
cycle_delay_range ::=
   ## integral_number
   | ## identifier
   | ## ( constant_expression )
   | ## [ cycle_delay_const_range_expression ]
sequence_method_call ::=
   sequence_instance . method_identifier
sequence_match_item ::=
   operator_assignment
   | inc_or_dec_expression
   | subroutine_call
```

```
sequence_instance ::=
   ps_sequence_identifier [ ( [ list_of_arguments ] ) ]
formal_list_item ::=
   formal_identifier [ = actual_arg_expr ]
list_of_formals ::= formal_list_item { , formal_list_item }
actual_arg_expr ::=
   event_expression
   | $
boolean_abbrev ::=
   consecutive_repetition
   | non_consecutive_repetition
   | goto_repetition
sequence_abbrev ::= consecutive_repetition
consecutive_repetition ::= [* const_or_range_expression ]
non_consecutive_repetition ::= [= const_or_range_expression ]
goto_repetition ::= [-> const_or_range_expression ]
const_or_range_expression ::=
   constant_expression
   | cycle_delay_const_range_expression
cycle_delay_const_range_expression ::=
   constant_expression : constant_expression
   | constant_expression : $
expression_or_dist ::= expression [ dist { dist_list } ]
assertion_variable_declaration ::=
   var_data_type list_of_variable_identifiers ;
```

A.2.11 Covergroup declarations

```
covergroup_declaration ::=
   covergroup covergroup_identifier [ ( [ tf_port_list ] ) ] [ coverage_event ] ;
      { coverage_spec_or_option }
   endgroup [ : covergroup_identifier ]
coverage_spec_or_option ::=
   {attribute_instance} coverage_spec
   | {attribute_instance} coverage_option ;
coverage_option ::=
   option.member_identifier = expression
   | type_option.member_identifier = expression
coverage_spec ::=
   cover_point
   | cover_cross
coverage_event ::=
```

clocking_event
| **@@**(block_event_expression)
block_event_expression ::=
block_event_expression **or** block_event_expression
| **begin** hierarchical_btf_identifier
| **end** hierarchical_btf_identifier
hierarchical_btf_identifier ::=
hierarchical_tf_identifier
| hierarchical_block_identifier
| hierarchical_identifier [class_scope] method_identifier
cover_point ::= [cover_point_identifier :] **coverpoint** expression [**iff** (expression)]
bins_or_empty
bins_or_empty ::=
{ {attribute_instance} { bins_or_options ; } **}**
| ;
bins_or_options ::=
coverage_option
| [**wildcard**] bins_keyword bin_identifier [**[** [expression] **]**] = **{** range_list **}** [**iff** (
expression **)**]
| [**wildcard**] bins_keyword bin_identifier [**[ ]**] = trans_list [**iff** (expression)]
| bins_keyword bin_identifier [**[** [expression] **]**] **= default** [**iff** (expression)]
| bins_keyword bin_identifier **= default sequence** [**iff** (expression)]
bins_keyword::= **bins** | **illegal_bins** | **ignore_bins**
range_list ::= value_range { , value_range }
trans_list ::= **(** trans_set **)** { , **(** trans_set **)** }
trans_set ::= trans_range_list => trans_range_list { => trans_range_list }
trans_range_list ::=
trans_item
| trans_item [**[*** repeat_range]]
| trans_item [**[?>** repeat_range]]
| trans_item [**[=** repeat_range]]
trans_item ::= range_list
repeat_range ::=
expression
| expression : expression
cover_cross ::= [cover_point_identifier :] **cross** list_of_coverpoints [**iff** (expression)]
select_bins_or_empty
list_of_coverpoints ::= cross_item , cross_item { , cross_item }
cross_item ::=
cover_point_identifier
| variable_identifier
select_bins_or_empty ::=

```
   { { bins_selection_or_option ; } }
   | ;
bins_selection_or_option ::=
   { attribute_instance } coverage_option
   | { attribute_instance } bins_selection
bins_selection ::= bins_keyword bin_identifier = select_expression [ iff ( expression ) ]
select_expression ::=
   select_condition
   | ! select_condition
   | select_expression && select_expression
   | select_expression || select_expression
   | ( select_expression )
select_condition ::= binsof ( bins_expression ) [ intersect { open_range_list } ]
bins_expression ::=
   variable_identifier
   | cover_point_identifier [ . bins_identifier ]
open_range_list ::= open_value_range { , open_value_range }
open_value_range ::= value_range
```

A.3 Primitive instances

A.3.1 Primitive instantiation and instances

```
gate_instantiation ::=
   cmos_switchtype [delay] cmos_switch_instance { , cmos_switch_instance } ;
   | enable_gatetype [drive_strength] [delay3] enable_gate_instance { ,
   enable_gate_instance } ;
   | mos_switchtype [delay] mos_switch_instance { , mos_switch_instance } ;
   | n_input_gatetype [drive_strength] [delay2] n_input_gate_instance { ,
   n_input_gate_instance } ;
   | n_output_gatetype [drive_strength] [delay2] n_output_gate_instance
   { , n_output_gate_instance } ;
   | pass_en_switchtype [delay] pass_enable_switch_instance { ,
   pass_enable_switch_instance } ;
   | pass_switchtype pass_switch_instance { , pass_switch_instance } ;
   | pulldown [pulldown_strength] pull_gate_instance { , pull_gate_instance } ;
   | pullup [pullup_strength] pull_gate_instance { , pull_gate_instance } ;
cmos_switch_instance ::= [ name_of_instance ] ( output_terminal , input_terminal ,
```

ncontrol_terminal , pcontrol_terminal)
enable_gate_instance ::= [name_of_instance] (output_terminal , input_terminal , enable_terminal)
mos_switch_instance ::= [name_of_instance] (output_terminal , input_terminal , enable_terminal)
n_input_gate_instance ::= [name_of_instance] (output_terminal , input_terminal { , input_terminal })
n_output_gate_instance ::= [name_of_instance] (output_terminal { , output_terminal } , input_terminal)
pass_switch_instance ::= [name_of_instance] (inout_terminal , inout_terminal)
pass_enable_switch_instance ::= [name_of_instance] (inout_terminal , inout_terminal , enable_terminal)
pull_gate_instance ::= [name_of_instance] (output_terminal)

A.3.2 Primitive strengths

pulldown_strength ::=
  (strength0 , strength1)
  | (strength1 , strength0)
  | (strength0)
pullup_strength ::=
  (strength0 , strength1)
  | (strength1 , strength0)
  | (strength1)

A.3.3 Primitive terminals

enable_terminal ::= expression
inout_terminal ::= net_lvalue
input_terminal ::= expression
ncontrol_terminal ::= expression
output_terminal ::= net_lvalue
pcontrol_terminal ::= expression

A.3.4 Primitive gate and switch types

cmos_switchtype ::= **cmos** | **rcmos**
enable_gatetype ::= **bufif0** | **bufif1** | **notif0** | **notif1**
mos_switchtype ::= **nmos** | pmos | **rnmos** | **rpmos**
n_input_gatetype ::= **and** | **nand** | **or** | nor | **xor** | **xnor**
n_output_gatetype ::= **buf** | **not**

```
pass_en_switchtype ::= tranif0 | tranif1 | rtranif1 | rtranif0
pass_switchtype ::= tran | rtran
```

A.4 Module, interface and generated instantiation

A.4.1 Instantiation

A.4.1.1 Module instantiation

```
module_instantiation ::=
   module_identifier [ parameter_value_assignment ] hierarchical_instance { , hierarchi
   cal_instance }
   ;
parameter_value_assignment ::= # ( list_of_parameter_assignments )
list_of_parameter_assignments ::=
   ordered_parameter_assignment { , ordered_parameter_assignment }
   | named_parameter_assignment { , named_parameter_assignment }
ordered_parameter_assignment ::= param_expression
named_parameter_assignment ::= . parameter_identifier ( [ param_expression ] )
hierarchical_instance ::= name_of_instance ( [ list_of_port_connections ] )
name_of_instance ::= instance_identifier { unpacked_dimension }
list_of_port_connections ::=
   ordered_port_connection { , ordered_port_connection }
   | named_port_connection { , named_port_connection }
ordered_port_connection ::= { attribute_instance } [ expression ]
named_port_connection ::=
   { attribute_instance } . port_identifier [ ( [ expression ] ) ]
   | { attribute_instance } .*
```

A.4.1.2 Interface instantiation

```
interface_instantiation ::=
   interface_identifier [ parameter_value_assignment ] hierarchical_instance { , hierarchi
   cal_instance
   } ;
```

A.4.1.3 Program instantiation

program_instantiation ::=
  program_identifier [parameter_value_assignment] hierarchical_instance { , hierarchical_instance }
  ;

A.4.2 Generated instantiation

module_or_interface_or_generate_item ::=
  module_or_generate_item
  | interface_or_generate_item
generate_region ::=
  generate { module_or_interface_or_generate_item } **endgenerate**
loop_generate_construct ::=
  for (genvar_initialization ; genvar_expression ; genvar_iteration)
  generate_block
genvar_initialization ::=
  [**genvar**] genvar_identifier = constant_expression
genvar_iteration ::=
  genvar_identifier assignment_operator genvar_expression
  | inc_or_dec_operator genvar_identifier
  | genvar_identifier inc_or_dec_operator
conditional_generate_construct ::=
  if_generate_construct
  | case_generate_construct
if_generate_construct ::=
  if (constant_expression) generate_block_or_null [**else** generate_block_or_null]
case_generate_construct ::=
  case (constant_expression) case_generate_item { case_generate_item } endcase
case_generate_item ::=
  constant_expression { , constant_expression } : generate_block_or_null
  | default [:] generate_block_or_null
generate_block ::=
  module_or_interface_or_generate_item
    | [generate_block_identifier :] **begin** [: generate_block_identifier]
    { module_or_interface_or_generate_item }
  end [: generate_block_identifier]
generate_block_or_null ::= generate_block | ;

A.5 UDP declaration and instantiation

A.5.1 UDP declaration

udp_nonansi_declaration ::=
{ attribute_instance } **primitive** udp_identifier (udp_port_list) ;
udp_ansi_declaration ::=
{ attribute_instance } **primitive** udp_identifier (udp_declaration_port_list) ;
udp_declaration ::=
udp_nonansi_declaration udp_port_declaration { udp_port_declaration }
udp_body
endprimitive [: udp_identifier]
| udp_ansi_declaration
udp_body
endprimitive [: udp_identifier]
| **extern** udp_nonansi_declaration
| **extern** udp_ansi_declaration
| { attribute_instance } **primitive** udp_identifier **(.*)** ;
{ udp_port_declaration }
udp_body
endprimitive [: udp_identifier]

A.5.2 UDP ports

udp_port_list ::= output_port_identifier , input_port_identifier { , input_port_identifier }
udp_declaration_port_list ::= udp_output_declaration , udp_input_declaration { ,
udp_input_declaration }
udp_port_declaration ::=
udp_output_declaration ;
| udp_input_declaration ;
| udp_reg_declaration ;
udp_output_declaration ::=
{ attribute_instance } **output** port_identifier
| { attribute_instance } **output reg** port_identifier [= constant_expression]
udp_input_declaration ::= { attribute_instance } **input** list_of_udp_port_identifiers
udp_reg_declaration ::= { attribute_instance } **reg** variable_identifier

A.5.3 UDP body

udp_body ::= combinational_body | sequential_body
combinational_body ::= **table** combinational_entry { combinational_entry } **endtable**
combinational_entry ::= level_input_list : output_symbol ;
sequential_body ::= [udp_initial_statement] table sequential_entry { sequential_entry } **endtable**
udp_initial_statement ::= **initial** output_port_identifier = init_val ;
init_val ::= **1'b0** | **1'b1** | **1'bx** | **1'bX** | **1'B0** | **1'B1** | **1'Bx** | **1'BX** | **1** | **0**
sequential_entry ::= seq_input_list : current_state : next_state ;
seq_input_list ::= level_input_list | edge_input_list
level_input_list ::= level_symbol { level_symbol }
edge_input_list ::= { level_symbol } edge_indicator { level_symbol }
edge_indicator ::= (level_symbol level_symbol) | edge_symbol
current_state ::= level_symbol
next_state ::= output_symbol | -
output_symbol ::= **0** | **1** | **x** | **X**
level_symbol ::= **0** | **1** | **x** | **X** | **?** | **b** | **B**
edge_symbol ::= **r** | **R** | **f** | **F** | **p** | **P** | **n** | **N** | *****

A.5.4 UDP instantiation

udp_instantiation ::= udp_identifier [drive_strength] [delay2] udp_instance { , udp_instance } ;
udp_instance ::= [name_of_instance] **(** output_terminal , input_terminal { , input_terminal } **)**

A.6 Behavioral statements

A.6.1 Continuous assignment and net alias statements

continuous_assign ::=
  assign [drive_strength] [delay3] list_of_net_assignments ;
  | **assign** [delay_control] list_of_variable_assignments ;
list_of_net_assignments ::= net_assignment { , net_assignment }
list_of_variable_assignments ::= variable_assignment { , variable_assignment }
net_alias ::= **alias** net_lvalue = net_lvalue { = net_lvalue } ;
net_assignment ::= net_lvalue = expression

A.6.2 Procedural blocks and assignments

initial_construct ::= **initial** statement_or_null
always_construct ::= always_keyword statement
always_keyword ::= **always** | **always_comb** | **always_latch** | **always_ff**
final_construct ::= **final** function_statement
blocking_assignment ::=
  variable_lvalue = delay_or_event_control expression
  | hierarchical_dynamic_array_variable_identifier = dynamic_array_new
  | [implicit_class_handle . | class_scope | package_scope] hierarchical_variable_identifier
  select = class_new
  | operator_assignment
operator_assignment ::= variable_lvalue assignment_operator expression
assignment_operator ::=
  = | += | -= | *= | /= | %= | &= | |= | ^= | <<= | >>= | <<<= | >>>=
nonblocking_assignment ::= variable_lvalue <= [delay_or_event_control] expression
procedural_continuous_assignment ::=
  assign variable_assignment
  | **deassign** variable_lvalue
  | **force** variable_assignment
  | **force** net_assignment
  | **release** variable_lvalue
  | **release** net_lvalue
variable_assignment ::= variable_lvalue = expression

A.6.3 Parallel and sequential blocks

action_block ::=
  statement_or_null
  | [statement] **else** statement_or_null
seq_block ::=
  begin [: block_identifier] { block_item_declaration } { statement_or_null }
  end [: block_identifier]
par_block ::=
  fork [: block_identifier] { block_item_declaration } { statement_or_null }
  join_keyword [: block_identifier]
  join_keyword ::= **join** | **join_any** | **join_none**

A.6.4 Statements

statement_or_null ::=

```
   statement
   | { attribute_instance } ;
statement ::= [ block_identifier : ] { attribute_instance } statement_item
statement_item ::=
   blocking_assignment ;
   | nonblocking_assignment ;
   | procedural_continuous_assignment ;
   | case_statement
   | conditional_statement
   | inc_or_dec_expression ;
   | subroutine_call_statement
   | disable_statement
   | event_trigger
   | loop_statement
   | jump_statement
   | par_block
   | procedural_timing_control_statement
   | seq_block
   | wait_statement
   | procedural_assertion_statement
   | clocking_drive ;
   | randsequence_statement
   | randcase_statement
   | expect_property_statement
function_statement ::= statement
function_statement_or_null ::=
   function_statement
   | { attribute_instance } ;
variable_identifier_list ::= variable_identifier { , variable_identifier }
```

A.6.5 Timing control statements

```
procedural_timing_control_statement ::=
   procedural_timing_control statement_or_null
delay_or_event_control ::=
   delay_control
   | event_control
   | repeat ( expression ) event_control
delay_control ::=
   # delay_value
   | # ( mintypmax_expression )
event_control ::=
```

```
    @ hierarchical_event_identifier
    | @ ( event_expression )
    | @*
    | @ (*)
    | @ sequence_instance
event_expression ::=
    [ edge_identifier ] expression [ iff expression ]
    | sequence_instance [ iff expression ]
    | event_expression or event_expression
    | event_expression , event_expression
procedural_timing_control ::=
    delay_control
    | event_control
    | cycle_delay
jump_statement ::=
    return [ expression ] ;
    | break ;
    | continue ;
wait_statement ::=
    wait ( expression ) statement_or_null
    | wait fork ;
    | wait_order ( hierarchical_identifier { , hierarchical_identifier } ) action_block
event_trigger ::=
    -> hierarchical_event_identifier ;
    |->> [ delay_or_event_control ] hierarchical_event_identifier ;
disable_statement ::=
    disable hierarchical_task_identifier ;
    | disable hierarchical_block_identifier ;
    | disable fork ;
```

A.6.6 Conditional statements

```
conditional_statement ::=
    if ( cond_predicate ) statement_or_null [ else statement_or_null ]
    | unique_priority_if_statement
unique_priority_if_statement ::=
    [ unique_priority ] if ( cond_predicate ) statement_or_null
    { else if ( cond_predicate ) statement_or_null }
    [ else statement_or_null ]
unique_priority ::= unique | priority
cond_predicate ::=
    expression_or_cond_pattern { &&& expression_or_cond_pattern }
```

expression_or_cond_pattern ::=
  expression | cond_pattern
cond_pattern ::= expression **matches** pattern

A.6.7 Case statements

case_statement ::=
  [unique_priority] case_keyword **(** expression **)** case_item { case_item } **endcase**
  | [unique_priority] case_keyword **(** expression **)** **matches** case_pattern_item { case_pattern_item }
  endcase
case_keyword ::= **case** | **casez** | **casex**
case_item ::=
  expression { , expression } : statement_or_null
  | **default** [:] statement_or_null
case_pattern_item ::=
  pattern [**&&&** expression] : statement_or_null
  | **default** [:] statement_or_null
randcase_statement ::=
  randcase randcase_item { randcase_item } **endcase**
randcase_item ::= expression : statement_or_null

A.6.7.1 Patterns

pattern ::=
  . variable_identifier
  | **.***
  | constant_expression
  | **tagged** member_identifier [pattern]
  | **'{** pattern { , pattern } **}**
  | **'{** member_identifier : pattern { , member_identifier : pattern } **}**
assignment_pattern ::=
  '{ expression { , expression } **}**
  | **'{** structure_pattern_key : expression { , structure_pattern_key : expression } **}**
  | **'{** array_pattern_key : expression { , array_pattern_key : expression } **}**
  | **'{** constant_expression { expression { , expression } } **}**
structure_pattern_key ::= member_identifier | assignment_pattern_key
array_pattern_key ::= constant_expression | assignment_pattern_key
assignment_pattern_key ::= simple_type | **default**
assignment_pattern_expression ::=
  [assignment_pattern_expression_type] assignment_pattern
assignment_pattern_expression_type ::= ps_type_identifier | ps_parameter_identifier |

integer_atom_type
constant_assignment_pattern_expression ::= assignment_pattern_expression

A.6.8 Looping statements

loop_statement ::=
  forever statement_or_null
  | **repeat** (expression) statement_or_null
  | **while** (expression) statement_or_null
  | **for** (for_initialization ; expression ; for_step)
  statement_or_null
  | **do** statement_or_null **while** (expression) ;
  | **foreach** (array_identifier [loop_variables]) statement
for_initialization ::=
  list_of_variable_assignments
  | for_variable_declaration { , for_variable_declaration }
for_variable_declaration ::=
  data_type variable_identifier = expression { , variable_identifier = expression }
for_step ::= for_step_assignment { , for_step_assignment }
for_step_assignment ::=
  operator_assignment
  | inc_or_dec_expression
  | function_subroutine_call
loop_variables ::= [index_variable_identifier] { , [index_variable_identifier] }

A.6.9 Subroutine call statements

subroutine_call_statement ::=
  subroutine_call ;
  | **void** ' (function_subroutine_call) ;

A.6.10 Assertion statements

procedural_assertion_statement ::=
  concurrent_assertion_statement
  | immediate_assert_statement
immediate_assert_statement ::=
  assert (expression) action_block

A.6.11 Clocking block

clocking_declaration ::= [**default**] **clocking** [clocking_identifier] clocking_event ;
{ clocking_item }
endclocking [: clocking_identifier]
clocking_event ::=
@ identifier
| **@** **(** event_expression **)**
clocking_item ::=
default default_skew ;
| clocking_direction list_of_clocking_decl_assign ;
| { attribute_instance } concurrent_assertion_item_declaration
default_skew ::=
input clocking_skew
| **output** clocking_skew
| **input** clocking_skew **output** clocking_skew
clocking_direction ::=
input [clocking_skew]
| output [clocking_skew]
| input [clocking_skew] **output** [clocking_skew]
| inout
list_of_clocking_decl_assign ::= clocking_decl_assign { , clocking_decl_assign }
clocking_decl_assign ::= signal_identifier [**=** hierarchical_identifier]
clocking_skew ::=
edge_identifier [delay_control]
| delay_control
clocking_drive ::=
clockvar_expression **<=** [cycle_delay] expression
| cycle_delay clockvar_expression **<=** expression
cycle_delay ::=
integral_number
| **##** identifier
| **##** (expression)
clockvar ::= hierarchical_identifier
clockvar_expression ::= clockvar select

A.6.12 Randsequence

randsequence_statement ::= **randsequence** **(** [production_identifier] **)**
production { production }
endsequence
production ::= [function_data_type] production_identifier [**(** tf_port_list **)**] : rs_rule {

| rs_rule } ;
rs_rule ::= rs_production_list [**:=** weight_specification [rs_code_block]]
rs_production_list ::=
  rs_prod { rs_prod }
  | **rand join** [**(** expression **)**] production_item production_item { production_item }
weight_specification ::=
  integral_number
  | ps_identifier
  | **(** expression **)**
rs_code_block ::= **{** { data_declaration } { statement_or_null } **}**
rs_prod ::=
  production_item
  | rs_code_block
  | rs_if_else
  | rs_repeat
  | rs_case
production_item ::= production_identifier [**(** list_of_arguments **)**]
rs_if_else ::= **if** **(** expression **)** production_item [**else** production_item]
rs_repeat ::= **repeat** **(** expression **)** production_item
rs_case ::= case (expression) rs_case_item { rs_case_item } **endcase**
rs_case_item ::=
  expression { , expression } : production_item ;
  | **default** [:] production_item ;

A.7 Specify section

A.7.1 Specify block declaration

specify_block ::= **specify** { specify_item } **endspecify**
specify_item ::=
  specparam_declaration
  | pulsestyle_declaration
  | showcancelled_declaration
  | path_declaration
  | system_timing_check
pulsestyle_declaration ::=
  pulsestyle_onevent list_of_path_outputs ;
  | **pulsestyle_ondetect** list_of_path_outputs ;

```
showcancelled_declaration ::=
   showcancelled list_of_path_outputs ;
   | noshowcancelled list_of_path_outputs ;
```

A.7.2 Specify path declarations

```
path_declaration ::=
   simple_path_declaration ;
   | edge_sensitive_path_declaration ;
   | state_dependent_path_declaration ;
simple_path_declaration ::=
   parallel_path_description = path_delay_value
   | full_path_description = path_delay_value
parallel_path_description ::=
         ( specify_input_terminal_descriptor [ polarity_operator ] =>
         specify_output_terminal_descriptor )
full_path_description ::=
   ( list_of_path_inputs [ polarity_operator ] *> list_of_path_outputs )
list_of_path_inputs ::=
   specify_input_terminal_descriptor { , specify_input_terminal_descriptor }
list_of_path_outputs ::=
   specify_output_terminal_descriptor { , specify_output_terminal_descriptor }
```

A.7.3 Specify block terminals

```
specify_input_terminal_descriptor ::=
   input_identifier [ [ constant_range_expression ] ]
specify_output_terminal_descriptor ::=
   output_identifier [ [ constant_range_expression ] ]
input_identifier ::= input_port_identifier | inout_port_identifier | interface_identifi-
er.port_identifier
output_identifier ::= output_port_identifier | inout_port_identifier | interface_identifi-
er.port_identifier
```

A.7.4 Specify path delays

```
path_delay_value ::=
   list_of_path_delay_expressions
   | ( list_of_path_delay_expressions )
list_of_path_delay_expressions ::=
   t_path_delay_expression
```

```
  | trise_path_delay_expression , tfall_path_delay_expression
  | trise_path_delay_expression , tfall_path_delay_expression , tz_path_delay_expression
  | t01_path_delay_expression , t10_path_delay_expression , t0z_path_delay_expression ,
  tz1_path_delay_expression , t1z_path_delay_expression , tz0_path_delay_expression
  | t01_path_delay_expression , t10_path_delay_expression , t0z_path_delay_expression ,
  tz1_path_delay_expression , t1z_path_delay_expression , tz0_path_delay_expression ,
  t0x_path_delay_expression , tx1_path_delay_expression , t1x_path_delay_expression ,
  tx0_path_delay_expression , txz_path_delay_expression , tzx_path_delay_expression
  t_path_delay_expression ::= path_delay_expression
  trise_path_delay_expression ::= path_delay_expression
tfall_path_delay_expression ::= path_delay_expression
tz_path_delay_expression ::= path_delay_expression
t01_path_delay_expression ::= path_delay_expression
t10_path_delay_expression ::= path_delay_expression
t0z_path_delay_expression ::= path_delay_expression
tz1_path_delay_expression ::= path_delay_expression
t1z_path_delay_expression ::= path_delay_expression
tz0_path_delay_expression ::= path_delay_expression
t0x_path_delay_expression ::= path_delay_expression
tx1_path_delay_expression ::= path_delay_expression
t1x_path_delay_expression ::= path_delay_expression
tx0_path_delay_expression ::= path_delay_expression
txz_path_delay_expression ::= path_delay_expression
tzx_path_delay_expression ::= path_delay_expression
path_delay_expression ::= constant_mintypmax_expression
edge_sensitive_path_declaration ::=
  parallel_edge_sensitive_path_description = path_delay_value
  | full_edge_sensitive_path_description = path_delay_value
parallel_edge_sensitive_path_description ::=
  ( [ edge_identifier ] specify_input_terminal_descriptor =>
  ( specify_output_terminal_descriptor [ polarity_operator ] : data_source_expression ) )
full_edge_sensitive_path_description ::=
  ( [ edge_identifier ] list_of_path_inputs *>
  ( list_of_path_outputs [ polarity_operator ] : data_source_expression ) )
data_source_expression ::= expression
edge_identifier ::= posedge | negedge
state_dependent_path_declaration ::=
  if ( module_path_expression ) simple_path_declaration
  | if ( module_path_expression ) edge_sensitive_path_declaration
  | ifnone simple_path_declaration
polarity_operator ::= + | -
```

A.7.5 System timing checks

A.7.5.1 System timing check commands

```
system_timing_check ::=
   $setup_timing_check
   | $hold_timing_check
   | $setuphold_timing_check
   | $recovery_timing_check
   | $removal_timing_check
   | $recrem_timing_check
   | $skew_timing_check
   | $timeskew_timing_check
   | $fullskew_timing_check
   | $period_timing_check
   | $width_timing_check
   | $nochange_timing_check
$setup_timing_check ::=
$setup ( data_event , reference_event , timing_check_limit [ , [ notifier ] ] ) ;
$hold_timing_check ::=
   $hold ( reference_event , data_event , timing_check_limit [ , [ notifier ] ] ) ;
$setuphold_timing_check ::=
   $setuphold ( reference_event , data_event , timing_check_limit , timing_check_limit
   [ , [ notifier ] [ , [ stamptime_condition ] [ , [ checktime_condition ]
   [ , [ delayed_reference ] [ , [ delayed_data ] ] ] ] ] ] ) ;
$recovery_timing_check ::=
   $recovery ( reference_event , data_event , timing_check_limit [ , [ notifier ] ] ) ;
$removal_timing_check ::=
   $removal ( reference_event , data_event , timing_check_limit [ , [ notifier ] ] ) ;
$recrem_timing_check ::=
   $recrem ( reference_event , data_event , timing_check_limit , timing_check_limit
   [ , [ notifier ] [ , [ stamptime_condition ] [ , [ checktime_condition ]
   [ , [ delayed_reference ] [ , [ delayed_data ] ] ] ] ] ] ) ;
$skew_timing_check ::=
   $skew ( reference_event , data_event , timing_check_limit [ , [ notifier ] ] ) ;
$timeskew_timing_check ::=
   $timeskew ( reference_event , data_event , timing_check_limit
   [ , [ notifier ] [ , [ event_based_flag ] [ , [ remain_active_flag ] ] ] ] ) ;
$fullskew_timing_check ::=
   $fullskew ( reference_event , data_event , timing_check_limit , timing_check_limit
   [ , [ notifier ] [ , [ event_based_flag ] [ , [ remain_active_flag ] ] ] ] ) ;
$period_timing_check ::=
```

$period (controlled_reference_event , timing_check_limit [, [notifier]]) ;
$width_timing_check ::=
$width (controlled_reference_event , timing_check_limit , threshold [, [notifier]]) ;
$nochange_timing_check ::=
$nochange (reference_event , data_event , start_edge_offset ,
end_edge_offset [, [notifier]]) ;

A.7.5.2 System timing check command arguments

checktime_condition ::= mintypmax_expression
controlled_reference_event ::= controlled_timing_check_event
data_event ::= timing_check_event
delayed_data ::=
terminal_identifier
| terminal_identifier **[** constant_mintypmax_expression **]**
delayed_reference ::=
terminal_identifier
| terminal_identifier **[** constant_mintypmax_expression **]**
end_edge_offset ::= mintypmax_expression
event_based_flag ::= constant_expression
notifier ::= variable_identifier
reference_event ::= timing_check_event
remain_active_flag ::= constant_mintypmax_expression
stamptime_condition ::= mintypmax_expression
start_edge_offset ::= mintypmax_expression
threshold ::=constant_expression
timing_check_limit ::= expression

A.7.5.3 System timing check event definitions

timing_check_event ::=
[timing_check_event_control] specify_terminal_descriptor [**&&&** timing_check_condition]
controlled_timing_check_event ::=
timing_check_event_control specify_terminal_descriptor [**&&&** timing_check_condition]
timing_check_event_control ::=
posedge
| **negedge**
| edge_control_specifier
specify_terminal_descriptor ::=
specify_input_terminal_descriptor
| specify_output_terminal_descriptor
edge_control_specifier ::= **edge** [edge_descriptor { , edge_descriptor }]

```
edge_descriptor ::= 01 | 10 | z_or_x zero_or_one | zero_or_one z_or_x
zero_or_one ::= 0 | 1
z_or_x ::= x | X | z | Z
timing_check_condition ::=
   scalar_timing_check_condition
   | ( scalar_timing_check_condition )
   scalar_timing_check_condition ::=
   expression
   | ~ expression
   | expression == scalar_constant
   | expression === scalar_constant
   | expression != scalar_constant
   | expression !== scalar_constant
scalar_constant ::= 1'b0 | 1'b1 | 1'B0 | 1'B1 | 'b0 | 'b1 | 'B0 | 'B1 | 1 | 0
```

A.8 Expressions

A.8.1 Concatenations

```
concatenation ::=
   { expression { , expression } }
constant_concatenation ::=
   { constant_expression { , constant_expression } }
constant_multiple_concatenation ::= { constant_expression constant_concatenation }
module_path_concatenation ::= { module_path_expression { , module_path_expression } }
module_path_multiple_concatenation ::= { constant_expression module_path_concatenation }
multiple_concatenation ::= { expression concatenation }
streaming_concatenation ::= { stream_operator [ slice_size ] stream_concatenation }
stream_operator ::= >> | <<
slice_size ::= simple_type | constant_expression
stream_concatenation ::= { stream_expression { , stream_expression } }
stream_expression ::= expression [ with [ array_range_expression ] ]
array_range_expression ::=
   expression
   | expression : expression
   | expression +: expression
   | expression -: expression
empty_queue ::= { }
```

A.8.2 Subroutine calls

constant_function_call ::= function_subroutine_call
tf_call ::= ps_or_hierarchical_tf_identifier { attribute_instance } [(list_of_arguments)]
system_tf_call ::=
  system_tf_identifier [(list_of_arguments)]
  | system_tf_identifier (data_type [, expression])
subroutine_call ::=
  tf_call
  | system_tf_call
  | method_call
  | randomize_call
function_subroutine_call ::= subroutine_call
list_of_arguments ::=
  [expression] { , [expression] } { , . identifier ([expression]) }
  | . identifier ([expression]) { , . identifier ([expression]) }
method_call ::= method_call_root . method_call_body
method_call_body ::=
  method_identifier { attribute_instance } [(list_of_arguments)]
  | built_in_method_call
built_in_method_call ::=
  array_manipulation_call
  | randomize_call
array_manipulation_call ::=
  array_method_name { attribute_instance }
  [(list_of_arguments)]
  [**with** (expression)]
randomize_call ::=
  randomize { attribute_instance }
  [([variable_identifier_list | **null**])]
  [**with** constraint_block]
method_call_root ::= expression | implicit_class_handle
array_method_name ::=
  method_identifier | **unique** | **and** | **or** | **xor**

A.8.3 Expressions

inc_or_dec_expression ::=
  inc_or_dec_operator { attribute_instance } variable_lvalue
  | variable_lvalue { attribute_instance } inc_or_dec_operator
conditional_expression ::= cond_predicate ? { attribute_instance } expression : expression
constant_expression ::=

```
   constant_primary
   | unary_operator { attribute_instance } constant_primary
   | constant_expression binary_operator { attribute_instance } constant_expression
   | constant_expression ? { attribute_instance } constant_expression : constant_expression
constant_mintypmax_expression ::=
   constant_expression
   | constant_expression : constant_expression : constant_expression
constant_param_expression ::=
   constant_mintypmax_expression | data_type | $
param_expression ::= mintypmax_expression | data_type
constant_range_expression ::=
   constant_expression
   | constant_part_select_range
   constant_part_select_range ::=
   constant_range
   | constant_indexed_range
constant_range ::= constant_expression : constant_expression
constant_indexed_range ::=
   constant_expression +: constant_expression
   | constant_expression -: constant_expression
   expression ::=
   primary
   | unary_operator { attribute_instance } primary
   | inc_or_dec_expression
   | ( operator_assignment )
   | expression binary_operator { attribute_instance } expression
   | conditional_expression
   | inside_expression
   | tagged_union_expression
tagged_union_expression ::=
   tagged member_identifier [ expression ]
inside_expression ::= expression inside { open_range_list }
value_range ::=
   expression
   | [ expression : expression ]
mintypmax_expression ::=
   expression
   | expression : expression : expression
module_path_conditional_expression ::= module_path_expression ? { attribute_instance }
   module_path_expression : module_path_expression
module_path_expression ::=
   module_path_primary
```

```
   | unary_module_path_operator { attribute_instance } module_path_primary
   | module_path_expression binary_module_path_operator { attribute_instance }
   module_path_expression
   | module_path_conditional_expression
   module_path_mintypmax_expression ::=
   module_path_expression
   | module_path_expression : module_path_expression : module_path_expression
part_select_range ::= constant_range | indexed_range
indexed_range ::=
   expression +: constant_expression
   | expression -: constant_expression
genvar_expression ::= constant_expression
```

A.8.4 Primaries

```
constant_primary ::=
   primary_literal
   | ps_parameter_identifier constant_select
   | ps_specparam_identifier [ constant_range_expression ]
   | genvar_identifier
   | [ package_scope | class_scope ] enum_identifier
   | constant_concatenation
   | constant_multiple_concatenation
   | constant_function_call
   | ( constant_mintypmax_expression )
   | constant_cast
   | constant_assignment_pattern_expression
module_path_primary ::=
   number
   | identifier
   | module_path_concatenation
   | module_path_multiple_concatenation
   | function_subroutine_call
   | ( module_path_mintypmax_expression )
primary ::=
   primary_literal
   | [ implicit_class_handle . | class_scope | package_scope ] hierarchical_identifier select
   | empty_queue
   | concatenation
   | multiple_concatenation
   | function_subroutine_call
   | ( mintypmax_expression )
```

| cast
| assignment_pattern_expression
| streaming_concatenation
| sequence_method_call
| **$**
| **null**
time_literal ::=
unsigned_number time_unit
| fixed_point_number time_unit
time_unit ::= **s** | **ms** | **us** | **ns** | **ps** | **fs** | **step**
implicit_class_handle ::= **this** | **super** | **this** . **super**
bit_select ::= { **[** expression **]** }
select ::=
[{ . member_identifier bit_select } . member_identifier] bit_select [[
part_select_range]]
constant_bit_select ::= { [constant_expression] }
constant_select ::=
[{ . member_identifier constant_bit_select } . member_identifier] constant_bit_select
[**[** constant_part_select_range **]**]
primary_literal ::= number | time_literal | unbased_unsized_literal | string_literal
constant_cast ::=
casting_type ' (constant_expression)
cast ::=
casting_type ' (expression)

A.8.5 Expression left-side values

net_lvalue ::=
ps_or_hierarchical_net_identifier constant_select
| **{** net_lvalue { , net_lvalue } **}**
variable_lvalue ::=
[implicit_class_handle . | package_scope] hierarchical_variable_identifier select
| **{** variable_lvalue { , variable_lvalue } **}**
| streaming_concatenation

A.8.6 Operators

unary_operator ::=
+ | - | ! | ~ | & | ~& | | | ~| | ^ | ~^ | ^~
binary_operator ::=
+ | - | * | / | % | == | != | === | !== | ==? | !=? | && | || | **
| < | <= | > | >= | & | | | ^ | ^~ | ~^ | >> | << | >>> | <<<

```
inc_or_dec_operator ::= ++ | --
unary_module_path_operator ::=
    ! | ~ | & | ~& | | | ~| | ^ | ~^ | ^~
binary_module_path_operator ::=
    == | != | && | || | & | | | ^ | ^~ | ~^
```

A.8.7 Numbers

```
number ::=
    integral_number
    | real_number
integral_number ::=
    decimal_number
    | octal_number
    | binary_number
    | hex_number
decimal_number ::=
    unsigned_number
    | [ size ] decimal_base unsigned_number
    | [ size ] decimal_base x_digit { _ }
    | [ size ] decimal_base z_digit { _ }
binary_number ::= [ size ] binary_base binary_value
octal_number ::= [ size ] octal_base octal_value
hex_number ::= [ size ] hex_base hex_value
sign ::= + | -
size ::= non_zero_unsigned_number
non_zero_unsigned_number1 ::= non_zero_decimal_digit { _ | decimal_digit}
real_number1 ::=
    fixed_point_number
    | unsigned_number [ . unsigned_number ] exp [ sign ] unsigned_number
fixed_point_number1 ::= unsigned_number . unsigned_number
exp ::= e | E
unsigned_number1 ::= decimal_digit { _ | decimal_digit }
binary_value1 ::= binary_digit { _ | binary_digit }
octal_value1 ::= octal_digit { _ | octal_digit }
hex_value1 ::= hex_digit { _ | hex_digit }
decimal_base1 ::= '[s|S]d | '[s|S]D
binary_base1 ::= '[s|S]b | '[s|S]B
octal_base1 ::= '[s|S]o | '[s|S]O
hex_base1 ::= '[s|S]h | '[s|S]H
non_zero_decimal_digit ::= 1 | 2 | 3 | 4 | 5 | 6 | 7 | 8 | 9
decimal_digit ::= 0 | 1 | 2 | 3 | 4 | 5 | 6 | 7 | 8 | 9
```

binary_digit ::= x_digit | z_digit | 0 | 1
octal_digit ::= x_digit | z_digit | 0 | 1 | 2 | 3 | 4 | 5 | 6 | 7
hex_digit ::= x_digit | z_digit | 0 | 1 | 2 | 3 | 4 | 5 | 6 | 7 | 8 | 9 | a | b | c | d | e | f | A | B | C | D | E | F
x_digit ::= x | X
z_digit ::= z | Z | ?
unbased_unsized_literal ::= '0 | '1 | 'z_or_x

A.8.8 Strings

string_literal ::= " { Any_ASCII_Characters } "

A.9 General

A.9.1 Attributes

attribute_instance ::= (* attr_spec { , attr_spec } *)
attr_spec ::= attr_name [= constant_expression]
attr_name ::= identifier

A.9.2 Comments

comment ::=
  one_line_comment
  | block_comment
one_line_comment ::= // comment_text \n
block_comment ::= /* comment_text */
comment_text ::= { Any_ASCII_character }

A.9.3 Identifiers

array_identifier ::= identifier
block_identifier ::= identifier
bin_identifier ::= identifier
c_identifier2 ::= [a-zA-Z_] { [a-zA-Z0-9_] }
cell_identifier ::= identifier
class_identifier ::= identifier
class_variable_identifier ::= variable_identifier

```
clocking_identifier ::= identifier
config_identifier ::= identifier
const_identifier ::= identifier
constraint_identifier ::= identifier
covergroup_identifier ::= identifier
covergroup_variable_identifier ::= variable_identifier
cover_point_identifier ::= identifier
dynamic_array_variable_identifier ::= variable_identifier
enum_identifier ::= identifier
escaped_identifier ::= \ {any_ASCII_character_except_white_space} white_space
formal_identifier ::= identifier
function_identifier ::= identifier
generate_block_identifier ::= identifier
genvar_identifier ::= identifier
hierarchical_block_identifier ::= hierarchical_identifier
hierarchical_dynamic_array_variable_identifier ::= hierarchical_variable_identifier
hierarchical_event_identifier ::= hierarchical_identifier
hierarchical_identifier ::= [ $root . ] { identifier constant_bit_select . } identifier
hierarchical_net_identifier ::= hierarchical_identifier
hierarchical_parameter_identifier ::= hierarchical_identifier
hierarchical_task_identifier ::= hierarchical_identifier
hierarchical_tf_identifier ::= hierarchical_identifier
hierarchical_variable_identifier ::= hierarchical_identifier
identifier ::=
   simple_identifier
   | escaped_identifier
index_variable_identifier ::= identifier
interface_identifier ::= identifier
interface_instance_identifier ::= identifier
inout_port_identifier ::= identifier
input_port_identifier ::= identifier
instance_identifier ::= identifier
library_identifier ::= identifier
member_identifier ::= identifier
method_identifier ::= identifier
modport_identifier ::= identifier
module_identifier ::= identifier
net_identifier ::= identifier
output_port_identifier ::= identifier
package_identifier ::= identifier
package_scope ::=
   package_identifier ::
```

| **$unit** ::
parameter_identifier ::= identifier
port_identifier ::= identifier
production_identifier ::= identifier
program_identifier ::= identifier
property_identifier ::= identifier
ps_class_identifier ::= [package_scope] class_identifier
ps_covergroup_identifier ::= [package_scope] covergroup_identifier
ps_identifier ::= [package_scope] identifier
ps_or_hierarchical_net_identifier ::= [package_scope] net_identifier | hierarchical_net_identifier
ps_or_hierarchical_tf_identifier ::= [package_scope] tf_identifier | hierarchical_tf_identifier
ps_parameter_identifier ::=
[package_scope] parameter_identifier
| { generate_block_identifier [**[** constant_expression] **]** . } parameter_identifier
ps_property_identifier ::= [package_scope] property_identifier
ps_sequence_identifier ::= [package_scope] sequence_identifier
ps_specparam_identifier ::= [package_scope] specparam_identifier
ps_type_identifier ::= [package_scope] type_identifier
sequence_identifier ::= identifier
signal_identifier ::= identifier
simple_identifier2 ::= [**a-zA-Z_**] { [**a-zA-Z0-9_$**] }
specparam_identifier ::= identifier
system_tf_identifier3 ::= **$**[**a-zA-Z0-9_$**]{ [**a-zA-Z0-9_$**] }
task_identifier ::= identifier
tf_identifier ::= identifier
terminal_identifier ::= identifier
topmodule_identifier ::= identifier
type_identifier ::= identifier
udp_identifier ::= identifier
variable_identifier ::= identifier

A.9.4 White space

white_space ::= space | tab | newline | eof

Appendix B

Verilog와 SystemVerilog의 키워드

SystemVerilog-2005 표준은 Verilog-2005 표준의 확장이다. SystemVerilog는 Verilog 키워드 확장으로 몇 가지 새로운 키워드를 추가했다. 부록 B에서는 다음과 같은 키워드를 나열했다.

- 원래 Verilog-1995 키워드
- Verilog-2001 표준에 추가된 키워드
- Verilog-2005 표준에 추가된 키워드
- SystemVerilog-2005 표준에 추가된 키워드

부록 B는 Verilog-2005 표준의 컴파일러 디렉티브를 같이 담고 있다.

B.1 Verilog-1995 키워드

always	case	disable	endprimitive
and	casex	edge	endspecify
assign	casez	else	endtable
begin	cmos	end	endtask
buf	deassign	endcase	event
bufif0	default	endmodule	for
bufif1	defparam	endfunction	force

```
forever        nmos          reg          time
fork           nor           release      tran
function       not           repeat       tranif0
highz0         notif0        rnmos        tranif1
highz1         notif1        rpmos        tri
if             or            rtran        tri0
ifnone         output        rtranif0     tri1
initial        parameter     rtranif1     triand
inout          pmos          scalared     trior
input          posedge       small        trireg
integer        primitive     specify      vectored
join           pull0         specparam    wait
large          pull1         strong0      wand
macromodule    pullup        strong1      weak0
medium         pulldown      supply0      weak1
module         rcmos         supply1      while
nand           real          table        wire
negedge        realtime      task         wor
```

B.2 Verilog-2001 키워드

IEEE 1364-2001 Verilog 표준은 Verilog 키워드에 몇몇 새로운 키워드를 추가했다. 추가된 키워드는 다음과 같다.

```
utomatic         incdir                 pulsestyle_onde-
cell             include                tect
config           instance               showcancelled
design           liblist                signed
endconfig        library                unsigned
endgenerate      localparam             use
generate         noshowcancelled
genvar           pulsestyle_onevent
```

B.3 Verilog-2005 reserved keywords

IEEE 1364-2005 Verilog 표준은 Verilog 키워드에 몇몇 새로운 키워드를 추가했다. 추가된 키워드는 다음과 같다.

```
uwire
```

B.4 SystemVerilog-2005 reserved keywords

IEEE 1800-2005 SystemVerilog 표준은 Verilog 키워드에 몇몇 새로운 키워드를 추가했다. 추가된 키워드는 다음과 같다.

```
alias
always_comb
always_ff
always_latch
assert
assume
before
bind
bins
binsof
bit
break
byte
chandle
class
clocking
const
constraint
context
continue
cover
covergroup
coverpoint
cross
dist
do
endclass
endclocking
endgroup
endinterface
endpackage
endprimitive
endprogram
endproperty
endsequence
enum
expect
export
extends
extern
final
first_match
foreach
forkjoin
iff
ignore_bins
illegal_bins
import
inside
int
interface
intersect
join_any
join_none
local
logic
longint
matches
modport
new
```

```
null            return          timeunit
package         sequence        type
packed          shortint        typedef
priority        shortreal       union
program         solve           unique
property        static          var
protected       string          virtual
pure            struct          void
rand            super           wait_order
randc           tagged          wildcard
randcase        this            with
randsequence    throughout      within
ref             timeprecision
```

B.5 버전 호환성

각 버전의 Verilog는 이전 버전화 하위 호환이 되고 SystemVerilog는 Verilog와 하위 호환이 된다. 이는 다른 버전으로 만들어진 모델을 섞어 쓸 수 있다는 것을 의미한다.

이후 버전의 키워드는 하위 호환성이 없다. 즉 Verilog-2005로 만들어진 모델에게 "`priority`"는 키워드가 아니고 변수 이름으로 취급된다. 그러나 SystemVerilog 키워드를 사용하는 소프트웨어 툴에 의해 코드가 읽혀지면 "`priority`"는 키워드로 취급되고 Veirlog 모델을 해석할 때 구문 에러가 발생하게 된다.

다른 버전의 키워드로 된 모델을 섞어 쓰기 위해 Verilog-2005 표준은 **`` `begin_keywords ``**와 **`` `end_keywords ``**를 제공한다. 이 구문은 어떤 문장이 키워드 인지를 지정한다.

`` `begin_keywords `` 구문은 다음과 같은 버전 지시어가 뒤에 나와야 한다.

```
"1364-1995"
"1364-2001"
```

```
"1364-2001-noconfig"
"1364-2005"
"1800-2005"
```

"1364-2001-noconfig" 버전 지시어는 "1364-2001"와 비슷하지만 설정을 정의하기 위해 사용된 Verilog-2001 키워드가 리스트에서 제외된다. 설정 키워드는 cell, **config**, **design**, **endconfig**, **incdir**, **include**, **instance**, **liblist**, **library**, **use**이다.

키워드 호환성 지시자를 사용한 예제는 다음과 같다.

```
`begin_keywords "1364-2005" // Verilog-2005 키워드 사용
module m2 (...);
  wire priority; // OK: "priority"는 Verilog 키워드가 아니다.
  ...
endmodule
`end_keywords
```

`begin_keywords** 지시자가 사용된 곳부터 **`end_keywords까지는 지정된 버전의 키워드가 사용된다는 것이다. 이 지시자는 모듈, 인터페이스, 프로그램, 패키지와 같은 디자인 블록의 바깥에서 지정되어야만 한다. 디자인 블록 내에서 사용하려고 하면 에러가 발생한다. **`begin_keywords** 지시자는 **`end_keywords**가 나올 때까지 유효하다. **`begin_keywords** 지시자는 컴파일하는 동안 중첩될 수도 있다. 그러므로 여러 소스 코드나 모듈 등에 중복되어 사용될 수도 있다. 다른 **`begin_keywords** 지시자가 **`end_keywords**를 나오기 전에 사용되면 가장 최근에 사용된 지시자가 **`end_keywords**를 만날 때까지 유효하게 되고, 다음 최진 것이 효과를 발휘하게 된다. **`begin_keywords** 가 사용되지 않았다면 소프트웨어 툴의 기본 키워드 리스트가 사용된다. 보통 소프트웨어 툴은 .v 파일을 Verilog-2001 혹은 2005로 취급하고 .sv 파일은 SystemVerilog-2005로 취급한다.

xnor
xor

찾아보기

역자 **남 상 규**

아주대학교 전자공학과 석사
(주)메디슨연구소 책임연구원
건국대학교 전자, 정보통신공학과 박사과정

정가 30,000원

디자인을 위한 SystemVerilog

2009년 9월 15일 초판 인쇄
2009년 9월 25일 초판 발행

저　자 : Stuart Sutherland · Simon Davidmann · Peter Flake
역　자 : 남 상 규
발행자 : 우 명 찬 · 송 준
발행처 : 홍릉과학출판사
주　소 : ㉾ 142-885 서울시 강북구 인수동 455-60
등　록 : 1976년 10월 21일 제5-66호
전　화 : 999－2274~5, 996－8341, 903－7037
팩　스 : 905-6729
ISBN : 978-89-7283-771-8

역자와의
협의하에
인지생략

hongpub@hongpub.co.kr
www.hongpub.co.kr

※ 낙장 및 파본은 본사나 구입처에서 교환하여 드립니다.
※ 판권 소유에 위배되는 사항(인쇄, 복제, 제본)은 법에 저촉됩니다.